大学合格のための基礎知識と解法が身につく

技
216
数学I・A

高等進学塾 専任講師
松村淳平

Gakken

　普段の授業や定期テストで見る問題とまったく異なる入試問題。模試や志望校の過去問に挑戦したときに、その難しさに圧倒される受験生も数多くいることでしょう。そのような壁にぶつかった受験生のために、教科書的内容と入試数学の橋渡しとなる『技』を執筆しました。

　受験の準備期間は、時間がいくらあっても足りないぐらい短いです。大学受験において数学は重要な科目ですが、数学以外の他教科の勉強もあるため、数学ばかり勉強するわけにはいきません。

　そこで数学の力を効率的に伸ばせるよう、次の3点を意識して本書を執筆しました。

1問にポイント1つで、学びやすく

　実際の入試問題の中には、1問に複数のポイントが含まれており、自習する上で理解しづらいことが多くあります。それを避けるために、1問1ポイントにし、計算もなるべく複雑にならないように配慮しました。

4問1テーマで、理解を深めやすく

　似ている問題4問を1テーマの構成としています。問題の条件の違いと、それによる解法の違いを比較しやすいので、問題ごとに適切な解法を選ぶ訓練になります。

1問1ページで、読みやすく

　解説の途中でページをめくることによるストレスを減らすために、原則1問1ページで完結するようにしました。

　また、入試数学における有名問題の中には、高度な発想を用いるものでも「有名だから」という理由で出題されます。そのような問題にも対応できるように、多くの有名問題とその定石といえる解法を掲載しました。この本で受験数学における数多くの定石を身につけて、自分の技にしてください。

　自信は努力の量に裏打ちされるもので、試験本番で問題を解くとき、その自信が前に進む勇気につながります。この本がみなさんの合格の手助けになることを願っています。

松村 淳平

もくじ

第6章 | 場合の数

第7章 | 確率

第8章 | 整数

本書の使い方

各テーマの冒頭で，扱う問題一覧を掲載しています。まずは，問題だけを見て解けるか挑戦してみましょう。

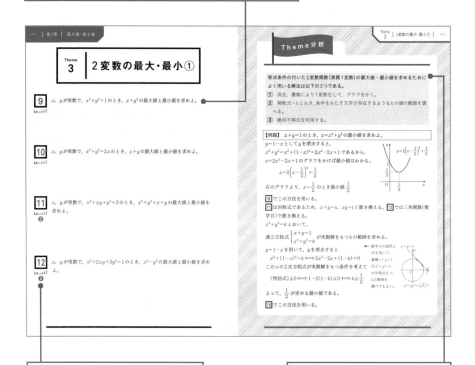

Ⅱ，Ｂのアイコンは数学Ⅱ，数学Ｂの内容を含んでいます。習っていなければ，とばして構いません。

各テーマの問題を解く上で，必要な知識がまとめられています。

一覧に掲載されていた問題の詳細のページです。問題一覧ページをとばして，このページから演習を始めていく使い方もおすすめです。

各問題を解くための方針です。

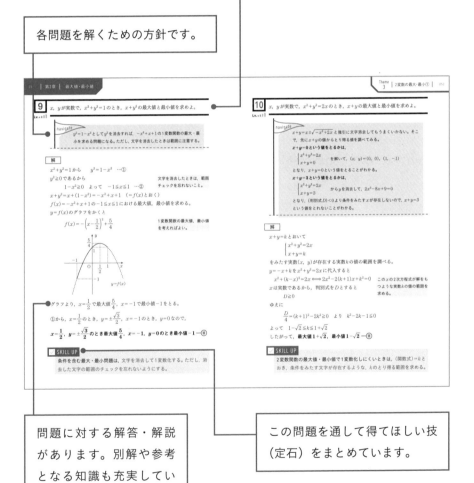

9 x, y が実数で，$x^2+y^2=1$ のとき，$x+y^2$ の最大値と最小値を求めよ。

navigate
$y^2=1-x^2$ として y^2 を消去すれば，$-x^2+x+1$ の1変数関数の最大・最小を求める問題になる。ただし，文字を消去したときは範囲に注意する。

解
$x^2+y^2=1$ から　$y^2=1-x^2$　…①

$y^2 \geqq 0$ であるから

$1-x^2 \geqq 0$　よって　$-1 \leqq x \leqq 1$　…②

$x+y^2=x+(1-x^2)=-x^2+x+1 \ (=f(x)$ とおく$)$

$f(x)=-x^2+x+1$ の $-1 \leqq x \leqq 1$ における最大値，最小値を求める。

$y=f(x)$ のグラフをかくと

$f(x)=-\left(x-\dfrac{1}{2}\right)^2+\dfrac{5}{4}$

グラフより，$x=\dfrac{1}{2}$ で最大値 $\dfrac{5}{4}$，$x=-1$ で最小値 -1 をとる。

①から，$x=\dfrac{1}{2}$ のとき，$y=\pm\dfrac{\sqrt{3}}{2}$，$x=-1$ のとき，$y=0$ なので，

$x=\dfrac{1}{2}$，$y=\pm\dfrac{\sqrt{3}}{2}$ のとき最大値 $\dfrac{5}{4}$，$x=-1$，$y=0$ のとき最小値 -1 答

SKILL UP
条件を含む最大・最小問題は，文字を消去して1変数化する。ただし，消去した文字の範囲のチェックを忘れないようにする。

10 x, y が実数で，$x^2+y^2=2x$ のとき，$x+y$ の最大値と最小値を求めよ。

navigate
$x+y=x\pm\sqrt{-x^2+2x}$ と強引に文字消去してもうまくいかない。そこで，先に $x+y$ の値のからとり得る値を調べてみる。

$x+y=0$ という値をとるかは，

$\begin{cases} x^2+y^2=2x \\ x+y=0 \end{cases}$ を解いて，$(x, y)=(0, 0)$, $(1, -1)$

となり，$x+y=0$ という値をとることがわかる。

$x+y=3$ という値をとるかは，

$\begin{cases} x^2+y^2=2x \\ x+y=3 \end{cases}$ から y を消去して，$2x^2-8x+9=0$

となり，（判別式 D）<0 より条件をみたす x が存在しないので，$x+y=3$ という値をとれないことがわかる。

解
$x+y=k$ とおいて

$\begin{cases} x^2+y^2=2x \\ x+y=k \end{cases}$

をみたす実数 (x, y) が存在する実数 k の値の範囲を調べる。

$y=-x+k$ を $x^2+y^2=2x$ に代入すると

$x^2+(k-x)^2=2x \Longleftrightarrow 2x^2-2(k+1)x+k^2=0$

x は実数であるから，判別式を D とすると

$D \geqq 0$

ゆえに

$\dfrac{D}{4}=(k+1)^2-2k^2 \geqq 0$　より $k^2-2k-1 \leqq 0$

よって　$1-\sqrt{2} \leqq k \leqq 1+\sqrt{2}$

したがって，最大値 $1+\sqrt{2}$，最小値 $1-\sqrt{2}$ 答

SKILL UP
2変数関数の最大・最小値で1変数化しにくいときは，（関数式）$=k$ とおき，条件をみたす文字が存在するような，k のとり得る範囲を求める。

問題に対する解答・解説があります。別解や参考となる知識も充実しています。

この問題を通して得てほしい技（定石）をまとめています。

展開と因数分解

1 次の式を展開せよ。

Lv. ■■■■

Ⅱ

(1) $(x+1)(x+2)(x+3)(x+4)$

(2) $(x+1)(x-1)(x^2-x+1)(x^2+x+1)$

2 $a^3+b^3=(a+b)^3-3ab(a+b)$ を利用して，$x^3+y^3+z^3-3xyz$ を因数分解せよ。

Lv. ■■■■

Ⅱ

3 次の式を因数分解せよ。

Lv. ■■■■

Ⅱ

(1) $x^3+x^2y+2xy+y^2-1$

(2) $(x+y)(y+z)(z+x)+xyz$

4 次の式を因数分解せよ。

Lv. ■■■■

Ⅱ

(1) x^4+x^2+1

(2) x^8-1

Theme分析

■ 展開

$(x-1)(x-2)=x^2-3x+2$ のように，いくつかの多項式の積の形をした式において，積を計算して1つの多項式に表すことを，その式を展開するという。

整式の積を計算するには，次の分配法則を用いる。

$$A(B+C)=AB+AC$$
$$(A+B)C=AC+BC$$

例
$$(2x+1)(3x^2+2x+1)=2x(3x^2+2x+1)+1\cdot(3x^2+2x+1)$$
$$=6x^3+4x^2+2x+3x^2+2x+1$$
$$=6x^3+7x^2+4x+1$$

■ 因数分解

$$x^2-3x+2=(x-1)(x-2)$$

のように，1つの多項式を，1次以上の多項式の積の形に表すことを，もとの式を因数分解するという。式を展開することと因数分解することは，逆の操作であり

$$AB+AC=A(B+C)$$

を用いるとよい。

$\boxed{1}$ は展開の問題である。がむしゃらに展開するのでなく工夫を意識したい。

$\boxed{2}$ は因数分解の問題であり，有名問題であるので一度見ておきたい。また，結果の公式も覚えておきたい。

$\boxed{3}$ はやや複雑な因数分解である。文字が複数あるときは，どれかの文字で整理する。次数差があるときは最低次の文字で整理する。

$\boxed{4}$ は2乗の差 a^2-b^2 を作って，$(a+b)(a-b)$ と因数分解するものである。複雑な式を因数分解するときのポイントは，$\boxed{4}$ で扱うことにする。

1 次の式を展開せよ。

Lv.▪▪▫▫
Ⅱ
(1) $(x+1)(x+2)(x+3)(x+4)$

(2) $(x+1)(x-1)(x^2-x+1)(x^2+x+1)$

navigate

前2つ，後ろ2つを先に展開しようとすると

$$（与式）=(x^2+3x+2)(x^2+7x+12)$$

となるので，工夫して計算しやすくできるか方法を考えてみたい。

今回は，$(x+1)$と$(x+4)$，$(x+2)$と$(x+3)$を組合せて先に展開すると，x^2+5xの2次式のカタマリが登場するので，これを崩さないようにすると素早く展開できる。

以下のような展開の公式は覚えておきたい。

$$(a+b)(a^2-ab+b^2)=a^3+b^3 \qquad (a-b)(a^2+ab+b^2)=a^3-b^3$$
$$(a+b)^3=a^3+3a^2b+3ab^2+b^3 \qquad (a-b)^3=a^3-3a^2b+3ab^2-b^3$$
$$(a+b+c)^2=a^2+b^2+c^2+2ab+2bc+2ca$$
$$(a+b+c)(a^2+b^2+c^2-ab-bc-ca)=a^3+b^3+c^3-3abc$$

解

(1) $(x+1)(x+2)(x+3)(x+4)$

$= (x+1)(x+4) \times (x+2)(x+3)$

$= (x^2+5x+4)(x^2+5x+6)$

$= (x^2+5x)^2 + 10(x^2+5x) + 24$

$= x^4+10x^3+25x^2+10x^2+50x+24$

$= \boldsymbol{x^4+10x^3+35x^2+50x+24}$ —(答)

この組合せで展開するとx^2+5xのカタマリが出てくる。

$x^2+5x=A$とおくと
$\quad (A+4)(A+6)$
$\quad =A^2+10A+24$

(2) $\underline{(x+1)}(x-1)\underline{(x^2-x+1)}(x^2+x+1)$

$= \underline{(x+1)(x^2-x+1)} \times \underline{(x-1)(x^2+x+1)}$

$= (x^3+1)(x^3-1)$

$= (x^3)^2 - 1^2$

$= \boldsymbol{x^6-1}$ —(答)

$(a+b)(a^2-ab+b^2)=a^3+b^3$
$(a-b)(a^2+ab+b^2)=a^3-b^3$
の公式が頭にあれば，この工夫は思いつく。

✓ SKILL UP

展開の工夫としていくつかの積の形を展開するときは，掛ける順序や組合せを考えて，素早い展開を狙う。

2

Lv. ▮▮▮

Ⅱ

$a^3+b^3=(a+b)^3-3ab(a+b)$ を利用して，$x^3+y^3+z^3-3xyz$ を因数分解せよ。

navigate

$a^3+b^3=(a+b)^3-3ab(a+b)$ は有名な等式である。これを利用するには，うまく2つの3乗の和の形を作ることである。この結果は，有名な公式なので覚えておきたい。これ以外にも，下のSKILL UPのような公式は覚えておきたい。

解

●³＋▲³＝(●＋▲)³−3●▲(●＋▲) を利用する。

$$x^3+y^3+z^3-3xyz$$
$$=(x+y)^3-3xy(x+y)+z^3-3xyz$$
$$=(x+y)^3+z^3-3xy(x+y)-3xyz$$
$$=\{(x+y)+z\}^3-3(x+y)z\{(x+y)+z\}-3xy\{(x+y)+z\}$$
$$=(x+y+z)^3-3(x+y)z(x+y+z)-3xy(x+y+z)$$
$$=(x+y+z)\{(x+y+z)^2-3(x+y)z-3xy\}$$
$$=\boldsymbol{(x+y+z)(x^2+y^2+z^2-xy-yz-zx)}\ \text{─(答)}$$

●³＋▲³＝(●＋▲)³
↑　　↑　　　−3●▲(●＋▲)
x　y

●³＋▲³＝(●＋▲)³
↑　　　↖　　　−3●▲(●＋▲)
$x+y$　z

参考 **因数分解でも同じ式のカタマリは崩さない**

$(x+1)(x-2)(x+3)(x-4)+24$ を因数分解するときを考えると

$$(x+1)(x-2)(x+3)(x-4)+24 \quad \leftarrow\text{前後2つずつで展開すると}$$
$$\qquad\qquad\qquad\qquad\qquad\quad x^2-x\text{のカタマリが出てくる}$$
$$=(x^2-x-2)(x^2-x-12)+24$$
$$=(x^2-x)^2-14(x^2-x)+24+24$$
$$=(x^2-x)^2-14(x^2-x)+48$$
$$=\{(x^2-x)-6\}\{(x^2-x)-8\} \quad \leftarrow x^2-x\text{のカタマリを}$$
$$=(x^2-x-6)(x^2-x-8) \qquad\qquad \text{崩さないように}$$
$$=(x+2)(x-3)(x^2-x-8) \qquad \text{因数分解する}$$

✓ **SKILL UP**

$a^2-b^2=(a+b)(a-b)$ $\qquad\qquad acx^2+(ad+bc)x+bd=(ax+b)(cx+d)$

$a^3+b^3=(a+b)(a^2-ab+b^2)$ $\qquad\quad a^3-b^3=(a-b)(a^2+ab+b^2)$

$a^3+3a^2b+3ab^2+b^3=(a+b)^3$ $\qquad a^3-3a^2b+3ab^2-b^3=(a-b)^3$

$a^2+b^2+c^2+2ab+2bc+2ca=(a+b+c)^2$

3

次の式を因数分解せよ。

Lv. ▮▮▯▯
Ⅱ

(1) $x^3 + x^2 y + 2xy + y^2 - 1$

(2) $(x+y)(y+z)(z+x) + xyz$

▶ navigate

文字が複数あるときは，どれか1つの文字について整理することが重要である。次数に差があるときは，最低次の文字について整理することが因数分解の基本である。

解

(1) $x^3 + x^2 y + 2xy + y^2 - 1$

$= y^2 + (x^2 + 2x)y + (x^3 - 1) = 0$

$= y^2 + (x^2 + 2x)y + (x-1)(x^2 + x + 1) = 0$

$= \{y + (x^2 + x + 1)\}\{y + (x - 1)\}$

$= (x^2 + x + y + 1)(x + y - 1)$ —(答)

xの3次式，yの2次式なので，次数が低い y で整理してみる。

$$
\begin{array}{ccc}
1 & x^2+x+1 & \longrightarrow x^2+x+1 \\
1 & x-1 & \longrightarrow x-1 \\
\hline
1 & (x-1)(x^2+x+1) & x^2+2x
\end{array}
$$

(2) $(x+y)(y+z)(z+x) + xyz$

$= (y+z)x^2 + \{(y+z)^2 + yz\}x + yz(y+z)$

$= \{x + (y+z)\}\{(y+z)x + yz\}$

$= (x+y+z)(xy+yz+zx)$ —(答)

(2)は次数がどの文字も同じなので，とりあえず x で整理してみる。

参考 たすき掛け

$$acx^2 + (ad+bc)x + bd = (ax+b)(cx+d)$$

において右のようにして，a, b, c, d を見つける方法 をたすき掛けという。

$3x^2 + 5x + 2$ について，$ac=3$, $ad+bc=5$, $bd=2$ となる a, b, c, d を見つけるには，$a=3$, $c=1$ として，$bd=2$ となるものは

$(b, d) = (2, 1), (1, 2), (-1, -2), (-2, -1)$

であるが，$ad+bc=5$ となるのは，$b=2$, $d=1$ である。

$3x^2 + 5x + 2 = (3x + 2)(x + 1)$

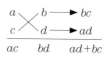

$$
\begin{array}{ccc}
a & \diagdown\diagup & b \longrightarrow bc \\
c & \diagup\diagdown & d \longrightarrow ad \\
\hline
ac & bd & ad+bc
\end{array}
$$

$$
\begin{array}{ccc}
3 & \diagdown\diagup & 2 \longrightarrow 2 \\
1 & \diagup\diagdown & 1 \longrightarrow 3 \\
\hline
3 & 2 & 5
\end{array}
$$

✓ SKILL UP

因数分解では，文字がいくつか混ざっているときは，次数の最も低い文字で整理する。次数が同じときは，どれか1つの文字で整理する。

4 次の式を因数分解せよ。

Lv. ███
Ⅱ

(1) x^4+x^2+1 (2) x^8-1

navigate

少しテクニカルな式変形になるが，強引に2乗の差の形を作って因数分解するときもある。

$$\bullet^2-\blacktriangle^2=(\bullet+\blacktriangle)(\bullet-\blacktriangle)$$

を利用する。x^4+x^2+1 の因数分解は一見できなさそうであるが，(1)の解答のように強引に変形（ないものは作り出す）すれば因数分解できる。

解

(1) $x^4+x^2+1=(x^4+2x^2+1)-x^2$

$\qquad\qquad =(x^2+1)^2-x^2$

$\qquad\qquad =\{(x^2+1)+x\}\{(x^2+1)-x\}$

$\qquad\qquad =\boldsymbol{(x^2+x+1)(x^2-x+1)}$ —答

$\bullet^2-\blacktriangle^2=(\bullet+\blacktriangle)(\bullet-\blacktriangle)$
$\qquad x^2+1 \quad x$

(2) $x^8-1=(x^4)^2-1=(x^4-1)(x^4+1)$

$\qquad\quad =\{(x^2)^2-1\}(x^4+1)$

$\qquad\quad =(x^2-1)(x^2+1)(x^4+1)$

$\qquad\quad =\boldsymbol{(x-1)(x+1)(x^2+1)(x^4+1)}$ —答

$\bullet^2-\blacktriangle^2=(\bullet+\blacktriangle)(\bullet-\blacktriangle)$
$\qquad x^4 \quad 1$

$\bullet^2-\blacktriangle^2=(\bullet+\blacktriangle)(\bullet-\blacktriangle)$
$\qquad x^2 \quad 1$

参考 **因数分解の発展公式**

> n が自然数のとき，$a^n-b^n=(a-b)(a^{n-1}+a^{n-2}b+\cdots+ab^{n-2}+b^{n-1})$
> $n=2$ のとき，$a^2-b^2=(a-b)(a+b)$
> $n=3$ のとき，$a^3-b^3=(a-b)(a^2+ab+b^2)$
> n が奇数のとき，$a^n+b^n=(a+b)(a^{n-1}-a^{n-2}b+\cdots-ab^{n-2}+b^{n-1})$

$\quad x^8-1=(x-1)(x^7+x^6+x^5+x^4+x^3+x^2+x+1)$ ←n乗の差の公式から

$\qquad\qquad =(x-1)\{(x+1)x^6+(x+1)x^4+(x+1)x^2+(x+1)\}$

$\qquad\qquad =(x-1)(x+1)(x^6+x^4+x^2+1)$

$\qquad\qquad =(x-1)(x+1)\{(x^2+1)x^4+(x^2+1)\}$

$\qquad\qquad =(x-1)(x+1)(x^2+1)(x^4+1)$

✓ SKILL UP

2乗の差の形 $\bullet^2+\blacktriangle^2=(\bullet+\blacktriangle)(\bullet-\blacktriangle)$ を強引につくる。

Theme 2 | 実数と式の値

5
Lv. ▪▪▫▫

$\sqrt{a^2+4a+4}+\sqrt{a^2-6a+9}$ を簡単にせよ。

6
Lv. ▪▪▫▫

$\sqrt{14+6\sqrt{5}}$ の整数部分を a, 小数部分を b とするとき, a, $b+\dfrac{1}{b}$ の値を求めよ。

7
Lv. ▪▪▫▫

(1) $x+y=p$, $xy=q$ のとき, x^2+y^2, x^3+y^3 を p, q を用いて表せ。

(2) $x+y+z=a$, $xy+yz+zx=b$, $xyz=c$ のとき, $x^2+y^2+z^2$,
$x^3+y^3+z^3$ を a, b, c を用いて表せ。

8
Lv. ▪▪▫▫

$x+\dfrac{1}{x}=3$ のとき, $\dfrac{x^8+x^7+x^6+x^5+x^4+x^3+x^2+x+1}{x^4}$ の値を求めよ。

Theme分析

今回は実数と式の値について考える。
まず，実数は右のように分類される。
また，実数を考える際に，次のような
ものがある。

$$実数 \begin{cases} 有理数 \begin{cases} 整数：0,\ 1,\ -2,\cdots \\ \dfrac{1}{2},\ -\dfrac{3}{7},\cdots \end{cases} \\ 無理数：\sqrt{2},\sqrt{3},\ \pi,\cdots \end{cases}$$

直線上に基準となる点Oをとり，単位の長さと正の向きを定める。正の向きを
右にすると，この直線上の点Pに対して，実数aを対応させることができる。点
Oには0を対応させる。この直線を数直線といい，Oをその原点という。

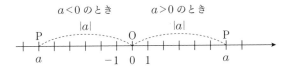

$a<0$のとき　　$a>0$のとき

■　絶対値

数直線上で，原点Oと点P(a)の間の距離を，
実数aの絶対値といい，$|a|$と表す。

$$|a|=\begin{cases} a & (a\geqq0のとき) \\ -a & (a<0のとき) \end{cases}$$

■　平方根

2乗するとaになる数を，aの平方根という。正の数aの平方根は正と負の2つ
あり，それらの絶対値は等しい。その正の平方根を$\sqrt{a}$で表す。負の平方根は
$-\sqrt{a}$である。また，0の平方根は0だけであり，$\sqrt{0}=0$と定める。
記号$\sqrt{}$ を根号といい，$\sqrt{a}$をルートaと読む。
また，$\sqrt{a^2}$について，$\sqrt{5^2}=5$であるが，$\sqrt{(-5)^2}=\sqrt{5^2}=5=-(-5)$であるから，
$\sqrt{a^2}=|a|$となることに注意する。

■　平方根の性質

公式①　$a\geqq0$のとき$\sqrt{a^2}=a$, $a<0$のとき$\sqrt{a^2}=-a$　すなわち　$\sqrt{a^2}=|a|$

公式②　$a>0$, $b>0$, $k>0$のとき　$\sqrt{a}\sqrt{b}=\sqrt{ab}$　$\dfrac{\sqrt{a}}{\sqrt{b}}=\sqrt{\dfrac{a}{b}}$　$\sqrt{k^2a}=k\sqrt{a}$

■　有理化

分母に根号を含まないように式を変形することを有理化という。

$$\dfrac{b}{\sqrt{a}}=\dfrac{b}{\sqrt{a}}\cdot\dfrac{\sqrt{a}}{\sqrt{a}}=\dfrac{b\sqrt{a}}{a}, \qquad \dfrac{c}{\sqrt{a}+b}=\dfrac{c}{\sqrt{a}+b}\cdot\dfrac{\sqrt{a}-b}{\sqrt{a}-b}=\dfrac{c(\sqrt{a}-b)}{a-b^2}$$

5 $\sqrt{a^2+4a+4}+\sqrt{a^2-6a+9}$ を簡単にせよ。

Lv. ▪ ▫ ▫

> navigate
>
> $\sqrt{\bullet^2}=|\bullet|$ であることには注意したい。$|\bullet|$ は $\bullet=0$ となるその前後で場合分けして，絶対値を外す。
>
> $$\sqrt{a^2}=|a|=\begin{cases} a & (a\geqq 0 \text{ のとき}) \\ -a & (a<0 \text{ のとき}) \end{cases}$$

【解】

（与式）$=\sqrt{(a+2)^2}+\sqrt{(a-3)^2}$

$\qquad =|a+2|+|a-3| \quad \cdots①$

(i) $a<-2$ のとき

$\qquad ①=-(a+2)-(a-3)=-2a+1$

(ii) $-2\leqq a<3$ のとき

$\qquad ①=(a+2)-(a-3)=5$

(iii) $3\leqq a$ のとき

$\qquad ①=(a+2)+(a-3)=2a-1$

よって

> $\sqrt{x^2}=|x|$ である。これは，$x=3$ などでは，$\sqrt{3^2}=3$ とそのまま外せそうに思うが，$x=-3$ では，$\sqrt{(-3)^2}\neq-3$ であり，$\sqrt{(-3)^2}=|-3|=3$ としなければならない。

$|a-3| \quad -(a-3) \quad \overset{3}{\diagdown} \quad (a-3)$

$|a+2| \quad -(a+2) \quad \underset{-2}{\diagup} \quad (a+2)$　a

$a<-2$ のとき $-2a+1$，$-2\leqq a<3$ のとき 5，$3\leqq a$ のとき $2a-1$ ─答

【参考】　数直線上において，$A(-2)$，$B(3)$，$P(a)$ とすると，

$|a+2|+|a-3|=|a-(-2)|+|a-3|=AP+BP$ となる。

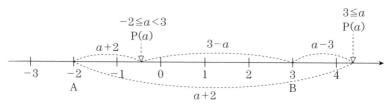

$-2\leqq a<3$ のとき，$AP+BP=5$　　　$3\leqq a$ のとき，$AP+BP=2a-1$

✓ SKILL UP

絶対値の性質としては，以下が有名である。

① $|a|\geqq 0$　　② $|-a|=|a|$　　③ $|a|^2=a^2$

④ $|ab|=|a||b|$　　⑤ $\left|\dfrac{a}{b}\right|=\dfrac{|a|}{|b|}$　　（ただし，$b\neq 0$）

6

Lv. ▮▮▯▯

$\sqrt{14+6\sqrt{5}}$ の整数部分を a, 小数部分を b とするとき, a, $b+\dfrac{1}{b}$ の値を求めよ。

navigate

二重根号を外して, 整数部分を評価する。元の数から整数部分を引けば, 小数部分は求められる。二重根号の外し方は, $a>0$, $b>0$ のとき,

$$\sqrt{(a+b)+2\sqrt{ab}}=\sqrt{(\sqrt{a})^2+2\sqrt{a}\sqrt{b}+(\sqrt{b})^2}=\sqrt{(\sqrt{a}+\sqrt{b})^2}=\sqrt{a}+\sqrt{b}$$

$$\sqrt{(a+b)-2\sqrt{ab}}=\sqrt{(\sqrt{a})^2-2\sqrt{a}\sqrt{b}+(\sqrt{b})^2}=\sqrt{(\sqrt{a}-\sqrt{b})^2}=|\sqrt{a}-\sqrt{b}|$$

解

$$\sqrt{14+6\sqrt{5}}=\sqrt{14+2\sqrt{45}}=\sqrt{(9+5)+2\sqrt{9\cdot5}}=\sqrt{9}+\sqrt{5}=3+\sqrt{5}$$

$2<\sqrt{5}<3$ であるから $5<3+\sqrt{5}<6$

よって $a=\mathbf{5}$ —(答)

$$b=3+\sqrt{5}-5=\sqrt{5}-2$$

また, $\dfrac{1}{b}$ を有理化して

$$\frac{1}{b}=\frac{1}{\sqrt{5}-2}=\frac{\sqrt{5}+2}{(\sqrt{5}-2)(\sqrt{5}+2)}=\sqrt{5}+2$$

ゆえに $b+\dfrac{1}{b}=\sqrt{5}-2+\sqrt{5}+2=\mathbf{2\sqrt{5}}$ —(答)

$\sqrt{2}=1.41421356\cdots$
 (一夜一夜に人見頃)
$\sqrt{3}=1.7320508\cdots$
 (人並みにおごれや)
$\sqrt{5}=2.2360679\cdots$
 (富士山麓オウム鳴く)
$\sqrt{6}\fallingdotseq2.44949$
 (似よ, よくよく)
$\sqrt{7}=2.64575\cdots$
 (菜に虫いない)
は覚えておきたい。

参考 文字式の場合

n を自然数とする。$\sqrt{n^2+1}$ の整数部分を a, 小数部分を b とするとき, n は自然数であるから

$$n^2<n^2+1<n^2+2n+1=(n+1)^2$$

$$n<\sqrt{n^2+1}<n+1$$

よって, $\sqrt{n^2+1}$ の整数部分 a は $a=n$, 小数部分 b は $b=\sqrt{n^2+1}-n$

✓ SKILL UP

$\sqrt{p\pm q\sqrt{r}}$ に対して, 次がポイントとなる。

① $q=2$ となるように, r を設定する

② $a+b=p$, $ab=r$ となる a, b を見つける

また, 正の数 A の整数部分を n, 小数部分を α とするとき

$$A=n+\alpha \quad (n\text{は整数}, \; 0\leqq\alpha<1)$$

ポイントは, (小数部分)$=A-$(整数部分) となることである。

7 (1) $x+y=p$, $xy=q$のとき, x^2+y^2, x^3+y^3をp, qを用いて表せ。

Lv.∎∎∎ (2) $x+y+z=a$, $xy+yz+zx=b$, $xyz=c$のとき, $x^2+y^2+z^2$,

$x^3+y^3+z^3$をa, b, cを用いて表せ。

navigate

x, yに関する整式Pでxとyを入れ替えたとき, 項を並べ替えれば全体とし
て元の式Pと同じ式になるものを, x, yの対称式という。特に, $x+y$
とxyを基本対称式といい, 対称式はすべて基本対称式で表せることが
わかっている。つまり, 基本対称式の値がわかれば, すべての対称式の
値が求められる。ここで用いる特徴的な式変形は, ぜひ覚えておきたい。

解

(1) $x^2+y^2=(x+y)^2-2xy$

$\qquad = \boldsymbol{p^2-2q}$ —(答)

$x^3+y^3=(x+y)^3-3xy(x+y)$

$\qquad = \boldsymbol{p^3-3pq}$ —(答)

(2) $x^2+y^2+z^2+2xy+2yz+2zx=(x+y+z)^2$

であるから

$\qquad x^2+y^2+z^2=(x+y+z)^2-2(xy+yz+zx)$

$\qquad\qquad = \boldsymbol{a^2-2b}$ —(答)

また,

$\qquad x^3+y^3+z^3-3xyz=(x+y+z)\{x^2+y^2+z^2-(xy+yz+zx)\}$

であるから

$\qquad x^3+y^3+z^3=(x+y+z)\{x^2+y^2+z^2-(xy+yz+zx)\}+3xyz$

$\qquad\qquad =(x+y+z)\{(x+y+z)^2-3(xy+yz+zx)\}+3xyz$

$\qquad\qquad =a(a^2-3b)+3c= \boldsymbol{a^3-3ab+3c}$ —(答)

✅ **SKILL UP**

x, yについての対称式と同様に, 3文字x, y, zに関する整式Pでx, y,
zのどの2つの文字を入れ替えてもPと同じになるものを, x, y, zの
対称式という。x, y, zのすべての対称式は, 基本対称式($x+y+z$,
$xy+yz+zx$, xyz)で表せる。

8

Lv.∎∎∎∎

$x+\dfrac{1}{x}=3$ のとき，$\dfrac{x^8+x^7+x^6+x^5+x^4+x^3+x^2+x+1}{x^4}$ の値を求めよ。

navigate

対称式で，$y=\dfrac{1}{x}$ とした係数が対称な $ax^2+bx+c+\dfrac{b}{x}+\dfrac{a}{x^2}$ の形の式を，相反式という。対称式が基本対称式 $(x+y,\ xy)$ で表されたように，相反式も x と $\dfrac{1}{x}$ の対称式であり，$x+\dfrac{1}{x}$，$x\cdot\dfrac{1}{x}$ で必ず表せる。そこで $x+\dfrac{1}{x}$ のカタマリで考えたい。

解

$x+\dfrac{1}{x}=3$ のとき

$$x^2+\dfrac{1}{x^2}=\left(x+\dfrac{1}{x}\right)^2-2=3^2-2=7$$

$$x^3+\dfrac{1}{x^3}=\left(x+\dfrac{1}{x}\right)^3-3\left(x+\dfrac{1}{x}\right)=3^3-3\cdot3=18$$

$$x^4+\dfrac{1}{x^4}=\left(x^2+\dfrac{1}{x^2}\right)^2-2=7^2-2=47$$

$x+\dfrac{1}{x}$ で表してもよいが，$x^2+\dfrac{1}{x^2}$ で表す方が簡単。

よって

$$\dfrac{x^8+x^7+x^6+x^5+x^4+x^3+x^2+x+1}{x^4}$$
$$=\left(x^4+\dfrac{1}{x^4}\right)+\left(x^3+\dfrac{1}{x^3}\right)+\left(x^2+\dfrac{1}{x^2}\right)+\left(x+\dfrac{1}{x}\right)+1$$
$$=47+18+7+3+1=\mathbf{76}\ \text{—(答)}$$

☑ SKILL UP

相反式については，$x+\dfrac{1}{x}$，$x\cdot\dfrac{1}{x}$ を基本対称式と考えることが重要。

$$ax^2+bx+c+\dfrac{b}{x}+\dfrac{a}{x^2}=a\left(x^2+\dfrac{1}{x^2}\right)+b\left(x+\dfrac{1}{x}\right)+c$$
$$=a\left\{\left(x+\dfrac{1}{x}\right)^2-2x\cdot\dfrac{1}{x}\right\}+b\left(x+\dfrac{1}{x}\right)+c$$

9
Lv.∎∎∎∎

ある実数aに対して，xに関する2つの不等式$2x+3>a$, $\dfrac{2x+1}{3}>x-2$を同時にみたす解が存在するようなaの値の範囲を求めよ。

10
Lv.∎∎∎∎

(1) 方程式$|x-3|+|2x-1|=7$を解け。
(2) 不等式$||x-1|-5|<3$を解け。

11
Lv.∎∎∎∎

(1) 方程式$ax+3=2x$を解け。ただし，aは定数とする。
(2) 不等式$ax+3>2x$を解け。ただし，aは定数とする。

12
Lv.∎∎∎∎

xについての不等式$2x-k\geqq|3x+4|$が解をもつような定数kの値の範囲を求めよ。また，この不等式をみたすxの値の範囲を求めよ。

Theme分析

■ 不等式の性質

① $A<B$ならば　$A+C<B+C$, $A-C<B-C$

② $A<B$, $C>0$ならば　$AC<BC$, $\dfrac{A}{C}<\dfrac{B}{C}$

③ $A<B$, $C<0$ならば　$AC>BC$, $\dfrac{A}{C}>\dfrac{B}{C}$

a, bを定数とするとき,

方程式$ax=b$の解は

┌──▶$a\neq0$のとき：$x=\dfrac{b}{a}$

├──▶$a=0$, $b\neq0$のとき：解なし　←$0\cdot x=b$をみたすxは存在しない

└──▶$a=0$, $b=0$のとき：すべての実数　←$0\cdot x=0$は任意の実数xで成り立つ

不等式$ax>b$の解は

┌──▶$a>0$のとき：$x>\dfrac{b}{a}$

├──▶$a<0$のとき：$x<\dfrac{b}{a}$　←不等号の向きが逆転する

├──▶$a=0$, $b\geqq0$のとき：解なし　←$0\cdot x>b$をみたすxは存在しない

└──▶$a=0$, $b<0$のとき：すべての実数　←$0\cdot x>b$は任意の実数xで成り立つ

■ 絶対値を含む方程式・不等式

$|x|$は数直線で, xと原点Oとの距離であるから,

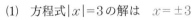

(1) 方程式$|x|=3$の解は　$x=\pm3$

(2) 不等式$|x|<3$の解は　$-3<x<3$

(3) 不等式$|x|>3$の解は　$x>3$または$x<-3$

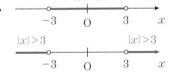

■ 1次不等式とグラフ

不等式$\dfrac{2x+1}{5}\geqq\dfrac{5-x}{3}$をみたす$x$の値の範囲は右図

のように, 直線$y=\dfrac{2x+1}{5}$ が $y=\dfrac{5-x}{3}$より上側

または同じ値をとるxの範囲で, それは$x\geqq2$となる。

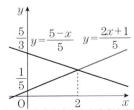

9

Lv.▮▮▮▮

ある実数aに対して，xに関する2つの不等式$2x+3>a$，$\dfrac{2x+1}{3}>x-2$を同時にみたす解が存在するようなaの値の範囲を求めよ。

> 🚩 navigate
>
> 連立1次不等式が解をもつ条件を求める問題である。数直線を利用して考えればよい。

解

$$2x+3>a \iff 2x>a-3$$
$$\iff x>\frac{a-3}{2} \quad \cdots ①$$

$$\frac{2x+1}{3}>x-2 \iff 2x+1>3(x-2)$$
$$\iff 2x+1>3x-6$$
$$\iff x<7 \quad \cdots ②$$

$-x>-7$と移項した場合は$x<7$と逆向きにしなければならない。

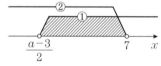

数直線で整理する。

①，②を同時にみたす解が存在するのは

$$\frac{a-3}{2}<7$$

したがって

$$\boldsymbol{a<17} \text{—答}$$

✅ **SKILL UP**

1次不等式が複数現れたとき，それを整理するには，数直線を利用すればよい。

10 (1) 方程式 $|x-3|+|2x-1|=7$ を解け。

Lv.▪▫▫▫ (2) 不等式 $||x-1|-5|<3$ を解け。

navigate

絶対値を含む1次方程式・不等式を解く問題では，場合分けして解くか，
同値変形を利用したい。以下の変形を用いる。

$B \geqq 0$ のとき，

① $|A|=B \iff A=\pm B$

② $|A|<B \iff -B<A<B$

③ $|A|>B \iff A>B$ または $A<-B$

解

(1) $|x-3|+|2x-1|=7$ …①

$x=\dfrac{1}{2},\ 3$ の前後で場合分け。

(i) $x<\dfrac{1}{2}$ のとき

$-(x-3)-(2x-1)=7 \iff x=-1 \quad \left(x<\dfrac{1}{2} をみたす\right)$

(ii) $\dfrac{1}{2} \leqq x<3$ のとき

$-(x-3)+(2x-1)=7 \iff x=5 \quad \left(\dfrac{1}{2} \leqq x<3 をみたさない\right)$

(iii) $3 \leqq x$ のとき

$(x-3)+(2x-1)=7 \iff x=\dfrac{11}{3} \quad (3 \leqq x をみたす)$

(i)〜(iii)から $\boldsymbol{x=-1,\ \dfrac{11}{3}}$ —答

(2) $||x-1|-5|<3 \iff -3<|x-1|-5<3 \iff 2<|x-1|<8$

$2<|x-1| \iff x-1<-2$ または $2<x-1$

$\iff x<-1,\ 3<x$ …①

$|x-1|<8 \iff -8<x-1<8$

$\iff -7<x<9$ …②

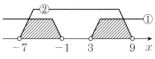

不等式の解は，①と②の共通範囲であるから

$\boldsymbol{-7<x<-1,\ 3<x<9}$ —答

✓ **SKILL UP**

絶対値を含む方程式・不等式の解法は，場合分けして絶対値を外す。

11

Lv. ■■❙❙❙

(1) 方程式 $ax+3=2x$ を解け。ただし，a は定数とする。

(2) 不等式 $ax+3>2x$ を解け。ただし，a は定数とする。

> **navigate**
>
> 文字係数入りの1次方程式・不等式を解く問題については，文字係数によって場合分けが必要なことを気をつけたい。

解

(1) $ax+3=2x \iff (a-2)x=-3$ …①

(i) $a-2 \neq 0 \iff a \neq 2$ のとき

①の解は，$x=\dfrac{3}{2-a}$

(ii) $a-2=0 \iff a=2$ のとき

$0 \cdot x=-3$ となり，①をみたす実数はない。

$0 \cdot x=-3$ は x に何を代入しても左辺が0となる。

$a \neq 2$ のとき $x=\dfrac{3}{2-a}$，$a=2$ のとき解なし —(答)

(2) $ax+3>2x \iff (a-2)x>-3$ …②

(i) $a-2>0 \iff a>2$ のとき

②の解は，$x>\dfrac{3}{2-a}$

(ii) $a-2=0 \iff a=2$ のとき

②は $0 \cdot x>-3$ となり，x がどのような実数でも成り立つ。

(iii) $a-2<0 \iff a<2$ のとき

②の解は，$x<\dfrac{3}{2-a}$

不等号が逆向きになることに注意する。

$a>2$ のとき $x>\dfrac{3}{2-a}$，

$a=2$ のときすべての実数，

$a<2$ のとき $x<\dfrac{3}{2-a}$ —(答)

12

Lv. ▮▮▯▯

xについての不等式$2x-k \geqq |3x+4|$が解をもつような定数kの値の範囲を求めよ。また，この不等式をみたすxの値の範囲を求めよ。

> **navigate**
>
> 不等式が解をもつようなkの範囲を求める問題である。グラフを利用して，$y=2x-k$と$y=|3x+4|$の上下関係を調べる。また，別解のようなうまい発想もある。

解

$y=|3x+4|$と$y=2x-k$を図示すると右のようになる。

不等式$2x-k \geqq |3x+4|$が解をもつのは，直線$y=2x-k$が関数$y=|3x+4|$のグラフと共有点をもつときであり

$$k \leqq -\frac{8}{3} \text{（答）} \quad \leftarrow \begin{array}{l} y切片について, \\ -k \geqq \frac{8}{3} \end{array}$$

不等式をみたすxの値の範囲は

$$\frac{k-4}{5} \leqq x \leqq -k-4 \text{（答）}$$

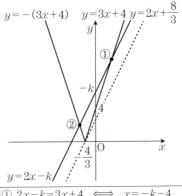

$y=-(3x+4)$　$y=3x+4$　$y=2x+\dfrac{8}{3}$

$y=2x-k$

① $2x-k=3x+4 \iff x=-k-4$

② $2x-k=-(3x+4) \iff x=\dfrac{k-4}{5}$

別解

(i) $3x+4 \geqq 0$ より $-\dfrac{4}{3} \leqq x$ のとき

(与式) $\iff 2x-k \geqq 3x+4 \iff x \leqq -k-4$

(ii) $3x+4 < 0$ より $x < -\dfrac{4}{3}$ のとき

(与式) $\iff 2x-k \geqq -(3x+4) \iff \dfrac{k-4}{5} \leqq x$

これらを数直線上に図示すると，右図のようであればよいので，

不等式の解が存在するのは $k \leqq -\dfrac{8}{3}$ （答）

その解は $\dfrac{k-4}{5} \leqq x \leqq -k-4$ （答）

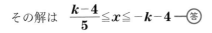

$\dfrac{k-4}{5}$　$-k-4$　x

Theme 4 | 命題と条件

13 x, y を実数とするとき，次の命題A，Bの真偽を調べよ。
Lv. 命題A「xy が有理数 $\Longrightarrow$ x かつ y が有理数」
命題B「$1 \leqq x \leqq 2$ ならば $x \leqq 3$」

14 命題「$x+y<2$ または $xy<1 \Longrightarrow x<1$ または $y<1$」の逆，裏，対偶をいい，
Lv. それぞれについての真偽を調べよ。(x, y は実数)

15 x または y が無理数であることは，x^2-y が無理数であるための □ 。
Lv. (x, y は実数)
① 十分条件であるが必要条件でない
② 必要条件であるが十分条件でない
③ 必要十分条件である
④ ①〜③のどれでもない

16 $x^2+y^2 \leqq 1$ は，$x+y \leqq \sqrt{2}$ であるための □ 。(x, y は実数)
Lv.
Ⅱ ① 十分条件であるが必要条件でない
② 必要条件であるが十分条件でない
③ 必要十分条件である
④ ①〜③のどれでもない

Theme分析

命題とは文や式で表された事柄で，正しいか正しくないかが明確に決まるものである。

「100は偶数である」は正しい命題といえるが，「100は大きな数である」は正しいとも正しくないとも判断できないので，命題とはいえない。

次の2つの命題について，

(A)　「$x=3$ ならば $x^2=9$ である」

(B)　「6は素数である」

(A)の命題は正しく，その命題は**真である**といい，(B)の命題は正しくないので，その命題は**偽である**という。

命題は，2つの条件 p，q を用いて「p ならば q」の形に表されることが多く，$p \Longrightarrow q$ と書く。このとき，p をこの命題の**仮定**，q を**結論**という。

一般に，条件 p，q をみたすもの全体の集合をそれぞれ P，Q で表すとき，

命題「$p \Longrightarrow q$」が真

であることは

$P \subset Q$ （P は Q の部分集合である）

が成り立つことと同じである。

$p \Longrightarrow q$ が真であるとき，

　p は q であるための**十分条件である**

　q は p であるための**必要条件である**

という。

「$x=1 \Longrightarrow x^2=1$」は真であるので，$x=1$ は $x^2=1$ であるための十分条件であり，$x^2=1$ は $x=1$ であるための必要条件である。

また，$p \Longrightarrow q$ かつ $p \Longleftarrow q$ であることを，$p \Longleftrightarrow q$ と表す。

$p \Longleftrightarrow q$ が真であるとき，

　p は q であるための**必要十分条件である**

　q は p であるための**必要十分条件である**

　p と q は互いに**同値である**

という。

「$x=0 \Longleftrightarrow x^2=0$」は真であるので，$x=0$ は $x^2=0$ であるための必要十分条件であり，$x^2=0$ は $x=0$ であるための必要十分条件である。また，$x=0$ と $x^2=0$ は同値であるともいう。

13

x, yを実数とするとき，次の命題A，Bの真偽を調べよ。

命題A「xyが有理数 $\implies$ xかつyが有理数」

命題B「$1 \leqq x \leqq 2$ ならば $x \leqq 3$」

---

navigate

有理数とは，整数の比で表される数である。数式で表すと，$\dfrac{q}{p}$（p, qは互いに素な整数）と書ける。簡単にいうと，整数や分数である。

「xかつyが有理数 $\implies$ xyが有理数」であれば明らかに真である。

解

（命題A）

$x = \sqrt{2}$, $y = 2\sqrt{2}$ のとき
$$xy = \sqrt{2} \cdot 2\sqrt{2} = 4$$

で有理数であるが，xもyも無理数である。

よって，この命題は**偽**である。——(答)

$p \implies q$における反例とは，pはみたすがqはみたさないものである。

（命題B）

全体集合Uを実数全体，集合Pを$1 \leqq x \leqq 2$をみたすx，

集合Qを$x \leqq 3$をみたすxとしてこれらの集合の

関係について考えてみる。

下の数直線から，右のような集合の関係に

なっていることがわかる。

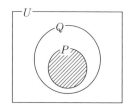

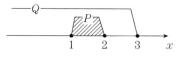

したがって，「$1 \leqq x \leqq 2$ならば$x \leqq 3$である」は**真**である。——(答)

✓ SKILL UP

命題の真偽（$p \implies q$）を問われたら次のような方針で考えるとよい。

（方法1）　具体例で反例（pはみたすがqはみたされない）を考える。

（方法2）　集合の包含関係を考える。

14

Lv. ■■▮▮

命題「$x+y<2$ または $xy<1 \implies x<1$ または $y<1$」の逆, 裏, 対偶をいい, それぞれについての真偽を調べよ。(x, y は実数)

navigate

元の命題($p \implies q$)は, 対偶($\overline{q} \implies \overline{p}$)と真偽が一致する。したがって, ある命題の真偽は, 元の命題か対偶のどちらかを調べればよい。ただし, 裏($\overline{p} \implies \overline{q}$)や逆($q \implies p$)と真偽は一致するとは限らないので, これらの真偽も調べないといけないが, 裏($\overline{p} \implies \overline{q}$)と逆($q \implies p$)が対偶の関係なので調べやすい方で判断すればよい。

解

命題「$x+y<2$ または $xy<1 \implies x<1$ または $y<1$」…①

逆は, 「**$x<1$ または $y<1 \implies x+y<2$ または $xy<1$**」…② ―㊜

裏は, 「**$x+y\geqq2$ かつ $xy\geqq1 \implies x\geqq1$ かつ $y\geqq1$**」…③ ―㊜

対偶は, 「**$x\geqq1$ かつ $y\geqq1 \implies x+y\geqq2$ かつ $xy\geqq1$**」…④ ―㊜

真偽は, ④が**真**であるので, ①も**真**である。―㊜

③は**偽**である$\left(反例:x=2,\ y=\dfrac{2}{3}\right)$ので, その対偶である②も**偽**である。―㊜

参考 **領域の活用（数学Ⅱ）**

③が偽であることを証明するために, 数学Ⅱの図形と式における領域を利用して集合の包含関係を調べてもよい。

$$P=\{(x,\ y)\,|\,x+y\geqq2 \text{ かつ } xy\geqq1\}$$
$$Q=\{(x,\ y)\,|\,x\geqq1 \text{ かつ } y\geqq1\}$$

とすると, $P \supset Q$ となり, この命題は偽である。

反例として $(x,\ y)=\left(2,\ \dfrac{2}{3}\right)$ がある。

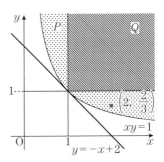

✓ SKILL UP

元の命題($p \implies q$)と対偶($\overline{q} \implies \overline{p}$)の真偽は一致する。

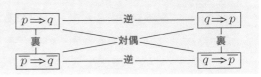

15

x または y が無理数であることは，x^2-y が無理数であるための ____。（x, y は実数）

Lv.∎❚❚❚

① 十分条件であるが必要条件でない

② 必要条件であるが十分条件でない

③ 必要十分条件である

④ ①〜③のどれでもない

navigate

「x または y が無理数 $\Longrightarrow x^2-y$ が無理数」の真偽はすぐわかる。

「x^2-y が無理数 $\Longrightarrow x$ または y が無理数」の真偽は，「または」があるから考えにくい。

こういったときは，14 で学習したように対偶をとって「または $\Longrightarrow$ かつ」としてみるとうまくいくことが多い。

「x^2-y が無理数 $\Longrightarrow x$ または y が無理数」の対偶は「x かつ y が有理数 $\Longrightarrow x^2-y$ が有理数」であり，これなら真偽はわかりやすい。

解

命題「x または y が無理数 $\Longrightarrow x^2-y$ が無理数」は，偽である。（反例：$x=\sqrt{2}$, $y=1$）

命題「x^2-y が無理数 $\Longrightarrow x$ または y が無理数」はその対偶「x かつ y が有理数 $\Longrightarrow x^2-y$ が有理数」を考えれば，真である。よって元の命題も真である。

よって，「x または y が無理数 $\Longrightarrow x^2-y$ が無理数」となるので，②—答

「無理数である」ことの否定は「有理数である」

「x無理数 または y無理数」＝「x有理数 かつ y有理数」否定をとると「かつ」と「または」は逆になる。

$\overline{p \text{ または } q} = \overline{p} \text{ かつ } \overline{q}$

$\overline{p \text{ かつ } q} = \overline{p} \text{ または } \overline{q}$

✓ SKILL UP

必要条件の1つ目の解法として，p であることは，q であるための ____ 条件 と問われたら，

$p \Longrightarrow q$ が真であるとき，p は q であるための十分条件である。

$q \Longrightarrow p$ が真であるとき，p は q であるための必要条件である。

$p \Longleftrightarrow q$ が真であるとき，p は q であるための必要十分条件である。

16 $x^2+y^2\leqq1$ は，$x+y\leqq\sqrt{2}$ であるための $\boxed{}$。（x, y は実数）

Lv. ▮▮▮
Ⅱ

① 十分条件であるが必要条件でない

② 必要条件であるが十分条件でない

③ 必要十分条件である

④ ①〜③のどれでもない

navigate

2変数は図示して集合の包含関係を考えるのも有効である。

解

全体集合 U を x, y を実数とする (x, y) 全体，集合 P を $x^2+y^2\leqq1$ をみたす (x, y)，集合 Q を $x+y\leqq\sqrt{2}$ をみたす (x, y) として，これを図示してこれらの集合の関係について考えてみる。

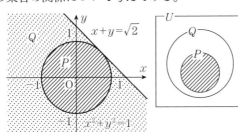

$x^2+y^2\leqq1$ は，円 $x^2+y^2=1$ の内部の領域を表し，$x+y\leqq\sqrt{2}$ は，直線 $y=-x+\sqrt{2}$ の下側の領域を表す。円と直線は接している。

$P\subset Q$（P は Q に含まれる）であるから，$p\Longrightarrow q$ が真であり，① —(答)

✓ SKILL UP

条件 p が表す集合を P，条件 q が表す集合を Q として，

$P\subset Q$ のとき，p は q であるための十分条件である。

$Q\subset P$ のとき，p は q であるための必要条件である。

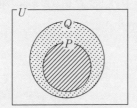

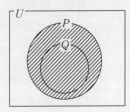

$P=Q$ のとき，p は q であるための必要十分条件である。

Theme 5 | # 証明問題の手法

17
Lv.

nを自然数とするとき，n^2が偶数ならば，nは偶数であることを証明せよ。

18
Lv.

$\sqrt{2}$が無理数であることを証明せよ。

19
Lv.

$a,\ b,\ c,\ d$を有理数とする。$\sqrt{2}$が無理数であることを用いて，
$a+b\sqrt{2}=c+d\sqrt{2}$ならば，$a=c$かつ$b=d$であることを証明せよ。

20
Lv.

10個の相異なる自然数があるとき，その中の2数でその差が9の倍数となるものが少なくとも1組は存在することを示せ。

Theme分析

左の 1 ～ 4 の問題はすべて様々な証明法に関する問題である。

1 $p \implies q$ の証明で，仮定と結論を逆にし，$\overline{p}$ や $\overline{q}$ のほうが扱いやすいときは，**対偶法** $(\overline{q} \implies \overline{p})$

2 結論が否定的な事柄で直接扱いにくいときは，**背理法**

3 「少なくとも～が存在することを示せ」といったときに試してみるのが，**鳩ノ巣原理**

1 対偶法

条件 p, q をみたすもの全体の集合をそれぞれ P，Q とすると，命題「$p \implies q$」が真であることは $P \subset Q$ が成り立つことである。これは，$\overline{Q} \subset \overline{P}$ が成り立つことと同じである。したがって，命題「$p \implies q$」が真であることとその対偶「$\overline{q} \implies \overline{p}$」が真であることは同じである。これを利用して証明する方法である。

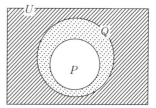

2 背理法

ある命題を証明するとき，「その命題が成り立たないと仮定すると，矛盾が生じる。したがって，その命題は成り立たなければならない。」とする論法がある。このような論法を背理法という。

「～でない」ことを示すときや，「少なくとも～」を示すときによく用いられる。

3 鳩ノ巣原理（部屋割り論法）

n 個の巣箱に $n+1$ 羽の鳩が入るとき，2羽以上入る巣箱が少なくとも1つは存在する。この事実を利用した証明方法を「鳩ノ巣原理」という。問題の条件に対して，何が「巣箱」で，何が「鳩」かを明確にするのが証明のポイントである。

17

n を自然数とするとき，n^2 が偶数ならば，n は偶数であることを証明せよ。

Lv.▮▮▯▯

🚩 navigate

仮定が複雑な2次式（n^2）で，結論が簡単な1次式（n）では証明しにくいので，仮定と結論を逆にしたい。

こういった状況で，各条件の否定をとることのデメリットも少ないときは，対偶とって証明するとよい。

解

命題「n^2 が偶数 $\Longrightarrow$ n が偶数」の
対偶「n が奇数 $\Longrightarrow$ n^2 が奇数」が真であることを
証明する。

n が奇数より，$n=2m-1$（m は自然数）とおくと

$$n^2=(2m-1)^2$$
$$=4m^2-4m+1$$
$$=2(2m^2-2m)+1$$

から，n^2 は奇数となる。——証明終

n を自然数とするとき，
$\overline{n \text{ が偶数}}=n \text{ が奇数}$
である。

参考 **背理法と対偶法**

命題「$p \Longrightarrow q$」において，それぞれの証明では，

背理法：「p かつ $\overline{q} \Longrightarrow$ 矛盾」
対偶法：「$\overline{q} \Longrightarrow \overline{p}$」

となり，ともに $\overline{q}$ を仮定として用いるという共通点はある。

ただし，結論が，背理法では矛盾という漠然としたものになるのに対し，
対偶法では $\overline{p}$ という明確なものになる。

同じような解答になるが，本問を背理法で解答すると以下のようになる。

【証明】

n が奇数であると仮定する。$n=2m-1$（m 自然数）とおくと，

$$n^2=(2m-1)^2=4m^2-4m+1=2(2m^2-2m)+1$$

から，n^2 は奇数となる。これは n^2 が偶数であることに矛盾する。
したがって，n^2 が偶数ならば，n は偶数である。——証明終

✓ SKILL UP

対偶法とは，ある命題（$p \Longrightarrow q$）を証明するために，その対偶
（$\overline{q} \Longrightarrow \overline{p}$）を証明する方法である。

18

$\sqrt{2}$ が無理数であることを証明せよ。

Lv.

navigate

無理数とは，整数の比 $\dfrac{q}{p}$ で表されない実数のことである。

そこで，$\sqrt{2} = \dfrac{q}{p}$ と仮定して，矛盾が生じることを示せばよい。この証明方法を背理法とよぶ。

解

$\sqrt{2}$ が有理数であると仮定して

$$\sqrt{2} = \frac{q}{p} \quad (p, q \text{ は互いに素な自然数})$$

$$\sqrt{2}\, p = q$$

$$2p^2 = q^2 \quad \cdots \text{①}$$

これより，q^2 は偶数であり，q も偶数である。

よって，$q = 2r (r$ は自然数$)$ とおいて①に代入すると

$$p^2 = 2r^2$$

このとき p^2 は偶数だから，p も偶数である。

これは，p, q が互いに素なことに矛盾する。

したがって，$\sqrt{2}$ は無理数である。──(証明終)

有理数を単なる整数の比だけでなく，『互いに素』の条件をつけるのは，互いに素(最大公約数が1)でなければ，

$$\frac{1}{3} = \frac{2}{6} = \frac{3}{9} = \cdots$$

となり，1つの有理数に対して複数の表現ができて議論しにくくなるからである。

☑ SKILL UP

背理法とは，ある命題を証明するために，その命題が成り立たないと仮定すると矛盾が導かれることを示し，そのことによってもとの命題が成り立つと結論する方法である。

19

Lv. ▪▪▫▫

a, b, c, d を有理数とする。$\sqrt{2}$ が無理数であることを用いて、
$a+b\sqrt{2}=c+d\sqrt{2}$ ならば、$a=c$ かつ $b=d$ であることを証明せよ。

> navigate
>
> 本問は、有理数、無理数についての相等の問題である。今後、似たような
> ものとして、複素数についての相等を学ぶことになる。
> a, b, c, d が実数のとき、
> $$a+bi=c+di \iff a=c \quad かつ \quad b=d$$
> これの有理数、無理数バージョンである。

解

$$a+b\sqrt{2}=c+d\sqrt{2}$$
$$(b-d)\sqrt{2}=c-a \quad \cdots ①$$

$b=d$ を背理法で証明する。

$b \neq d$ と仮定すると、$b-d \neq 0$ だから、

①の両辺を $b-d$ で割って

$$\sqrt{2}=\frac{c-a}{b-d}$$

このとき、a, b, c, d は有理数であるから、

> $b=d$ という結論は、一見証明
> しやすそうであるが、式が簡
> 単すぎて逆に証明しにくいも
> のである。したがって、$\neq$ の
> 形にはなってしまうが背理法
> を利用する。

$\dfrac{c-a}{b-d}$ は有理数となる。ただし、これは $\sqrt{2}$ が無理数であることに矛盾する。

よって、$b=d$ であり、このとき①から $c=a$ となる。──(証明終)

参考 $\sqrt{2}$ でなくても成り立つ

$\sqrt{m}$ が無理数であれば、$\sqrt{2}$ に限らず成立する公式である。

例えば、$\sqrt{5}$ は無理数なので同様に、a, b, c, d を有理数とする。

$a+b\sqrt{5}=c+d\sqrt{5}$ ならば、$a=c$ かつ $b=d$ である。

✓ SKILL UP

a, b, c, d を有理数とする。

$a+b\sqrt{2}=c+d\sqrt{2}$ ならば、$a=c$ かつ $b=d$ である。

20

Lv. ▮▮▯▯

10個の相異なる自然数があるとき，その中の2数でその差が9の倍数となるものが少なくとも1組は存在することを示せ。

navigate

例えば，10個の自然数が{1, 3, 5, 7, 9, 11, 13, 15, 17, 19}としたらどうだろう。

それぞれの数を9で割った余りに着目して順に並べてみると

{1, 3, 5, 7, 0, 2, 4, 6, 8, 1}

となる。したがって，差をとって9で割った余りを0にするには，余りが等しい1どうしである1と19を選ぶと，$19-1=18$で9の倍数となる。以上の考察より，「巣箱」が「9で割った余り」で，「鳩」を「10個の相異なる自然数」とした鳩ノ巣原理で解答を作ればよい。鳩ノ巣原理は存在を証明する方法の1つであり，「少なくとも〜が存在することを証明せよ。」といった問題で効力を発揮することが多い。

解

自然数を9で割った余りは0，1，2，…，8の9通りあり，相異なる10個の自然数を選んだとき，この中に9で割った余りが等しい2数が少なくとも1組は存在する。その2数の差は9の倍数となる。——（証明終）

参考 鳩ノ巣原理の証明

$n+1$羽の鳩がn個の巣箱に入っている。このとき，少なくとも1つの巣箱には2羽以上の鳩が入っていることを示すことを考える。

どの巣箱にも2羽以上の鳩が入っていないと仮定する。

このとき，各巣箱には0または1羽の鳩が入っていることになるので，n個の巣箱には計n羽以下の鳩が入っていることになる。

これは鳩が$n+1$羽いることに矛盾する。

したがって，少なくとも1つの巣箱には2羽以上の鳩が入っている。

✓ SKILL UP

n個の巣箱に$n+1$羽の鳩が入るとき，2羽以上入る巣箱が少なくとも1つは存在する。

これを利用した証明方法を鳩ノ巣原理（部屋割り論法）という。問題の条件に対して，何が「巣箱」で，何が「鳩」かを明確にするのがポイントである。

Theme 1 | 1変数の最大・最小①

1
Lv. ▫▪▪▪

放物線 $y = x^2 - 2x + 2$ を x 軸方向に 1, y 軸方向に 2 だけ平行移動したのち, 原点に関して対称移動した放物線の方程式を $y = f(x)$ とする。$f(x)$ の最大値を求めよ。

2
Lv. ▫▪▪▪

(1) $f(x) = \left| x^2 - \dfrac{1}{2} \right|$ の $-1 \leqq x \leqq 1$ における最大値を求めよ。

(2) $g(x) = (1-x)|x+2|$ の $-\dfrac{5}{2} \leqq x \leqq 2$ における最大値を求めよ。

3
Lv. ▫▪▪▪

x が実数のとき, $f(x) = ax^2 - 6ax + b$ の $1 \leqq x \leqq 4$ における最大値が 11 で, 最小値が 8 となるような実数の定数 a, b の値を求めよ。

4
Lv. ▫▪▪▪

x が実数のとき, $f(x) = x(x-1)(x-3)(x-4)$ の $0 \leqq x \leqq 4$ における最大値, 最小値を求めよ。

Theme分析

最大値，最小値を求める問題の解法を整理するとき，まず**変数の数を見る**ことが重要である。見るべきは変数の数であり，aなどの文字定数はカウントしない。また，見かけ上は2変数であっても条件$x+y=1$などによって，実質，1変数となることもある。

今回のThemeはすべて1変数関数の最大値，最小値の問題である。

1変数関数の最大値，最小値の基本的な解法は，**「グラフをかいて調べる」**ことである。$\boxed{1}$から$\boxed{4}$まですべて2次関数のグラフをかいて最大値，最小値を調べることになる。

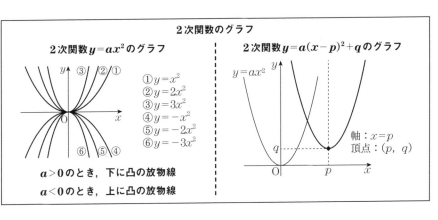

2次関数のグラフ

2次関数$y=ax^2$のグラフ

① $y=x^2$
② $y=2x^2$
③ $y=3x^2$
④ $y=-x^2$
⑤ $y=-2x^2$
⑥ $y=-3x^2$

$a>0$のとき，下に凸の放物線
$a<0$のとき，上に凸の放物線

2次関数$y=a(x-p)^2+q$のグラフ

軸：$x=p$
頂点：$(p,\ q)$

例 2次関数$y=x^2-2x+3\ (-1\leqq x\leqq 2)$の最大値と最小値を求める。

まず，平方完成して，$y=x^2-2x+3$のグラフをかく。

$$y=x^2-2x+3$$
$$=(x-1)^2+2$$

関数のグラフは，右の図の実線部分のようになる。

したがって

$x=-1$で最大値6

$x=1$で最小値2

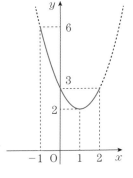

1

Lv. ▪▪▫▫

放物線 $y=x^2-2x+2$ を x 軸方向に 1，y 軸方向に 2 だけ平行移動したのち，原点に関して対称移動した放物線の方程式を $y=f(x)$ とする。$f(x)$ の最大値を求めよ。

navigate

$y=f(x)$ のグラフをかけば，最大値は求められる。ただし，その前にまず $f(x)$ を求めなければならない。

解

$y=x^2-2x+2$ を x 軸方向に 1，y 軸方向に 2 だけ平行移動した曲線の方程式は

$$y-2=(x-1)^2-2(x-1)+2$$
$$y=x^2-4x+7$$

$y=x^2-4x+7$ を原点に関して対称移動した曲線の方程式は

$$-y=(-x)^2-4(-x)+7$$
$$y=-x^2-4x-7$$

$f(x)=-x^2-4x-7$ の最大値は

$$f(x)=-(x+2)^2-3$$

$x=-2$ のとき，

最大値 -3 —(答)

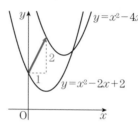

今回の平行移動は，
x を $x-1$ に，
y を $y-2$ に
すればよい。

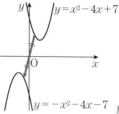

原点対称移動は，
x を $-x$ に，
y を $-y$ に
すればよい。

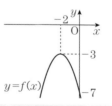

$y=f(x)$ のグラフは，頂点 $(-2,\ -3)$ で，$(x^2$ の係数$)<0$ から，上に凸の放物線である。

グラフをかけば，最大値が目で見てすぐわかる。

✓ SKILL UP

曲線 $y=f(x)$ を以下のように平行移動したあとの曲線の方程式。

・x 軸方向に p，y 軸方向に q だけ平行移動

$$y-q=f(x-p) \qquad (x を x-p に，y を y-q にする)$$

・対称移動

x 軸：$-y=f(x)$ $\qquad$（y を $-y$ にする）

y 軸：$y=f(-x)$ $\qquad$（x を $-x$ にする）

原点：$-y=f(-x)$ $\qquad$（x を $-x$ に，y を $-y$ にする）

2

Lv. ▮▮▯▯

(1) $f(x) = \left| x^2 - \dfrac{1}{2} \right|$ の $-1 \leq x \leq 1$ における最大値を求めよ。

(2) $g(x) = (1-x)|x+2|$ の $-\dfrac{5}{2} \leq x \leq 2$ における最大値を求めよ。

navigate 絶対値を含む関数の最大・最小の問題である。(1)は $y = |\bullet|$ と全体に絶対値がついているので，$y = \bullet$ のグラフを x 軸で＋側に折り返せば簡単にかける。(2)は，絶対値を場合分けして外すことになる。

> 解

(1) $y = x^2 - \dfrac{1}{2}$ のグラフを x 軸より上側に折

り返す。

$f(-1) = f(1) = \dfrac{1}{2}$

$f(0) = \dfrac{1}{2}$ であるから，

$x = -1,\ 0,\ 1$ のとき，

最大値 $\dfrac{1}{2}$ ―㊟

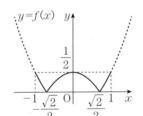
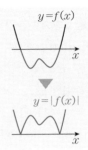

(2) $x < -2$ のとき

$g(x) = (1-x)\{-(x+2)\} = \left(x + \dfrac{1}{2} \right)^2 - \dfrac{9}{4}$

$x \geq -2$ のとき

$g(x) = (1-x)(x+2) = -\left(x + \dfrac{1}{2} \right)^2 + \dfrac{9}{4}$

関数 $y = g(x)$ のグラフは右図のようになる。

したがって，$x = -\dfrac{1}{2}$ で**最大値 $\dfrac{9}{4}$** ―㊟

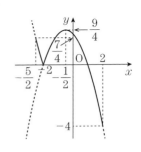

✓ **SKILL UP**

絶対値入りの関数の最大値・最小値は，グラフかいて調べることが基本。

$y = |f(x)|$ は $y = f(x)$ を x 軸より上側に折り返せばよい。

3 x が実数のとき，$f(x)=ax^2-6ax+b$ の $1\leqq x\leqq4$ における最大値が 11 で，最
Lv.∎∎∥∥ 小値が 8 となるような実数の定数 a，b の値を求めよ。

navigate

一見，$f(x)$ のグラフはかけそうにないが，平方完成すれば，
$f(x)=a(x-3)^2-9a+b$ となり，軸の位置が $x=3$ とわかる。$a>0$ や
$a<0$ でグラフの状況が変わるので，場合分けすることになる。

解

$f(x)=a(x-3)^2-9a+b$　$(1\leqq x\leqq4)$

(i)　$a=0$ のとき，$f(x)=b$ で一定となるので
題意をみたさない。

(ii)　$a>0$ のとき

$y=f(x)$ のグラフは右図のようになり，
$x=1$ で最大，$x=3$ で最小となる。

$\qquad f(1)=11$　かつ　$f(3)=8$

$\Longleftrightarrow$　$-5a+b=11$　かつ　$-9a+b=8$

$\Longleftrightarrow$　$a=\dfrac{3}{4}$，$b=\dfrac{59}{4}$　（$a>0$ をみたす）

(iii)　$a<0$ のとき

$y=f(x)$ のグラフは右図のようになり，
$x=3$ で最大，$x=1$ で最小となる。

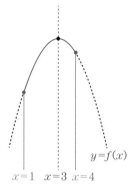

$\qquad f(3)=11$　かつ　$f(1)=8$

$\Longleftrightarrow$　$-9a+b=11$　かつ　$-5a+b=8$

$\Longleftrightarrow$　$a=-\dfrac{3}{4}$，$b=\dfrac{17}{4}$　（$a<0$ をみたす）

以上より

$$(a,\ b)=\left(\dfrac{3}{4},\ \dfrac{59}{4}\right),\ \left(-\dfrac{3}{4},\ \dfrac{17}{4}\right)\ -\text{答}$$

☑ SKILL UP

1変数関数の最大値・最小値は，簡単にかけるグラフであれば，グラフ
をかいて調べる。

4
Lv.▪▫▫▫

x が実数のとき，$f(x)=x(x-1)(x-3)(x-4)$ の $0\leqq x\leqq4$ における最大値，最小値を求めよ。

navigate

> このままではグラフはかけない。式をよく眺めてみると
> $$x(x-4)=x^2-4x,\quad (x-1)(x-3)=x^2-4x+3$$
> であり，x^2-4x のかたまりがあらわれる。よって $x^2-4x=t$ で置き換えると t の2次関数となり，グラフがかける。

解

$$f(x)=x(x-1)(x-3)(x-4)$$
$$=x(x-4)(x-1)(x-3)$$
$$=(x^2-4x)(x^2-4x+3)$$

$t=x^2-4x$ とおくと

$$f(x)=t(t+3)\quad(=g(t)\text{とおく})$$

$y=g(t)$ のグラフをかく。

$$g(t)=\left(t+\frac{3}{2}\right)^2-\frac{9}{4}\quad(-4\leqq t\leqq0)$$

頂点が $\left(-\dfrac{3}{2},\ -\dfrac{9}{4}\right)$ で，下に凸の放物線である。

$t=-4$ のとき，最大値 4

$t=-\dfrac{3}{2}$ のとき，最小値 $-\dfrac{9}{4}$

$x^2-4x=-4$ を解くと $x=2$

$x^2-4x=-\dfrac{3}{2}$ を解くと

$$x=\frac{4\pm\sqrt{10}}{2}$$

$x=2$ のとき **最大値4**，$x=\dfrac{4\pm\sqrt{10}}{2}$ のとき **最小値$-\dfrac{9}{4}$** —㊐

範囲チェックをすると
$$t=(x-2)^2-4$$
下のグラフより $-4\leqq t\leqq0$

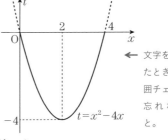

← 文字を置換したときは，範囲チェックを忘れないこと。

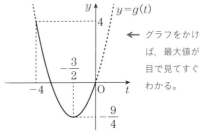

← グラフをかけば，最大値が目で見てすぐわかる。

✓ **SKILL UP**

1変数関数の最大値・最小値で置き換えて式が簡単になるときは，置き換える。ただし，置き換えた文字の範囲チェックを忘れないように。

Theme 2 | 1変数の最大・最小②

5
Lv. ∎∎∎∎

xが実数のとき，$f(x)=x^2-2x+2$の$a\leqq x\leqq a+1$における最大値Mと最小値mを求めよ。（aは定数）

6
Lv. ∎∎∎∎

xが実数のとき，$f(x)=|x^2-a|$の$-1\leqq x\leqq 1$における最大値を求めよ。（aは定数）

7
Lv. ∎∎∎∎
Ⅱ

xが実数のとき，$f(x)=\dfrac{x^2-x}{x+1}$の$x>0$における最小値を求めよ。

8
Lv. ∎∎∎∎

xが実数のとき，$f(x)=\dfrac{x}{x^2+1}$の最大値と最小値を求めよ。

Theme分析

今回のテーマでは，1変数関数の最大値，最小値の応用について扱う。

> 1変数関数の最大値・最小値を求めるのに用いる解法は大きく3つである。
> ① グラフをかく。ただし，文字定数があれば場合分けに注意する。
> ② 相加・相乗などの不等式を利用する。
> ③ （求める式）＝kとおき，条件をみたす文字が存在するようなkの値の範囲を調べる。

① グラフが簡単にかける関数の最大・最小は，グラフをかいて視覚化して調べるのが基本となる。

$\boxed{5}$，$\boxed{6}$はグラフをかいて調べるが，それに加えて文字定数による場合分けがポイントとなる。

② $y=x+\dfrac{1}{x}$（$x>0$）の最小値を求めるには，

相加，相乗平均の不等式を利用する。

$$x+\frac{1}{x}\geqq 2\sqrt{x\cdot\frac{1}{x}}\Longleftrightarrow x+\frac{1}{x}\geqq 2$$

等号成立は，$x=\dfrac{1}{x}$かつ$x>0$より，$x=1$となる。

$x=1$のとき最小値2

この方法を$\boxed{7}$で用いる。

$a>0$, $b>0$のとき，
$$\frac{a+b}{2}\geqq\sqrt{ab}$$
（相加平均）（相乗平均）
両辺2倍して
$$a+b\geqq 2\sqrt{ab}$$
の形で使うことが多い。

③ $y=x^2-2x+2$（xはすべての実数）の最小値を求めるのに次のような方法もある。$y=k$とおくと

$$x^2-2x+2=k\Longleftrightarrow x^2-2x+(2-k)=0$$

実数解をもつにはxの2次方程式の判別式をDとして　$D\geqq 0\Longleftrightarrow k\geqq 1$

よって，最小値は1

この方法は，グラフはかきにくいが，分数式から2次方程式が作れそうなときは有効で，$\boxed{8}$で用いる。

$y=2$という値をとるかは
$$x^2-2x+2=2$$
を解いて，$x=0$, 2となり，
$x=0$, 2のとき$y=2$とわかる。

$y=0$は$x^2-2x+2=0$が実数解をもたないことからとれない値とわかる。

5 x が実数のとき，$f(x)=x^2-2x+2$ の $a\leqq x\leqq a+1$ における最大値 M と最小値 m を求めよ。（a は定数）

Lv.▮▮▮

navigate

変域が文字定数を含むときは，グラフと軸との位置関係で場合を分ける。

解

$f(x)=(x-1)^2+1$

(i) $a<0$ のとき ← $a+1<1$

$M=f(a)=a^2-2a+2$

$m=f(a+1)=a^2+1$

(ii) $0\leqq a<\dfrac{1}{2}$ のとき ← $a+\dfrac{1}{2}<1\leqq a+1$

$M=f(a)=a^2-2a+2$, $m=f(1)=1$

(iii) $a=\dfrac{1}{2}$ のとき ← $a+\dfrac{1}{2}=1$

$M=f(a)=f(a+1)=\dfrac{5}{4}$

$m=f(1)=1$

(iv) $\dfrac{1}{2}<a\leqq 1$ のとき ← $a\leqq 1<a+\dfrac{1}{2}$

$M=f(a+1)=a^2+1$, $m=f(1)=1$

(v) $1<a$ のとき

$M=f(a+1)=a^2+1$

$m=f(a)=a^2-2a+2$

以上より，最大値は，**$a\leqq\dfrac{1}{2}$ のとき**

a^2-2a+2，$\dfrac{1}{2}<a$ のとき a^2+1，最小値は，

$a<0$ のとき a^2+1，$0\leqq a\leqq 1$ のとき 1，$1<a$ のとき a^2-2a+2 —(答)

(i) $a<0$ のとき

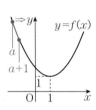

区間の右端と軸の位置で分ける

端点の高さが同じときで分ける

(ii) $0\leqq a<\dfrac{1}{2}$ のとき (iii) $a=\dfrac{1}{2}$ のとき

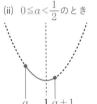

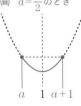

区間の左端と軸の位置で分ける

(iv) $\dfrac{1}{2}<a\leqq 1$ のとき (v) $1<a$ のとき

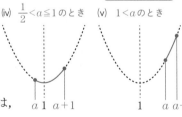

✓ SKILL UP

グラフをかいた後 { 区間と極大・極小の位置 / 端点と極大値・極小値の大小 } に着目して分ける。

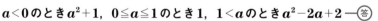

6 x が実数のとき，$f(x)=|x^2-a|$ の $-1\leqq x\leqq 1$ における最大値を求めよ。（a は定数）

Lv.▮▮▯▯

navigate
グラフを動かすのは大変なので，区間 $-1\leqq x\leqq 1$ を相対的に動かす。

解

$y=x^2-a$ のグラフを x 軸より上側に折り返す。$a\leqq 0$ と $a>0$ で場合分けする。

(i) $a\leqq 0$ のとき

(ii)〜(iv) $a>0$ のとき

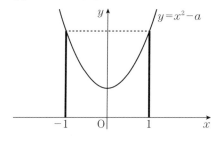

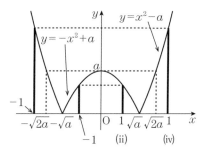

(i) $a\leqq 0$ のとき，$x=-1$，1 で，最大値 $1-a$

次に，$a>0$ のとき，右側のグラフから

(ii) $1<\sqrt{2a}$ すなわち $a>\dfrac{1}{2}$ のとき，$x=0$ で，最大値 a

(iii) $\sqrt{2a}=1$ すなわち $a=\dfrac{1}{2}$ のとき，$x=-1$，0，1 で，最大値 $\dfrac{1}{2}$

(iv) $\sqrt{2a}<1$ すなわち $0<a<\dfrac{1}{2}$ のとき，$x=-1$，1 で，最大値 $1-a$

以上より，**$a<\dfrac{1}{2}$ のとき最大値 $1-a$，$a\geqq\dfrac{1}{2}$ のとき最大値 a** ─答

✓ SKILL UP

1変数関数の最大値・最小値の場合分けのポイントは，

① グラフの概形が変わるとき分ける。

② グラフを固定して区間を動かす。

③ グラフをかいた後 $\begin{cases} 区間と極大・極小の位置 \\ 端点と極大値・極小値の大小 \end{cases}$ に着目して分ける。

7

Lv. ▮▮▮▮
Ⅱ

x が実数のとき，$f(x) = \dfrac{x^2 - x}{x + 1}$ の $x > 0$ における最小値を求めよ。

navigate

割り算すると

$$f(x) = x - 2 + \frac{2}{x + 1}$$

となる。グラフを正確にかくには数学Ⅲの知識が必要になる。
そこで，$f(x) > 0$ のとき

$$g(x) = f(x) + \frac{1}{f(x)} + (定数)$$

と変形することで，相加，相乗平均の関係（数学Ⅱ）を用いる。

解

$$f(x) = \frac{(x + 1)(x - 2) + 2}{x + 1}$$

$$= x - 2 + \frac{2}{x + 1}$$

$$= \underline{x + 1} + \frac{2}{x + 1} - 3$$

$x + 1 > 0$ であるから，相加，相乗平均の関係より

$$x + 1 + \frac{2}{x + 1} \geqq 2\sqrt{(x + 1) \cdot \frac{2}{x + 1}} = 2\sqrt{2}$$

よって

$$x - 2 + \frac{2}{x + 1} \geqq 2\sqrt{2} - 3$$

等号は $x + 1 = \dfrac{2}{x + 1}$ かつ $x > 0$ を解いて，$x = \sqrt{2} - 1$ のとき成り立つ。

よって，**$x = \sqrt{2} - 1$ のとき，最小値 $2\sqrt{2} - 3$** ──㊁

$$
\begin{array}{r}
x - 2 \\
x + 1 \overline{\smash{\big)}\ x^2 - x} \\
\underline{x^2 + x} \\
-2x \\
\underline{-2x - 2} \\
2
\end{array}
$$

分数関数は，
（分母の次数）>（分子の次数）
になるまで割り算する。すなわち，次数のイメージは，

定数項を調整することで相乗平均が定数となってうまくいく。

☑ SKILL UP

相加，相乗平均の関係を利用する。

$a > 0$，$b > 0$ のとき，$\dfrac{a + b}{2} \geqq \sqrt{ab}$ （等号は，$a = b$ のとき成り立つ）

8

Lv. ■■■

x が実数のとき，$f(x) = \dfrac{x}{x^2+1}$ の最大値と最小値を求めよ。

> **navigate**
>
> 分母・分子を x で割ると，$f(x) = \dfrac{1}{x + \dfrac{1}{x}}$ なので ⑦ のように相加，相乗
>
> 平均の関係が使えそうであるが，$x<0$ のときの扱いがややこしい。
> そこで，先に $f(x)$ がある値 k をとれるかどうか調べてみる。
>
> 例えば，**$f(x) = 2$ という値をとるかは** $\dfrac{x}{x^2+1} = 2 \iff 2x^2 - x + 2 = 0$
>
> で（判別式）<0 だから，とれない値とわかる。この考え方をいかして，
> $f(x) = k$ とおき，k のとり得る値の範囲を調べる。

解

$\dfrac{x}{x^2+1} = k$ をみたす実数 x が存在する実数 k の値の範囲を求める。

$k(x^2+1) = x$　ゆえに　$kx^2 - x + k = 0$　…①　　|　このxの方程式が解をもつような実数kの値の範囲を求める。

(i) $k=0$ のとき

$x=0$ となり，$k=0$ はとり得る値である。

(ii) $k \neq 0$ のとき

①をみたす実数 x が存在するのは，判別式 D について $D \geqq 0$ であり

$$1 - 4k^2 \geqq 0 \iff (2k-1)(2k+1) \leqq 0$$

よって　$-\dfrac{1}{2} \leqq k \leqq \dfrac{1}{2}$

(i), (ii) より　$-\dfrac{1}{2} \leqq k \leqq \dfrac{1}{2}$ であることから

最大値は $\dfrac{1}{2}$，最小値は $-\dfrac{1}{2}$　—答

☑ **SKILL UP**

1変数関数 $f(x)$ の最大値・最小値でグラフがかきにくいときは，
$f(x) = k$ とおき，条件をみたす x の値が存在するような，k のとり得る
値の範囲を求める。

Theme 3 | **2変数の最大・最小①**

9
Lv. ∎∎▎▎

x, yが実数で，$x^2+y^2=1$のとき，$x+y^2$の最大値と最小値を求めよ。

10
Lv. ∎∎▎▎

x, yが実数で，$x^2+y^2=2x$のとき，$x+y$の最大値と最小値を求めよ。

11
Lv. ∎∎∎▎
Ⅱ

x, yが実数で，$x^2+xy+y^2=3$のとき，x^2+y^2+x+yの最大値と最小値を求めよ。

12
Lv. ∎∎∎▎
Ⅱ

x, yが実数で，$x^2+2xy+3y^2=1$のとき，x^2-y^2の最大値と最小値を求めよ。

Theme分析

等式条件の付いた2変数関数(実質1変数)の最大値・最小値を求めるためによく用いる解法は以下の3つである。

1 消去，置換により1変数化して，グラフをかく。

2 関数式$=k$とおき，条件をみたす文字が存在するようなkの値の範囲を調べる。

3 絶対不等式を利用する。

【例題】 $x+y=1$のとき，$z=x^2+y^2$の最小値を求めよ。

$y=1-x$としてyを消去すると，

$x^2+y^2=x^2+(1-x)^2=2x^2-2x+1$であるから，

$z=2x^2-2x+1$のグラフをかけば最小値はわかる。

$$z=2\left(x-\frac{1}{2}\right)^2+\frac{1}{2}$$

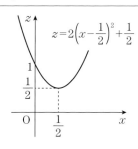

右のグラフより，$x=\dfrac{1}{2}$のとき最小値$\dfrac{1}{2}$

9 でこの方法を用いる。

11 は対称式であるため，$x+y=s$，$xy=t$と置き換える。12 では三角関数(数学Ⅱ)で置き換える。

$x^2+y^2=k$とおいて，

連立方程式$\begin{cases} x+y=1 \\ x^2+y^2=k \end{cases}$が実数解をもつ$k$の範囲を求める。

$y=1-x$を用いて，yを消去すると

$x^2+(1-x)^2=k \Longleftrightarrow 2x^2-2x+(1-k)=0$

このxの2次方程式が実数解をもつ条件を考えて

(判別式)$\geqq 0 \Longleftrightarrow 1-2(1-k)\geqq 0 \Longleftrightarrow k\geqq\dfrac{1}{2}$

← 数学Ⅱの図形と式を用いて，直線$x+y=1$ 円$x^2+y^2=k$が共有点もつkの範囲を調べてもよい。

よって，$\dfrac{1}{2}$が求める最小値である。

10 でこの方法を用いる。

9

x, yが実数で, $x^2+y^2=1$のとき, $x+y^2$の最大値と最小値を求めよ。

Lv.▮▮▮▮

navigate

$y^2=1-x^2$としてy^2を消去すれば, $-x^2+x+1$の1変数関数の最大・最小を求める問題になる。ただし, 文字を消去したときは範囲に注意する。

解

$x^2+y^2=1$から $\quad y^2=1-x^2$ …①

$y^2≧0$であるから

$\quad\quad 1-x^2≧0$ よって $-1≦x≦1$ …②

> 文字を消去したときは, 範囲チェックを忘れないこと。

$x+y^2=x+(1-x^2)=-x^2+x+1$ （$=f(x)$とおく）

$f(x)=-x^2+x+1$の$-1≦x≦1$における最大値, 最小値を求める。

$y=f(x)$のグラフをかくと

$$f(x)=-\left(x-\frac{1}{2}\right)^2+\frac{5}{4}$$

> 1変数関数の最大値, 最小値を考えればよい。

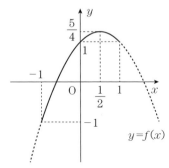

グラフより, $x=\dfrac{1}{2}$で最大値$\dfrac{5}{4}$, $x=-1$で最小値-1をとる。

①から, $x=\dfrac{1}{2}$のとき, $y=\pm\dfrac{\sqrt{3}}{2}$, $x=-1$のとき, $y=0$なので,

$$\boldsymbol{x=\frac{1}{2},\ y=\pm\frac{\sqrt{3}}{2}\text{のとき最大値}\frac{5}{4},\ x=-1,\ y=0\text{のとき最小値}-1}\ \text{—答}$$

✓ SKILL UP

条件を含む最大・最小問題は, 文字を消去して1変数化する。ただし, 消去した文字の範囲のチェックを忘れないようにする。

10

x, y が実数で，$x^2+y^2=2x$ のとき，$x+y$ の最大値と最小値を求めよ。

Lv. ▮▮▯▯

navigate

$x+y=x\pm\sqrt{-x^2+2x}$ と強引に文字消去してもうまくいかない。そこ
で，先に $x+y$ の値からとり得る値を調べてみる。

$x+y=0$ という値をとるかは，

$$\begin{cases} x^2+y^2=2x \\ x+y=0 \end{cases}$$

を解いて，$(x, y)=(0, 0)$, $(1, -1)$

となり，$x+y=0$ という値をとることがわかる。

$x+y=3$ という値をとるかは，

$$\begin{cases} x^2+y^2=2x \\ x+y=3 \end{cases}$$

から y を消去して，$2x^2-8x+9=0$

となり，（判別式 D）<0 より条件をみたす x が存在しないので，$x+y=3$
という値をとれないことがわかる。

解

$x+y=k$ とおいて

$$\begin{cases} x^2+y^2=2x \\ x+y=k \end{cases}$$

をみたす実数 (x, y) が存在する実数 k の値の範囲を調べる。

$y=-x+k$ を $x^2+y^2=2x$ に代入すると

$$x^2+(k-x)^2=2x \iff 2x^2-2(k+1)x+k^2=0$$

x は実数であるから，判別式を D とすると

$$D\geqq 0$$

ゆえに

$$\frac{D}{4}=(k+1)^2-2k^2\geqq 0 \quad より \quad k^2-2k-1\leqq 0$$

よって $1-\sqrt{2}\leqq k\leqq 1+\sqrt{2}$

したがって，**最大値 $1+\sqrt{2}$，最小値 $1-\sqrt{2}$** ―答

> このxの2次方程式が解をもつような実数kの値の範囲を求める。

☑ SKILL UP

2変数関数の最大値・最小値で1変数化しにくいときは，（関数式）$=k$ と
おき，条件をみたす文字が存在するような，k のとり得る範囲を求める。

11

Lv. ∎∎∎∎
Ⅱ

x, yが実数で，$x^2+xy+y^2=3$のとき，x^2+y^2+x+yの最大値と最小値を求めよ。

navigate

本問は，xとyを入れ替えても同じ式になるので対称式である。対称式は基本対称式で書き換えてみるのが鉄則である。

ただし，**基本対称式で書き換えたら，$x+y$とxyの関係に制約が生じることを忘れないように。**

解

$x+y=s$, $xy=t$とおく。$x^2+xy+y^2=3$から

$$(x+y)^2-xy=3 \quad \text{よって} \quad s^2-t=3 \quad \cdots ①$$

一方　x^2+y^2+x+y

$$=(x+y)^2-2xy+(x+y)$$

$$=s^2-2t+s \quad \cdots ②$$

また，解と係数の関係により，x, yは$z^2-sz+t=0$の実数解である。

（判別式）$\geqq 0$ から　$s^2-4t\geqq 0$ $\cdots ③$

①，③をみたすs, tについて，②から

> 文字を消去したときは，範囲チェックを忘れないこと。

s^2-2t+sの最大値，最小値を求めればよい。

①から，$t=s^2-3$を②，③に代入して

$$s^2-2t+s=s^2-2(s^2-3)+s=-s^2+s+6 \quad （=u\text{とおく}）$$

$$s^2-4(s^2-3)\geqq 0, \ s^2\leqq 4 \quad \text{から} \quad -2\leqq s\leqq 2$$

$u=-s^2+s+6$の$-2\leqq s\leqq 2$における最大値，最小値を求めればよい。

$$u=-\left(s-\frac{1}{2}\right)^2+\frac{25}{4}$$

← 1変数関数の最大値，最小値を考えればよい

$-2\leqq s\leqq 2$の範囲において

$$s=\frac{1}{2}\text{のとき}\quad\text{最大値}\frac{25}{4}$$

$$s=-2\text{のとき}\quad\text{最小値}0 \text{——（答）}$$

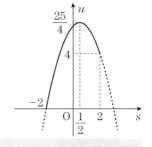

✓ SKILL UP

対称式は，基本対称式で置き換える。ただし，解と係数の関係を利用して，範囲をチェックする！

12 x, y が実数で，$x^2+2xy+3y^2=1$ のとき，x^2-y^2 の最大値と最小値を求め
Lv.　　　よ。
Ⓘ

---

navigate

本問も文字消去や図示では解くことが難しいが，条件式が $X^2+Y^2=1$ の
形に変形できるものは，三角関数の定義から，$(X, Y)=(\cos\theta, \sin\theta)$
とおける。右図において動径OPと x 軸方向正
方向とのなす角を θ とするとき，点Pの座標を
$$(X, Y)=(\cos\theta, \sin\theta)$$
とするのが三角関数の定義である。 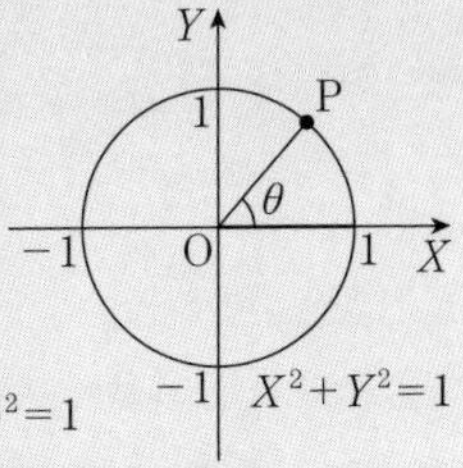
本問において，条件式を平方完成すれば
$$x^2+2xy+3y^2=1 \Longleftrightarrow (x+y)^2+(\sqrt{2}y)^2=1$$
となるので，$(x+y, \sqrt{2}y)=(\cos\theta, \sin\theta)$ とおける。
すると，三角関数の最大値，最小値の問題として考えることができる。

解

$$x^2+2xy+3y^2=1 \Longleftrightarrow (x+y)^2+(\sqrt{2}y)^2=1$$

$x+y=\cos\theta$，$\sqrt{2}y=\sin\theta$ とそれぞれおくと

$$y=\frac{1}{\sqrt{2}}\sin\theta, \quad x=\cos\theta-\frac{1}{\sqrt{2}}\sin\theta$$

よって $x^2-y^2=\left(\cos\theta-\dfrac{1}{\sqrt{2}}\sin\theta\right)^2-\dfrac{1}{2}\sin^2\theta$

$\qquad\qquad = \cos^2\theta-\sqrt{2}\sin\theta\cos\theta$

$\qquad\qquad = \dfrac{1+\cos 2\theta}{2}-\sqrt{2}\cdot\dfrac{1}{2}\sin 2\theta$

$\qquad\qquad = \dfrac{\sqrt{3}}{2}\sin(2\theta+\alpha)+\dfrac{1}{2}$

θ は任意の実数値をとり得るから

$$-1\leqq\sin(2\theta+\alpha)\leqq 1$$

よって，**最大値は** $\dfrac{1+\sqrt{3}}{2}$，**最小値は** $\dfrac{1-\sqrt{3}}{2}$ —答

三角関数の最大値，最小値を
考えればよい。

詳しくは，数学Ⅱの三角関数
で述べるが，「2次同次式」と
いう有名な式で半角公式
$$\sin\theta\cos\theta=\frac{1}{2}\sin 2\theta,$$
$$\cos^2\theta=\frac{1+\cos 2\theta}{2}$$
で次数を下げて，合成する。

✓ **SKILL UP**

● $^2+$▲$^2=1$ は，●$=\cos\theta$，▲$=\sin\theta$ とおける。

Theme 4 | # 2変数の最大・最小②

13
Lv.▪▪▮▮

x, y が実数のとき, $x^2-4xy+5y^2-4y+8$ の最小値を求めよ。

14
Lv.▪▪▮▮

$x^2-4xy+5y^2-4y+8$ の $0\leqq x\leqq 1$, $-1\leqq y\leqq 1$ における最小値を求めよ。

15
Lv.▪▪▮▮
Ⅱ

$x>0$, $y>0$ のとき, $\left(x+\dfrac{1}{y}\right)\left(y+\dfrac{2}{x}\right)$ の最小値を求めよ。

16
Lv.▪▪▮▮
Ⅱ

a, b を正の定数とする。

$\dfrac{a}{x}+\dfrac{b}{y}=1$, $x>0$, $y>0$ のとき, $x+y$ の最小値を求めよ。

Theme分析

独立な2変数関数の最大値・最小値でよく用いる解法は次の3つである。

1. 固定して1つずつ動かす。（予選決勝法）
2. （求める式）＝kとおき，条件をみたす文字が存在するようなkの値の範囲を調べる。
3. 絶対不等式を利用する。

13, 14, 15 は条件式による制限がない独立な2変数x, y, 16 は絶対不等式で考えよう。

【例題】 $0 \leqq x \leqq 1$，$0 \leqq y \leqq 1$のとき，$z = x^2 + y$の最大値を求めよ。

1. $x = k$と固定すると，
   $$z = y + k^2$$
   yを$0 \leqq y \leqq 1$で変化させて，
   $$y = 1のとき最大値z = 1 + k^2$$
   次にkを$0 \leqq k \leqq 1$で変化させて，
   $$k = 1のとき最大値z = 2$$

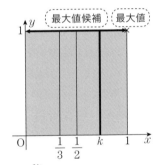

2. $x^2 + y = z$から
   $$0 \leqq x \leqq 1,\ 0 \leqq y \leqq 1,\ y = -x^2 + z$$
   が実数解をもつkの範囲を求める。
   右図より，放物線$y = -x^2 + z$が正方形の周および内部と共有点をもつzの値の範囲を求めると $0 \leqq z \leqq 2$
   よって，2が求める最大値である。
   この方法については数学Ⅱの図形と式で詳しく扱う。

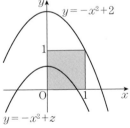

13

x, y が実数のとき，$x^2-4xy+5y^2-4y+8$ の最小値を求めよ。

Lv.∎∎∎∎

navigate

等式条件はないので文字を消すことはできず，何か特徴がある式でもない。独立2変数の最大値，最小値は文字を固定して1つずつ動かせばよい。どちらから動かすかは，今回は平方完成しやすい x から動かせばよい。

解

$y=k$ と固定して，x を変化させたときの最小値を求める。

$$f(x)=x^2-4kx+5k^2-4k+8 \quad \leftarrow x を主役に放物線$$
$$=(x-2k)^2+k^2-4k+8 \qquad \text{のグラフをかいて}$$
$$\text{最小値を求める}$$

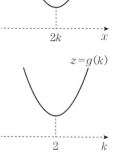

右図より，

$x=2k$ のとき最小値 $k^2-4k+8(=g(k)$ とおく$)$

次に k を変化させたときの最小値を求める。

$$g(k)=k^2-4k+8 \quad \leftarrow k を主役に放物線のグラフを$$
$$=(k-2)^2+4 \qquad \text{かいて最小値を求める}$$

右図より，$k=2$ のとき最小値 4

以上より，$\boldsymbol{x}=2k=\boldsymbol{4}$, $\boldsymbol{y}=k=\boldsymbol{2}$ のとき　**最小値4** —答

別解　平方完成して，不等式を利用する。

$$x^2-4xy+5y^2-4y+8=(x-2y)^2+y^2-4y+8$$
$$=(x-2y)^2+(y-2)^2+4 \geqq 4$$

$x-2y=0$ かつ $y-2=0$ を解くと，$(x, y)=(4, 2)$ である。

よって，$\boldsymbol{x}=\boldsymbol{4}$, $\boldsymbol{y}=\boldsymbol{2}$ のとき　**最小値4** —答

✓ SKILL UP

x, y の独立(等式条件がない)な2変数の最大値，最小値を求める際に，次の2段階で調べることがある。これを予選決勝法と呼ぶ。

① x または y を k と固定して，1変数の最大・最小を調べる。

② 固定した k の関数の最大・最小を調べる。

14

$x^2-4xy+5y^2-4y+8$ の $0\le x\le1$, $-1\le y\le1$ における最小値を求めよ。

Lv.

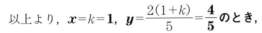

navigate

前問 13 のように文字を固定して1つずつ動かせばよい。13 では先に y を固定したが，先に y を固定すると，$y=k$ とおいて，
$f(x)=(x-2k)^2+k^2-4k+8$ の $0\le x\le1$ における最小値を求めなければならない。すると，軸が，$x=2k$ で $-1\le k\le1$ より $-2\le$ 軸 ≤2 の範囲を動き，場合分けが生じるので，先に x を固定する方がよい。

解

$x=k$ と固定し，y を変化させたときの最小値を求める。　← y を主役に放物線の
グラフをかいて
最小値を求める

$$f(y)=5y^2-4(1+k)y+k^2+8 \quad(-1\le y\le1)$$
$$=5\left\{y-\frac{2(1+k)}{5}\right\}^2+\frac{1}{5}k^2-\frac{8}{5}k+\frac{36}{5}$$

軸：$y=\dfrac{2(1+k)}{5}$ で $0\le k\le1$ より　$\dfrac{2}{5}\le$ 軸 $\le\dfrac{4}{5}$

右図より，$y=\dfrac{2(1+k)}{5}$ のとき，

最小値 $\dfrac{1}{5}k^2-\dfrac{8}{5}k+\dfrac{36}{5}$ $\quad(=g(k)$ とおく$)$

次に k を変化させたときの最小値を求める。

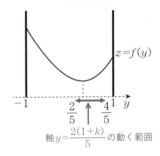

$z=f(y)$

軸 $y=\dfrac{2(1+k)}{5}$ の動く範囲

$$g(k)=\frac{1}{5}k^2-\frac{8}{5}k+\frac{36}{5} \quad(0\le k\le1)$$
$$=\frac{1}{5}(k-4)^2+4 \quad\longleftarrow$$ k を主役に放物線のグラフ
をかいて最小値を求める

右図より，$k=1$ のとき最小値 $\dfrac{29}{5}$

以上より，$\boldsymbol{x=k=1}$，$\boldsymbol{y=\dfrac{2(1+k)}{5}=\dfrac{4}{5}}$ のとき，

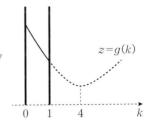

$z=g(k)$

最小値 $\dfrac{29}{5}$ —答

✓ SKILL UP

予選決勝法では，予選を楽にすることを心掛ける。「次数が低い文字」や「登場回数の少ない文字」，「場合分けの少ない文字」を先に考える。

15

Lv.■■■
Ⅱ

$x>0$, $y>0$ のとき, $\left(x+\dfrac{1}{y}\right)\left(y+\dfrac{2}{x}\right)$ の最小値を求めよ。

---

navigate

等式条件はないので文字を消すことはできないし，置換できそうな特徴がある式でもない。独立2変数の最大値，最小値ではあるが，$y=k$ と固定すると（与式）$=kx+\dfrac{2}{kx}+3$ となり，数学Ⅲを利用しないとグラフもかけない。これは展開すると，逆数の和が登場するので，**相加，相乗平均の関係を利用するタイプ**である。

それぞれに相加・相乗平均の不等式を用いて

$$\left(x+\frac{1}{y}\right)\left(y+\frac{2}{x}\right)\geqq 2\sqrt{\frac{x}{y}}\cdot 2\sqrt{\frac{2y}{x}}$$

から，最小値 $4\sqrt{2}$ とするのは間違いである。

$$\left(x+\frac{1}{y}\right)\left(y+\frac{2}{x}\right)\geqq 4\sqrt{2}$$

は不等式としては正しいが，等号成立を調べると

$$x=\frac{1}{y} \quad かつ \quad y=\frac{2}{x}で, \begin{cases} xy=1 \\ xy=2 \end{cases}$$

をともにみたす x,y は存在しない。このような状況も起こり得るので，**不等式を用いて最大値，最小値を調べたときは，等号の成立条件をチェックしよう。**

解

$$\left(x+\frac{1}{y}\right)\left(y+\frac{2}{x}\right)=xy+\frac{2}{xy}+3$$

$$\geqq 2\sqrt{xy\cdot\frac{2}{xy}}+3$$

展開すれば逆数の和が登場して，相加，相乗平均が使える形になる。

等号は，$xy=\dfrac{2}{xy}$ かつ $x>0$, $y>0$ より，$xy=\sqrt{2}$ のとき成り立つ。

よって，**$xy=\sqrt{2}$ のとき，最小値 $2\sqrt{2}+3$** ─㊜

✅ **SKILL UP**

相加，相乗平均の関係を利用する。

$a>0$, $b>0$ のとき，$\dfrac{a+b}{2}\geqq\sqrt{ab}$ （等号は，$a=b$ のとき成り立つ）

16

a, bを正の定数とする。

Lv.❷

$\dfrac{a}{x}+\dfrac{b}{y}=1$, $x>0$, $y>0$のとき, $x+y$の最小値を求めよ。

navigate

この問題も **15** 同様, 有名不等式を利用するタイプである。コーシー・シュワルツの不等式でも, 相加, 相乗平均の関係でもできる。

解

コーシー・シュワルツの不等式を利用する。

$$(x+y)\left(\dfrac{a}{x}+\dfrac{b}{y}\right)=\{(\sqrt{x})^2+(\sqrt{y})^2\}\left\{\left(\sqrt{\dfrac{a}{x}}\right)^2+\left(\sqrt{\dfrac{b}{y}}\right)^2\right\}\geqq(\sqrt{a}+\sqrt{b})^2$$

ここで, $\dfrac{a}{x}+\dfrac{b}{y}=1$ …① より

$$x+y\geqq(\sqrt{a}+\sqrt{b})^2$$

等号成立は, $\dfrac{x}{\sqrt{a}}=\dfrac{y}{\sqrt{b}}$ …② のとき

よって, ①, ②より,

$\boldsymbol{x=a+\sqrt{ab}}$, $\boldsymbol{y=b+\sqrt{ab}}$ **のとき, 最小値**$\boldsymbol{(\sqrt{a}+\sqrt{b})^2}$ —答

$(●^2+▲^2)(■^2+▼^2)\geqq(●▲+■▼)^2$

↑　↑　↑　↑

$\sqrt{x}$　$\sqrt{y}$　$\sqrt{\dfrac{a}{x}}$　$\sqrt{\dfrac{b}{y}}$

と代入すれば

$$(x+y)\left(\dfrac{a}{x}+\dfrac{b}{y}\right)\geqq(\sqrt{a}+\sqrt{b})^2$$

別解

相加, 相乗平均の関係を利用する。

$$(x+y)\left(\dfrac{a}{x}+\dfrac{b}{y}\right)=a+b+\dfrac{ay}{x}+\dfrac{bx}{y}\geqq a+b+2\sqrt{ab}$$

1である$\dfrac{a}{x}+\dfrac{b}{y}$を掛ける。

に対して, $\dfrac{a}{x}+\dfrac{b}{y}=1$ …① より $x+y\geqq(\sqrt{a}+\sqrt{b})^2$

(以下, 同じ)

✓ SKILL UP

相加, 相乗平均の関係を利用する。

$a>0$, $b>0$のとき, $\dfrac{a+b}{2}\geqq\sqrt{ab}$ （等号は, $a=b$のとき成り立つ）

コーシー・シュワルツの不等式を利用する。

$(ap+bq)^2\leqq(a^2+b^2)(p^2+q^2)$ $\left(\text{等号は, }\dfrac{p}{a}=\dfrac{q}{b}\text{のとき成り立つ}\right)$

Theme 5 | 3変数の最大・最小

17
Lv.∎∎❚❚

$x,\ y,\ z$が実数で，$x+y+z=1$のとき，$x^2+y^2+z^2$の最小値を求めよ。

18
Lv.∎∎❚❚
Ⅱ

$x,\ y,\ z$が実数で，$x+y+z=0$，$xy+yz+zx=-3$のとき，xyzの最大値を求めよ。

19
Lv.∎∎❚❚
Ⅱ

$x,\ y,\ z$が実数で，$x^2+y^2+z^2=1$のとき，$x+y+z$の最大値を求めよ。

20
Lv.∎∎❚❚
Ⅱ

正の数$x,\ y,\ z$が$x+y+z=xyz$をみたすとき，$xy+yz+zx$の最小値を求めよ。

Theme分析

3変数関数の最大値・最小値を求める場合,

1 まず考えるのは,消去または置き換えによってより簡単な式にすること。3変数のまま扱う解法は大きく3つある。

→ **2** (関数式)$=k$と置き,条件をみたす文字が存在するようなkの値の範囲を調べる。その後,連立方程式の解の存在を調べる(or 図形的に交点の存在を調べる)。

→ **3** 固定して,1変数ずつ動かす(予選決勝法)。

→ **4** 有名不等式を利用する。

今回の4問はすべて3変数関数の最大値,最小値の問題である。考え方の基本は2変数関数の最大値,最小値で学んだ通りである。

17 は,等式条件で文字を1つ消去して2変数関数の最小値の問題に帰着する。

18 は,等式条件が2つあるので文字を2つ消去できるが,$xyz=k$とおいて

$(x,\ y,\ z)$の連立方程式 $\begin{cases} x+y+z=0 \\ xy+yz+zx=-3 \\ xyz=k \end{cases}$

が実数解をもつ条件考える方が早い。

19 は,**17** のように簡単に文字消去しにくいので,別の方法をとったほうがよい。それは,コーシー・シュワルツの不等式

$$(a^2+b^2+c^2)(p^2+q^2+r^2) \geqq (ap+bq+cr)^2$$

を利用することである。なおコーシー・シュワルツの不等式を用いた解法は慣れてない人も多いだろうから,例題などで慣れるとよい。

20 も,**19** 同様,有名不等式を用いて解答したい。

今回の4問はすべて3文字の対称式についての最大値,最小値の問題で,よく似た式であるが,少しの条件の違いによって大きく解法は変わる。したがって,適切に解法を選択していきたいところである。まず,最優先するのは,簡単な等式条件であれば文字消去して2変数以下にもち込むことである。

17 x, y, z が実数で，$x+y+z=1$ のとき，$x^2+y^2+z^2$ の最小値を求めよ。

Lv.

navigate

条件から，文字を1つ消去すれば2変数関数の最小値の問題になる。2変数関数の最小値としては，**13**と同様に，（方法1）文字固定して1つずつ動かす，（方法2）平方完成して不等式を利用する，のいずれでもできる。

解

$x+y+z=1$ から $z=1-x-y$ 　　　　　　　　　文字を1つ消去する。

$x^2+y^2+z^2=x^2+y^2+(1-x-y)^2$

$=2x^2+2y^2+2xy-2x-2y+1$

$=2\left(x+\dfrac{y-1}{2}\right)^2-\dfrac{(y-1)^2}{2}+2y^2-2y+1$

$=2\left(x+\dfrac{y-1}{2}\right)^2+\dfrac{3}{2}y^2-y+\dfrac{1}{2}$

$=2\left(x+\dfrac{y-1}{2}\right)^2+\dfrac{3}{2}\left(y-\dfrac{1}{3}\right)^2+\dfrac{1}{3}\geqq\dfrac{1}{3}$ 　　平方完成して最小値を求める。

ここで，$y-\dfrac{1}{3}=0$，$x+\dfrac{y-1}{2}=0$ を解くと，　　等号成立を調べること。

$x=\dfrac{1}{3}$，$y=\dfrac{1}{3}\left(z=\dfrac{1}{3}\right)$ であり，$\boldsymbol{x=y=z=\dfrac{1}{3}}$ **のとき，最小値** $\dfrac{1}{3}$ —答

別解 （数学Ⅱ）

コーシー・シュワルツの不等式より

$(a^2+b^2+c^2)(p^2+q^2+r^2)\geqq(ap+bq+cr)^2$

$a=b=c=1$，$p=x$，$q=y$，$r=z$ を代入して

$(1^2+1^2+1^2)(x^2+y^2+z^2)\geqq(x+y+z)^2=1^2$

$x^2+y^2+z^2\geqq\dfrac{1}{3}$

等号は $\dfrac{x}{1}=\dfrac{y}{1}=\dfrac{z}{1}$ のとき成り立ち，$\boldsymbol{x=y=z=\dfrac{1}{3}}$ **のとき，最小値** $\dfrac{1}{3}$ —答

✓ **SKILL UP**

1文字消去して，2変数関数の最小値を求める。

18

Lv. ⅠⅠ

x, y, zが実数で，$x+y+z=0$，$xy+yz+zx=-3$のとき，xyzの最大値を求めよ。

> navigate
>
> 等式条件が2つあるので理論上は文字を2つ消すことができる。その場合は，対称性に注意して消す必要がある。例えば，yとzを消すには
>
> $$\begin{cases} y+z=-x \\ yz=-3-(y+z)x \end{cases} \quad から \quad \begin{cases} y+z=-x \\ yz=x^2-3 \end{cases}$$
>
> としてxの1変数に持ち込むことができる。ただし，それよりも（求める式）$=k$とおきx, y, zが存在するような定数kの値の範囲を調べる方が早い。その際，3次方程式の解と係数の関係を利用する。

解

次をみたす(x, y, z)が存在するkの値の範囲を調べる。

$$\begin{cases} x+y+z=0 \\ xy+yz+zx=-3 \\ xyz=k \end{cases}$$

解と係数の関係より，x, y, zは

$$t^3-3t-k=0 \quad \cdots ①$$

の3つの解であり，tの3次方程式①が3つの実数解をもつようなkの値の範囲を調べる。

$$① \iff t^3-3t=k$$

と定数分離して

$$\begin{cases} u=t^3-3t \\ u=k \end{cases}$$

が3つの交点をもつようなkの値の範囲を調べる。

右上の図より　$-2 \leqq k \leqq 2$　であるから，**xyzの最大値は2**—答

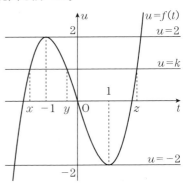

✅ SKILL UP

文字消去しにくいとき，（求めたい式）$=k$とおき，条件をみたす文字が存在するような，kのとり得る値の範囲を求める。

19

x, y, zが実数で，$x^2+y^2+z^2=1$のとき，$x+y+z$の最大値を求めよ。

Lv. ▆▅▁

Ⅱ

> 🚩 navigate
>
> 17と違うのは文字が消しにくいことである。したがって，他の解法をとることを考える。今回は，コーシー・シュワルツの不等式を利用すれば一発で求められる。

解

コーシー・シュワルツの不等式より

$$(a^2+b^2+c^2)(p^2+q^2+r^2) \geqq (ap+bq+cr)^2$$

$a=b=c=1$，$p=x$，$q=y$，$r=z$を代入して，

$$(1^2+1^2+1^2)(x^2+y^2+z^2) \geqq (1 \cdot x+1 \cdot y+1 \cdot z)^2$$

$$3(x^2+y^2+z^2) \geqq (x+y+z)^2$$

$x^2+y^2+z^2=1$から　$(x+y+z)^2 \leqq 3 \Longleftrightarrow -\sqrt{3} \leqq x+y+z \leqq \sqrt{3}$

等号成立は，$\dfrac{x}{1}=\dfrac{y}{1}=\dfrac{z}{1}$と$x^2+y^2+z^2=1$から，$x=y=z=\pm\dfrac{1}{\sqrt{3}}$のときであり，最大値をとるのは**$x=y=z=\dfrac{1}{\sqrt{3}}$**のときで，**最大値は$\sqrt{3}$** —（答）

参考 数学Cの空間座標を用いた別解

$x+y+z=k$とおいて，連立方程式

$$\begin{cases} x^2+y^2+z^2=1 \\ x+y+z=k \end{cases}$$

をみたす実数x, y, zが存在するようなkの最大値を求める。

方程式$x^2+y^2+z^2=1$は空間座標内で原点を中心とする半径1の球面を表し，方程式$x+y+z-k=0$は平面の方程式を表す。球面と平面が共有点をもつのは　（中心と平面の距離）$\leqq$（半径）

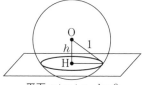

球面 $x^2+y^2+z^2=1$

平面 $x+y+z-k=0$

$$\dfrac{|0+0+0-k|}{\sqrt{1^2+1^2+1^2}} \leqq 1 \qquad \longleftarrow 点 P(x_0,\ y_0,\ z_0)と平面 ax+by+cz+d=0$$

$$\Longleftrightarrow |k| \leqq \sqrt{3} \qquad\qquad との距離 h は$$

$$\Longleftrightarrow -\sqrt{3} \leqq k \leqq \sqrt{3} \qquad h=\dfrac{|ax_0+by_0+cz_0+d|}{\sqrt{a^2+b^2+c^2}}$$

✓ SKILL UP

平方の和の最大・最小は**コーシー・シュワルツの不等式**を利用する。

20 正の数x, y, zが$x+y+z=xyz$をみたすとき，$xy+yz+zx$の最小値を求

Lv. **Ⅱ** めよ。

navigate

この問題も，不等式を利用して最小値を求める問題。不等式をどのよう
に利用するかは様々な解法を用いた経験も必要である。

解

x, y, zは正の数であるから$x+y+z=xyz=k$とおくと

$$x+y+z \geqq 3\sqrt[3]{xyz} \quad \text{より} \quad k \geqq 3\sqrt[3]{k}, \ k^3 \geqq 27k$$

$k>0$であるから，$k^2 \geqq 27$ （等号は$x=y=z=\sqrt{3}$のとき成り立つ）

$$xy+yz+zx \geqq 3\sqrt[3]{(xy)(yz)(zx)} = 3\sqrt[3]{(xyz)^2} = 3\sqrt[3]{k^2} \geqq 9$$

等号は，$\boldsymbol{x=y=z(=\sqrt{3})}$**のとき**成り立つ。よって，**最小値は9** —答

別解

相加，相乗平均の関係(2個)を利用する。

$xyz \neq 0$より，$xyz=x+y+z$の両辺をxyzで割って

$$1 = \frac{1}{yz} + \frac{1}{zx} + \frac{1}{xy}$$

両辺に$xy+yz+zx$を掛けて

$$xy+yz+zx = (xy+yz+zx)\left(\frac{1}{yz} + \frac{1}{zx} + \frac{1}{xy}\right)$$

$$= 3 + \left(\frac{y}{x} + \frac{x}{y}\right) + \left(\frac{z}{y} + \frac{y}{z}\right) + \left(\frac{x}{z} + \frac{z}{x}\right)$$

ここで，相加，相乗平均の関係より

$$\frac{y}{x} + \frac{x}{y} \geqq 2\sqrt{\frac{y}{x} \cdot \frac{x}{y}} = 2, \ \frac{z}{y} + \frac{y}{z} \geqq 2\sqrt{\frac{z}{y} \cdot \frac{y}{z}} = 2, \ \frac{x}{z} + \frac{z}{x} \geqq 2\sqrt{\frac{x}{z} \cdot \frac{z}{x}} = 2$$

よって　$xy+yz+zx \geqq 3+2+2+2 = 9$

等号成立は，$\dfrac{y}{x} = \dfrac{x}{y}$かつ$\dfrac{z}{y} = \dfrac{y}{z}$かつ$\dfrac{z}{y} = \dfrac{y}{z}$と$x$, y, zが正の数から

$x=y=z$のとき。　よって，$\boldsymbol{x=y=z(=\sqrt{3})}$**のとき，最小値は9** —答

✓ SKILL UP

相加，相乗平均の関係を利用する。

Theme 1 | 方程式の係数決定

1
Lv. ∎∎∎∎

2次方程式 $x^2-(a-2)x+9=0$ が重解をもつとき，定数 a とその重解を求めよ。

2
Lv. ∎∎∎∎

2次方程式 $x^2+3x-a-2=0$ と $x^2+ax-2a+1=0$ がただ1つの共通の実数解をもつとき，定数 a の値を求めよ。

3
Lv. ∎∎∎∎
Ⅱ

3次方程式 $x^3+ax^2+8x+b=0$ の1つの解が $1+i$ であるとき，実数の定数 a，b の値を求めよ。（i は虚数単位）

4
Lv. ∎∎∎∎

a，b，c が整数のとき，3次方程式 $x^3+ax^2+bx+c=0$ が有理数解をもつならば，その解は整数で，かつ c の約数であることを示せ。

Theme分析

方程式でよく用いる解法として次の3つを押さえたい。

1 方程式を解く。

2 方程式の解をおいて考える。

　1解おいて代入するか，2解以上おいて解と係数の関係を利用する。

3 グラフの共有点と考える。

例 2次方程式 $x^2-(a+2)x+(1-a)=0$ が正の異なる2実数解をもつときの定数 a の値の範囲を求めよ。

2 （判別式）>0 $\iff$ $a<-8,\ 0<a$ …①

のもとで2解を α，β とおくと解と係数の関係から，

$$\alpha+\beta=a+2,\quad \alpha\beta=1-a$$

また，「$\alpha>0,\ \beta>0$」 $\iff$ 「$\alpha+\beta>0,\ \alpha\beta>0$」

　「$a+2>0,\ 1-a>0$」 …②

①，②より　$0<a<1$

3 $f(x)=x^2-(a+2)x+(1-a)$ とおき，
$y=f(x)$ と $y=0$（x軸）が
$x>0$ の範囲で異なる2つ
の共有点をもつ条件を考え
る。右図より，

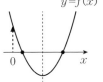

（判別式）>0 かつ（軸）>0 かつ $f(0)>0$

$\iff a^2+8a>0$ かつ $\dfrac{a+2}{2}>0$ かつ $1-a>0$

これらを解いて

$$0<a<1$$

このThemeでは **1** または **2** を用いるが，**3** も重要解法でTheme 4で学ぶ。

← 詳しくはTheme 4で扱うが，次のような比べやすいグラフで比べる方法もある。

$$x^2-(a+2)x+(1-a)=0$$
$$\iff x^2-2x+1=a(x+1)$$

より，

$$\begin{cases} y=x^2-2x+1 \\ y=a(x+1) \end{cases}$$

のグラフの共有点として比べてもよい。

1 2次方程式 $x^2-(a-2)x+9=0$ が重解をもつとき,定数 a とその重解を求めよ。

Lv. ▮▮▮▯

> navigate
>
> 2次方程式の解の個数についての問題は判別式を用いるのが基本である。 別解 のようなスピーディーな解法もあるが,記述式だと減点される恐れがあるのでマーク式の問題で利用するとよい。

解

$x^2-(a-2)x+9=0$ の判別式を D とおく。

$$D=0 \iff a^2-4a-32=0$$
$$\iff (a+4)(a-8)=0$$

よって $a=8,\ -4$

> 2次方程式 $ax^2+bx+c=0$ が重解をもつ条件は $b^2-4ac=0$ である。

$a=8$ のとき,$x^2-6x+9=0 \iff (x-3)^2=0$ から重解は $x=3$

$a=-4$ のとき,$x^2+6x+9=0 \iff (x+3)^2=0$ から重解は $x=-3$

よって,$a=8$ のとき重解は $x=3$,$a=-4$ のとき重解は $x=-3$ —答

別解

$x^2-(a-2)x+9=0$ が重解をもつとき,

(ⅰ) $(x-3)^2=0$ または (ⅱ) $(x+3)^2=0$

(ⅰ)のとき,$x^2-6x+9=0$ から $a-2=6$ を解いて $a=8$

> $ax^2+bx+c=0$ の2次方程式について,$a,\ b,\ c$ のうちどれか2つがわかれば重解の形は決めることができる。

(ⅱ)のとき,$x^2+6x+9=0$ から $-(a-2)=6$ を解いて $a=-4$

よって,$a=8$ のとき重解は $x=3$,$a=-4$ のとき,重解は $x=-3$ —答

✓ SKILL UP

実数係数の2次方程式 $ax^2+bx+c=0$ で,判別式 $D=b^2-4ac$ とすると,

$$異なる2つの実数解 \iff D>0$$
$$重解 \iff D=0$$
$$実数解をもたない \iff D<0$$

特に 2次方程式 $ax^2+bx+c=0$ が重解をもつ $\iff b^2-4ac=0$

このとき,重解は $x=-\dfrac{b}{2a}$

2 2次方程式 $x^2+3x-a-2=0$ と $x^2+ax-2a+1=0$ がただ1つの共通の実数

Lv.⏹⏹⏹ 解をもつとき,定数 a の値を求めよ。

navigate

うまく定数 a の値を定めると2つの2次方程式が共通の解をもつので,その定数 a を求める問題である。「方程式の共通解」ときたら「共通解を $x=p$ とおいて代入する」のが一般的な解法である。

解

共通解を $x=p$ とおいて方程式に代入すると

$$\begin{cases} p^2+3p-a-2=0 & \cdots① \\ p^2+ap-2a+1=0 & \cdots② \end{cases}$$

②−①より

$$(a-3)(p-1)=0$$

よって

$$a=3 \quad または \quad p=1$$

(i) $a=3$ のとき

与式はともに $x^2+3x-5=0$ となり,共通

解を2つもつので不適。

(ii) $p=1$ のとき

$a=2$ であり,このとき2つの方程式は,

$$(x-1)(x+4)=0 \quad, \quad (x-1)(x+3)=0$$

で,ただ1つの共通解 $x=1$ をもつので適する。

よって

$$\boldsymbol{a=2} —答$$

共通解を $x=p$ とおいて代入。p と a の連立方程式と考える。

$f(x)=0$ と $g(x)=0$ の共通解を $x=p$ とおくと,

$f(p)=0$ かつ $g(p)=0$

であるが,$f(p)-g(p)=0$ は必要条件であるため最後に十分性の確認が必要。

a の値を求めて,元の2つの方程式に代入して,共通解がただ1つしかないかどうか調べる(十分性の確認)。

✓ SKILL UP

方程式の共通解ときたら,共通解を $x=p$ とおいて,代入する。その後,p と a の連立方程式と考えればよい。

3

Lv. ▁▂▃▄

Ⅱ

3次方程式 $x^3 + ax^2 + 8x + b = 0$ の1つの解が $1+i$ であるとき，実数の定数 a，b の値を求めよ。（i は虚数単位）

> navigate
>
> 方程式の解とは，方程式に代入して成立させる値のことである。したがって，その解を代入して解けばよい。

解 $x = 1 + i$ を方程式 $x^3 + ax^2 + 8x + b = 0$ に代入して整理すると

$b + 6 + (2a + 10)i = 0$

$b + 6$，$2a + 10$ は実数だから，$b + 6 = 0$，

$2a + 10 = 0$ より $\boldsymbol{a = -5}$，$\boldsymbol{b = -6}$ —(答)

別解 実数係数の3次方程式が $1+i$ を解に

もつとき，共役な複素数 $1-i$ も解となる。

方法1 $1+i$，$1-i$ を解にもつ2次方程式は

$(1+i) + (1-i) = 2$，$(1+i)(1-i) = 2$

から解と係数の関係より $x^2 - 2x + 2 = 0$

よって，$x^3 + ax^2 + 8x + b$

は $x^2 - 2x + 2$ で割り切れる。

右の筆算から $2a + 10 = 0$

$\qquad\qquad\quad -2a + b - 4 = 0$

これを解いて $\boldsymbol{a = -5}$，$\boldsymbol{b = -6}$ —(答)

方法2 残りの実数解を α とすると，

3次方程式の解と係数の関係より

$$\begin{cases} (1+i) + (1-i) + \alpha = -a & \cdots ① \\ (1+i)(1-i) + (1+i)\alpha + (1-i)\alpha = 8 & \cdots ② \\ (1+i)(1-i)\alpha = -b & \cdots ③ \end{cases}$$

②から $2 + 2\alpha = 8$ よって $\alpha = 3$

$\alpha = 3$ を①，③に代入して，これを解いて $\boldsymbol{a = -5}$，$\boldsymbol{b = -6}$ —(答)

---

a, b, c, d が実数のとき，

$\quad a + bi = c + di$

$\quad \Longleftrightarrow a = c$ かつ $b = d$

$ax^2 + bx + c = 0$ の2次方程式について，a, b, c が実数であれば，解の公式より，

$x = \dfrac{-b \pm \sqrt{b^2 - 4ac}}{2a}$ を解にも

つ。虚部は $\sqrt{b^2 - 4ac}$ の部分から表れるので符号が±逆になるのはイメージしやすい。

$$\begin{array}{r} x + (a+2) \\ x^2 - 2x + 2 \overline{\smash{)}\ x^3 + ax^2 + 8x + b} \\ \underline{x^3 - 2x^2 + 2x} \\ (a+2)x^2 + 6x + b \\ \underline{(a+2)x^2 - 2(a+2)x + 2(a+2)} \\ (2a+10)x - 2a + b - 4 \end{array}$$

☑ **SKILL UP**

方程式が虚数解をもつなら，虚数解を代入して複素数の相等を用いる。

実数が係数なら共役な複素数も解にもつので，解と係数の関係を利用。

4
Lv.●●●●

a, b, c が整数のとき，3次方程式 $x^3+ax^2+bx+c=0$ が有理数解をもつならば，その解は整数で，かつ c の約数であることを示せ。

> navigate
>
> 有理数とは，整数の比で表される実数のことである。よって，$\alpha=\dfrac{q}{p}$
>
> （p, q は互いに素な整数，$p>0$）とおいて，代入して考えればよい。

解

有理数解 α を $\alpha=\dfrac{q}{p}$（p と q は互いに素な整数で，$p>0$）とおいて代入すると，

$$\left(\frac{q}{p}\right)^3+a\left(\frac{q}{p}\right)^2+b\times\frac{q}{p}+c=0$$

であるから

$$\frac{q^3}{p}=-(aq^2+bpq+cp^2) \quad \cdots ①$$

a, b, c, p, q は整数で，p と q は互いに素であるから

$$p=1 \quad \text{よって} \quad x=q$$

ゆえに α は整数である。

また，$p=1$ を①に代入すると

$$c=-aq^2-bq-q^3=q(-aq-b-q^2)$$

よって，q すなわち α は c の約数である。──証明終

右辺は整数なので，左辺も整数である。ただし，p と q は互いに素なので，元々 $\dfrac{q}{p}$ は整数でなければならない。

参考 因数分解できるときは

この問題の結果は有名である。例えば $x^3-16x^2-20x+51=0$ の左辺の式が有理数の範囲で因数分解できるならば，その解は51の約数なので，$x=\pm1$, ±3, ±17 を順次代入して解を探せばよい。実際，$(x-17)(x^2+x-3)=0$ と因数分解できる。

✓ **SKILL UP**

方程式が有理数解をもつときら，有理数解を $\alpha=\dfrac{q}{p}$（p, q は互いに素な整数で，$p>0$）とおいて代入する。

Theme
2 | # 解と係数の関係

5 2次方程式$x^2-(a-1)x+a=0$の2解の比が2：3になるような定数aの値を求めよ。
Lv.

6 2次方程式$x^2+3x+1=0$の2解を$\alpha,\ \beta\ (\alpha<\beta)$とするとき，$\alpha^2$と$\beta^2$を解にもつ2次方程式$x^2+bx+c=0$の係数$b,\ c$を求めよ。
Lv.

7 2次方程式$x^2+3x+1=0$の2解を$\alpha,\ \beta\ (\alpha<\beta)$とするとき，$\alpha+\beta,\ \alpha^2+\beta^2,$ $\alpha^3+\beta^3,\ \alpha^3+\beta^2$の値を求めよ。
Lv.

8 3次方程式$x^3+x^2-13x+3=0$の3解を$\alpha,\ \beta,\ \gamma\ (\alpha<\beta<\gamma)$とするとき，$\alpha+\beta+\gamma,\ \alpha^2+\beta^2+\gamma^2,\ \alpha^3+\beta^3+\gamma^3$の値を求めよ。
Lv.

Theme分析

今回のThemeは，方程式の解の値についての問題である。

方程式の解の値について，

2次方程式 $ax^2+bx+c=0$ の2解を α, β とするとき，

・代入して成立：$a\alpha^2+b\alpha+c=0$, $a\beta^2+b\beta+c=0$

・解と係数の関係：$\alpha+\beta=-\dfrac{b}{a}$, $\alpha\beta=\dfrac{c}{a}$

2次方程式 $ax^3+bx^2+cx+d=0$ の3解を α, β, γ とするとき，

・代入して成立：$a\alpha^3+b\alpha^2+c\alpha+d=0$, $a\beta^3+b\beta^2+c\beta+d=0$,
$a\gamma^3+b\gamma^2+c\gamma+d=0$

・解と係数の関係：$\alpha+\beta+\gamma=-\dfrac{b}{a}$, $\alpha\beta+\beta\gamma+\gamma\alpha=\dfrac{c}{a}$, $\alpha\beta\gamma=-\dfrac{d}{a}$

$\boxed{6}$, $\boxed{7}$ で2次方程式 $x^2+3x+1=0$ の2解 α, β について，

（関係1）　代入して成立するので

$$\alpha^2+3\alpha+1=0 \iff \alpha^2=-3\alpha-1$$

これで，解の値の次数下げができる。

$$\alpha^3=-3\alpha^2-\alpha=-3(-3\alpha-1)-\alpha=8\alpha+3$$

（関係2）　解と係数の関係から

$$\alpha+\beta=-3, \ \alpha\beta=1$$

これで，解についての対称式の値を求めることができる。

$$\alpha^2+\beta^2+\alpha+\beta=(\alpha+\beta)^2-2\alpha\beta+(\alpha+\beta)=(-3)^2-2\cdot1-3=4$$

$\boxed{8}$ で3次方程式 $x^3+x^2-13x+3=0$ の3解 α, β, γ について，

（関係1）　代入して成立するので

$$\alpha^3+\alpha^2-13\alpha+3=0 \iff \alpha^3=-\alpha^2+13\alpha-3 \quad \text{より}$$
$$\alpha^4=-\alpha^3+13\alpha^2-3\alpha=-(-\alpha^2+13\alpha-3)+13\alpha^2-3\alpha=14\alpha^2-16\alpha+3$$

（関係2）　解と係数の関係から

$$\alpha+\beta+\gamma=-1, \ \alpha\beta+\beta\gamma+\gamma\alpha=-13, \ \alpha\beta\gamma=-3 \quad \text{より}$$
$$\alpha^2\beta\gamma+\alpha\beta^2\gamma+\alpha\beta\gamma^2=\alpha\beta\gamma(\alpha+\beta+\gamma)=3$$

5

Lv. ▪▫▫▫
Ⅱ

2次方程式 $x^2-(a-1)x+a=0$ の2解の比が $2:3$ になるような定数 a の値を求めよ。

navigate

$x^2-(a-1)x+a=0$ を解くと，$x=\dfrac{a-1\pm\sqrt{a^2-6a+1}}{2}$ となるが，この比が $2:3$ となることを直接解くのは面倒である。この場合は，2解を $x=2p,\ 3p$ とおいて，解と係数の関係を利用する方が簡単である。

解

2つの解を $2p,\ 3p$ とおく。解と係数の関係より，

$$\begin{cases} 2p+3p=a-1 \\ 2p\cdot3p=a \end{cases} \iff \begin{cases} 5p=a-1 \\ 6p^2=a \end{cases}$$

2解の比が $m:n$ ときたら，2解を $mp,\ np$ とおく。そして，2解をおいたときは，解と係数の関係を忘れず利用する。

a を消去して，$6p^2=5p+1$

$6p^2-5p-1=0 \iff (6p+1)(p-1)=0$ から，$p=-\dfrac{1}{6},\ 1$

$p=-\dfrac{1}{6}$ のとき $a=\dfrac{1}{6}$，$p=1$ のとき $a=6$ であり，$\boldsymbol{a=6,\ \dfrac{1}{6}}$ —答

参考 解と係数の関係が成り立つ理由

(理由1) **解の公式で解く**

$ax^2+bx+c=0$ の2解は，$x=\dfrac{-b\pm\sqrt{b^2-4ac}}{2a}$ であり，

$$(2解の和)=\dfrac{-b-\sqrt{b^2-4ac}}{2a}+\dfrac{-b+\sqrt{b^2-4ac}}{2a}=-\dfrac{b}{a}$$

$$(2解の積)=\dfrac{-b-\sqrt{b^2-4ac}}{2a}\times\dfrac{-b+\sqrt{b^2-4ac}}{2a}=\dfrac{b^2-(b^2-4ac)}{4a^2}=\dfrac{c}{a}$$

(理由2) **恒等式の利用**

$ax^2+bx+c=a(x-\alpha)(x-\beta)=ax^2-a(\alpha+\beta)x+a\alpha\beta$

両辺の係数比較をして，$\alpha+\beta=-\dfrac{b}{a},\ \alpha\beta=\dfrac{c}{a}$

✓ SKILL UP

2次方程式 $ax^2+bx+c=0$ の2解を $x=\alpha,\ \beta$ とするとき，

$$\alpha+\beta=-\dfrac{b}{a},\ \alpha\beta=\dfrac{c}{a}$$

6 2次方程式 $x^2+3x+1=0$ の2解を α, β $(\alpha<\beta)$ とするとき，α^2 と β^2 を解にもつ2次方程式 $x^2+bx+c=0$ の係数 b, c を求めよ。

Lv. ●●●○○

Ⅱ

navigate

$x^2+3x+1=0$ の2解は，$x=\dfrac{-3\pm\sqrt{5}}{2}$ なので，$\alpha^2=\left(\dfrac{-3-\sqrt{5}}{2}\right)^2$，

$\beta^2=\left(\dfrac{-3+\sqrt{5}}{2}\right)^2$ を解にもつ2次方程式を作ればよいが，（　）^{2} を計算するのが面倒である。こういったときは，もとの2次方程式の解と係数の関係から，$\alpha+\beta=-3$，$\alpha\beta=1$ が成り立つことから，これを利用して，$\alpha^2+\beta^2$，$\alpha^2\beta^2$ の値を計算する。解と係数の関係の逆から，α^2，β^2 を解にもつ2次方程式を求めることができる。

解

$x^2+3x+1=0$ の2解が $x=\alpha$, β なので，解と係数の関係より

$$\begin{cases} \alpha+\beta=-3 \\ \alpha\beta=1 \end{cases}$$

よって

$$\begin{aligned} \alpha^2+\beta^2 &= (\alpha+\beta)^2-2\alpha\beta \\ &= (-3)^2-2\cdot1=7 \\ \alpha^2\beta^2 &= (\alpha\beta)^2=1 \end{aligned}$$

したがって，α^2, β^2 を解にもつ2次方程式は，

$x^2-7x+1=0$ となるので

$$\boldsymbol{b=-7, \quad c=1} \text{—}\textcircled{答}$$

対称式は基本対称式 $(\alpha+\beta, \alpha\beta)$ で表せる。

$\begin{cases} \alpha^2+\beta^2=\bullet \\ \alpha^2\beta^2=\blacktriangle \end{cases}$ のとき，α^2, β^2 を解にもつ2次方程式の1つは，$x^2-\bullet x+\blacktriangle=0$ である。

✓ SKILL UP

$a=1$ とした2次方程式の解と係数の関係は，$x^2+bx+c=0$ の2解が $x=\alpha$, β のとき，$\alpha+\beta=-b$，$\alpha\beta=c$ なので，α, β を解にもつ2次方程式の1つとして，（x^2 の係数）$=1$ とすれば，

$$\begin{cases} \alpha+\beta=\bullet \\ \alpha\beta=\blacktriangle \end{cases} \text{のとき，} x^2-\bullet x+\blacktriangle=0$$

7

Lv. ▮▮▯▯

Ⅱ

2次方程式 $x^2+3x+1=0$ の2解を $\alpha,\ \beta\ (\alpha<\beta)$ とするとき，$\alpha+\beta,\ \alpha^2+\beta^2,$ $\alpha^3+\beta^3,\ \alpha^3+\beta^2$ の値を求めよ。

navigate

$x^2+3x+1=0$ を解くと，$\dfrac{-3\pm\sqrt{5}}{2}$ であるが，これらを $\alpha^3+\beta^3$ に直接代入するのは大変である。そこで計算を簡単にする工夫をする。

解

$x^2+3x+1=0$ の2解が $x=\alpha,\ \beta$ なので，解と係数の関係より，

$$\begin{cases} \alpha+\beta=-3 \ \text{—（答）} \\ \alpha\beta=1 \end{cases}$$

よって

$$\alpha^2+\beta^2=(\alpha+\beta)^2-2\alpha\beta=(-3)^2-2\cdot1=7\ \text{—（答）}$$
$$\alpha^3+\beta^3=(\alpha+\beta)^3-3\alpha\beta(\alpha+\beta)=(-3)^3-3\cdot1(-3)=-18\ \text{—（答）}$$

また，$x^2+3x+1=0$ を解くと，$x=\dfrac{-3\pm\sqrt{5}}{2}$ なので

$$\alpha=\frac{-3-\sqrt{5}}{2},\ \beta=\frac{-3+\sqrt{5}}{2}$$

$x^2+3x+1=0$ の解が α と β なので

$$\alpha^2+3\alpha+1=0 \iff \alpha^2=-3\alpha-1$$
$$\alpha^3=-3\alpha^2-\alpha=-3(-3\alpha-1)-\alpha=8\alpha+3$$

代入して成立した式から次数下げを行う。

また，$\beta^2+3\beta+1=0 \iff \beta^2=-3\beta-1$

したがって

$$\alpha^3+\beta^2=(8\alpha+3)+(-3\beta-1)=8\alpha-3\beta+2$$
$$=8\cdot\frac{-3-\sqrt{5}}{2}-3\cdot\frac{-3+\sqrt{5}}{2}+2=\frac{-11\sqrt{5}-11}{2}\ \text{—（答）}$$

✓ SKILL UP

2次方程式 $ax^2+bx+c=0$ の2解を $\alpha,\ \beta$ とするとき，

・代入して成立：$a\alpha^2+b\alpha+c=0,\ a\beta^2+b\beta+c=0$

・解と係数の関係：$\alpha+\beta=-\dfrac{b}{a},\ \alpha\beta=\dfrac{c}{a}$

8
Lv.▮▮▯▯
Ⅱ

3次方程式 $x^3 + x^2 - 13x + 3 = 0$ の3解を α, β, γ $(\alpha < \beta < \gamma)$ とするとき，$\alpha + \beta + \gamma$, $\alpha^2 + \beta^2 + \gamma^2$, $\alpha^3 + \beta^3 + \gamma^3$ の値を求めよ。

> navigate
>
> 3次方程式の解と係数の関係を用いればよい。$\alpha^n + \beta^n + \gamma^n$ $(n \geqq 3)$ について，次数下げの考え方が有効である。

解

解と係数の関係から

$$\alpha + \beta + \gamma = -1 \text{ —(答)}$$

$$\alpha\beta + \beta\gamma + \gamma\alpha = -13$$

$$\alpha\beta\gamma = -3$$

対称式は基本対称式
$(\alpha + \beta + \gamma,\ \alpha\beta + \beta\gamma + \gamma\alpha,\ \alpha\beta\gamma)$
で表せる。

よって

$$\alpha^2 + \beta^2 + \gamma^2 = (\alpha + \beta + \gamma)^2 - 2(\alpha\beta + \beta\gamma + \gamma\alpha)$$
$$= (-1)^2 - 2(-13)$$
$$= 27 \text{ —(答)}$$

$$\alpha^3 + \beta^3 + \gamma^3 = (\alpha + \beta + \gamma)(\alpha^2 + \beta^2 + \gamma^2 - \alpha\beta - \beta\gamma - \gamma\alpha) + 3\alpha\beta\gamma$$
$$= (-1)\{27 - (-13)\} + 3(-3)$$
$$= -49 \text{ —(答)}$$

別解

代入して成立した式から次数下げも可能である。

$$\alpha^3 + \alpha^2 - 13\alpha + 3 = 0,\ \beta^3 + \beta^2 - 13\beta + 3 = 0,\ \gamma^3 + \gamma^2 - 13\gamma + 3 = 0 \text{ から}$$

$$\alpha^3 = -\alpha^2 + 13\alpha - 3,\ \beta^3 = -\beta^2 + 13\beta - 3,\ \gamma^3 = -\gamma^2 + 13\gamma - 3 \text{ なので}$$

$$\alpha^3 + \beta^3 + \gamma^3 = -(\alpha^2 + \beta^2 + \gamma^2) + 13(\alpha + \beta + \gamma) - 9$$
$$= -27 + 13 \cdot (-1) - 9 = -49 \text{ —(答)}$$

✓ SKILL UP

3次方程式 $ax^3 + bx^2 + cx + d = 0$ の3解を α, β, γ とするとき，

・代入して成立：$a\alpha^3 + b\alpha^2 + c\alpha + d = 0,\ a\beta^3 + b\beta^2 + c\beta + d = 0,$
$\qquad\qquad\qquad a\gamma^3 + b\gamma^2 + c\gamma + d = 0$

・解と係数の関係：$\alpha + \beta + \gamma = -\dfrac{b}{a},\ \alpha\beta + \beta\gamma + \gamma\alpha = \dfrac{c}{a},\ \alpha\beta\gamma = -\dfrac{d}{a}$

Theme 3 | 対称性のある連立方程式

9
Lv. ∎∎∎∎
Ⅱ

次の連立方程式を解け。ただし，$x<y$とする。

$$\begin{cases} x^2+y^2=25 & \cdots① \\ xy=12 & \cdots② \end{cases}$$

10
Lv. ∎∎∎∎
Ⅱ

次の連立方程式を解け。ただし，$x<y<z$とする。

$$\begin{cases} x+y+z=-1 & \cdots① \\ x^2+y^2+z^2=29 & \cdots② \\ x^3+y^3+z^3=29 & \cdots③ \end{cases}$$

11
Lv. ∎∎∎∎
Ⅱ

次の連立方程式を解け。

$$\begin{cases} x+y-z=1 & \cdots① \\ x^2+y^2-z^2=25 & \cdots② \\ x^3+y^3-z^3=109 & \cdots③ \end{cases}$$

12
Lv. ∎∎∎∎
Ⅱ

次の連立方程式が2組の実数解をもつような定数aの値の範囲を求めよ。

$$\begin{cases} y=x^2+a & \cdots① \\ x=y^2+a & \cdots② \end{cases}$$

Theme分析

連立方程式を解くには，文字消去が基本であるが，対称式の連立方程式は次の解法も知っておくべきことである。

基本対称式で表す → 解と係数の関係

$$\begin{cases} x+y=● \\ xy=▲ \end{cases} → x,\ y は t^2-●t+▲=0 の2解$$

$$\begin{cases} x+y+z=● \\ xy+yz+zx=▲ \\ xyz=■ \end{cases} → x,\ y,\ z は t^3-●t^2+▲t-■=0 の3解$$

今回のThemeは，対称性のある連立方程式の解法である。

まず，$\begin{cases} 2x+3y=12 \\ xy=6 \end{cases}$ という対称性のない連立方程式を解くことを考える。

$2x=X,\ 3y=Y$ とおき換えると，$\begin{cases} X+Y=12 \\ XY=36 \end{cases}$ という基本対称式の連立方程式として解くことができる。

解と係数の関係から，$X,\ Y$ は $t^2-12t+36=0$ の2解であり，$(t-6)^2=0$ から $(X,Y)=(6,\ 6)$ となり，$(x,\ y)=(3,\ 2)$ と同様に解ける。

3文字の基本対称式の連立方程式も3次方程式の解と係数の関係を利用する。

$$\begin{cases} x+y+z=6 \\ xy+yz+zx=11 \\ xyz=6 \end{cases}$$ を解くと，解と係数の関係から，$x,\ y,\ z$ は

$t^3-6t^2+11t-6=0$ の3解であり，因数定理を用いて因数分解すると，$(t-1)(t-2)(t-3)=0$ となり，$t=1,\ 2,\ 3$ となる。

よって，

$(x,\ y,\ z)=(1,\ 2,\ 3),\ (1,\ 3,\ 2),\ (2,\ 1,\ 3),\ (2,\ 3,\ 1),\ (3,\ 1,\ 2),$
$(3,\ 2,\ 1)$

9 から 12 まで，このような対称性を意識して解いていきたい。

9

Lv. ∎∎❙❙
Ⅱ

次の連立方程式を解け。ただし，$x < y$ とする。

$$\begin{cases} x^2 + y^2 = 25 & \cdots① \\ xy = 12 & \cdots② \end{cases}$$

navigate

x, y を入れ替えても同じ式になるので，これは対称式の連立方程式である。よって，文字消去して解くよりも，基本対称式でまず表してから，解と係数の関係を利用したい。

解

①より　$(x+y)^2 - 2xy = 25$

②から　$(x+y)^2 = 49 \iff x+y = \pm 7$　　　　　　基本対称式で表す。

(i)　$\begin{cases} x+y=7 \\ xy=12 \end{cases}$ のとき　　　　　解と係数の関係を利用する。

解と係数の関係より，x, y は $t^2 - 7t + 12 = 0$

の2解であり，これを解いて

$$t = 3, \ 4$$

$x < y$ から　$(x, y) = (3, 4)$

(ii)　$\begin{cases} x+y=-7 \\ xy=12 \end{cases}$ のとき　　　　　解と係数の関係を利用する。

解と係数の関係より，x, y は $t^2 + 7t + 12 = 0$

の2解であり，これを解いて

$$t = -3, \ -4$$

$x < y$ から　$(x, y) = (-4, -3)$

以上より　$\boldsymbol{(x, y) = (3, 4), (-4, -3)}$ —(答)

✓ SKILL UP

対称式からなる2元連立方程式

基本対称式で表す　→　2次方程式の解と係数の関係

$\begin{cases} x+y = ● \\ xy = ▲ \end{cases}$　　→　x, y は $t^2 - ●t + ▲ = 0$ の2解

10

Lv. ∎∎∎
Ⅱ

次の連立方程式を解け。ただし，$x<y<z$ とする。

$$\begin{cases} x+y+z=-1 & \cdots① \\ x^2+y^2+z^2=29 & \cdots② \\ x^3+y^3+z^3=29 & \cdots③ \end{cases}$$

navigate

x, y, z を入れ替えても同じ式になるので，これは対称式の連立方程式である。対称とわかったら，まずは基本対称式で表してから，解と係数の関係を利用したい。

解

②より　$(x+y+z)^2-2(xy+yz+zx)=29$　←　$(x+y+z)^2$
$=x^2+y^2+z^2+2(xy+yz+zx)$

これと①より

$$xy+yz+zx=-14 \quad \cdots④$$

③より　$(x+y+z)(x^2+y^2+z^2-xy-yz-zx)+3xyz=29$

これと①，②，④より

$$xyz=24 \quad \cdots⑤$$ 　←　$x^3+y^3+z^3-3xyz$
$=(x+y+z)(x^2+y^2+z^2-xy-yz-zx)$
による

よって

$$\begin{cases} x+y+z=-1 \\ xy+yz+zx=-14 \\ xyz=24 \end{cases}$$

この結果から，解と係数の関係より x, y, z は　　　解と係数の関係を利用する。

$t^3+t^2-14t-24=0$ の3解であり，これを解いて

$$t=-3, \ -2, \ 4$$

$x<y<z$ より　$(x, \ y, \ z)=(-3, \ -2, \ 4)$ —答

✓ SKILL UP

対称式からなる3元連立方程式

基本対称式で表す　→　3次方程式の解と係数の関係

$$\begin{cases} x+y+z=● \\ xy+yz+zx=▲ \\ xyz=■ \end{cases} → x, y は t^3-●t^2+▲t-■=0 の3解$$

11

Lv.■■■
Ⅱ

次の連立方程式を解け。

$$\begin{cases} x+y-z=1 & \cdots① \\ x^2+y^2-z^2=25 & \cdots② \\ x^3+y^3-z^3=109 & \cdots③ \end{cases}$$

---

navigate

x, y を入れ替えても同じ式になるので，x と y については対称式である。ただし，z と入れ替えると符号が変わってしまうので，対称式ではない。こういったときは，

$$\begin{cases} x+y=(z\,の式) \\ xy=(z\,の式) \end{cases}$$

として，③の式を利用することで，z の方程式を導く。この z の方程式を解いて，x, y の2文字の連立方程式に帰着させる。

解

①より　$x+y=z+1$　…④

②より　$(x+y)^2-2xy-z^2=25$　…⑤

④，⑤より　$(z+1)^2-2xy=z^2+25 \iff xy=z-12$　…⑥

③より　$(x+y)^3-3xy(x+y)-z^3=109$

これと④，⑥より

$(z+1)^3-3(z-12)(z+1)-z^3=109 \iff z=2$

対称式の x, y をまとめて消去して z の方程式を作る。

$z=2$ と④，⑥より　$\begin{cases} x+y=3 \\ xy=-10 \end{cases}$

解と係数の関係より，x, y は $t^2-3t-10=0$ の2解であり，

これを解いて　$t=5, -2$

よって　$(x, y)=(5, -2), (-2, 5)$

以上より　$(\boldsymbol{x, y, z})=(\boldsymbol{5, -2, 2}), (\boldsymbol{-2, 5, 2})$ —答

✓ SKILL UP

対称式になっている連立方程式の解法は

　基本対称式で表す　→　解と係数の関係

の扱いが基本であり，連立方程式の解法は，文字消去が基本である。

12

Lv. ▁▂▃▍
Ⅱ

次の連立方程式が2組の実数解をもつような定数aの値の範囲を求めよ。

$$\begin{cases} y = x^2 + a & \cdots ① \\ x = y^2 + a & \cdots ② \end{cases}$$

navigate

yを消去すると，$x = (x^2 + a)^2 + a$と4次方程式になる。一応，$(x^2 - x + a)(x^2 + x + a + 1) = 0$と因数分解することもできるが，本問は特徴的な式になっているので，辺々足したり，引いたりするとよい。

解

①+②より $\left(x - \dfrac{1}{2}\right)^2 + \left(y - \dfrac{1}{2}\right)^2 = \dfrac{1}{2} - 2a$ $\cdots③$

①−②より $(y - x)(x + y + 1) = 0 \iff y = x$ または $y = -x - 1$ $\cdots④$

③の円と④の2直線がちょうど2つの共有点をもつ条件を考える。

$\dfrac{1}{2} - 2a = 0$のとき，題意をみたさない。

$\dfrac{1}{2} - 2a > 0$ から $a < \dfrac{1}{4}$ $\cdots⑤$ のとき

右図のように，円③の中心は$\left(\dfrac{1}{2}, \dfrac{1}{2}\right)$で

$y = x$上にあり，$y = x$とはつねに2つの共有点をもつので，求める条件は，円と直線$x + y + 1 = 0$が共有点をもたないか接することである。

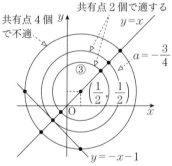

（中心と直線との距離）$\geqq$（半径） $\iff$ $\dfrac{\left|\dfrac{1}{2} + \dfrac{1}{2} + 1\right|}{\sqrt{1^2 + 1^2}} \geqq \sqrt{\dfrac{1}{2} - 2a}$

これを解いて，⑤とあわせて $-\dfrac{3}{4} \leqq a < \dfrac{1}{4}$ —(答)

☑ SKILL UP

サイクリックな連立方程式$\begin{cases} y = f(x) \\ x = f(y) \end{cases}$は辺々足したり，引いたりする同値変形を利用する。

Theme 4 | 方程式とグラフ①

13
Lv. Ⅰ
Ⅱ

3次方程式$x^3+(a-2)x^2+(a^2-2a+1)x-a(a-1)=0$が異なる3つの実数解をもつような定数$a$の値の範囲を求めよ。

14
Lv. Ⅰ
Ⅱ

方程式$|x^2-5x+4|-ax=0$が異なる4つの実数解をもつような定数aの値の範囲を求めよ。また,その4個の解をα, β, γ, δとするとき,$\dfrac{1}{\alpha}+\dfrac{1}{\beta}+\dfrac{1}{\gamma}+\dfrac{1}{\delta}$の値を求めよ。

15
Lv. ⅠⅠ

2次方程式$x^2+(a-1)x+a^2-a=0$が正の解と負の解をもつような定数aの値の範囲を求めよ。また,正の異なる2解をもつような定数aの値の範囲を求めよ。

16
Lv. ⅠⅠ

2次方程式$x^2+(2-a)x+4-2a=0$が$-1<x<1$に解を1つだけもつような定数aの値の範囲を求めよ。ただし,重解は除くものとする。

Theme分析

方程式 $f(x)=0$ の実数解の個数　$\iff$　$\begin{cases} y=f(x) \\ y=0 \end{cases}$ の共有点の個数

なので，グラフの共有点の個数を考えることができる。その際，比べやすいグラフで比べることを意識する。

定数分離　方程式 $f(x)=a$ の実数解の個数

$\iff$　$\begin{cases} y=f(x) \\ y=a \end{cases}$ の共有点の個数

直線分離　方程式 $f(x)=a(x-\bullet)$ の実数解の個数

$\iff$　$\begin{cases} y=f(x) \\ y=a(x-\bullet) \end{cases}$ の共有点の個数

方程式 $f(x)=\bullet x+a$ の実数解の個数

$\iff$　$\begin{cases} y=f(x) \\ y=\bullet x+a \end{cases}$ の共有点の個数

方程式の実数解の個数の問題をグラフの共有点に着目して解く場合は，まず移項して比べやすいグラフがないかを調べる習慣をつけていきたい。

例　x についての方程式 $|x^2-1|+x-k=0$ が異なる4個の実数解をもつ k の値の範囲を求めよ。

定数分離で考える。

（与式）　$\iff$　$|x^2-1|+x=k$　より，$\begin{cases} y=|x^2-1|+x \\ y=k \end{cases}$ の共有点で考える。

$-1\leqq x\leqq 1$ のとき

$$y=-x^2+x+1=-\left(x-\frac{1}{2}\right)^2+\frac{5}{4}$$

$x\leqq -1,\ 1\leqq x$ のとき

$$y=x^2+x-1=\left(x+\frac{1}{2}\right)^2-\frac{5}{4}$$

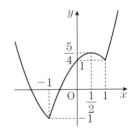

グラフは右図のようになり，$1<k<\dfrac{5}{4}$ のとき4個

13

Lv. ●■■■
Ⅱ

3次方程式 $x^3+(a-2)x^2+(a^2-2a+1)x-a(a-1)=0$ が異なる3つの実数解をもつような定数 a の値の範囲を求めよ。

> navigate
>
> 3次方程式の問題と思い，数学Ⅱの微分法を用いて，いきなり微分するのはよくない。この方程式は $x=1$ を代入すると0になるので，因数分解できることにまず気づこう。2次方程式の解の個数であれば，判別式を利用して簡単に解くことができる。

解

$$f(x)=x^3+(a-2)x^2+(a^2-2a+1)x-a(a-1)$$

とする。$f(1)=0$ から，$f(x)$ は $(x-1)$ で割り切れるので

$$f(x)=(x-1)\{x^2+(a-1)x+a^2-a\}$$

求める条件は

因数分解できて2次方程式の問題に帰着できる。

$$x^2+(a-1)x+a^2-a=0$$

が，$x \neq 1$ の異なる2つの実数解をもつことである。

よって，判別式を D とすると

$$D=(a-1)^2-4(a^2-a)=-3a^2+2a+1$$
$$=-(a-1)(3a+1)>0$$

から $-\dfrac{1}{3}<a<1$

また，$g(x)=x^2+(a-1)x+a^2-a$ とおくと，

$$g(1)=1^2+(a-1)+a^2-a=a^2$$

であり，$g(1) \neq 0$ から

$$a \neq 0$$

よって，求める a の値の範囲は

$$-\frac{1}{3}<a<0, \ 0<a<1 \ \text{──(答)}$$

$a=0$ のとき，方程式は
$$x^3-2x^2+x=0$$
$$\Longleftrightarrow \ x(x-1)^2=0$$
となり，異なる2解となってしまう。

✓ SKILL UP

3次以上の高次方程式を見たら，まず因数分解できるかをチェックして式の次数を下げることを考える。

14

方程式$|x^2-5x+4|-ax=0$が異なる4つの実数解をもつような定数aの値の範囲を求めよ。また，その4個の解をα, β, γ, δとするとき，$\dfrac{1}{\alpha}+\dfrac{1}{\beta}+\dfrac{1}{\gamma}+\dfrac{1}{\delta}$の値を求めよ。

navigate

$y=|x^2-5x+4|-ax$とx軸のグラフで調べるよりは，直線分離して，$y=|x^2-5x+4|$と$y=ax$で調べる方が楽である。

解

方程式$|x^2-5x+4|=ax$が異なる4つの解をもつ

$\iff$ $y=|x^2-5x+4|$のグラフと直線$y=ax$が異なる4つの共有点をもつ

$y=-x^2+5x-4$と$y=ax$が接するのは，$y>0$で

$\qquad -x^2+5x-4=ax$

$\iff x^2+(a-5)x+4=0 \quad \cdots①$

の判別式をDとして，$D=0$より，

$(a-5)^2-16=0$から $a=1, 9$

$a=9$のとき，解は$x=-2$で不適。

$a=1$のとき，解は$x=2$で適する。

よって，$a=1$となり，右下の図から $\boxed{0<a<1}$ —答

①の解をα, βとおくと，解と係数の関係より

$\qquad \alpha+\beta=-(a-5)$, $\alpha\beta=4$

$y=x^2-5x+4$と

$y=ax$が交わるから，

$\qquad x^2-5x+4=ax \iff x^2-(a+5)x+4=0$

この2解をγ, δとおくと，解と係数の関係より

$\qquad \gamma+\delta=a+5$, $\gamma\delta=4$

よって $\dfrac{1}{\alpha}+\dfrac{1}{\beta}+\dfrac{1}{\gamma}+\dfrac{1}{\delta}=\dfrac{\alpha+\beta}{\alpha\beta}+\dfrac{\gamma+\delta}{\gamma\delta}$

$\qquad\qquad =-\dfrac{a-5}{4}+\dfrac{a+5}{4}=\boxed{\dfrac{5}{2}}$ —答

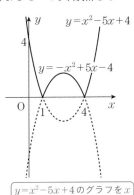

$y=x^2-5x+4$のグラフをx軸より上に折り返す。

対称性のある解の値の問題では解と係数の関係を利用する。

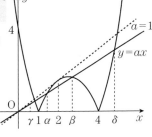

15
Lv.■■■■

2次方程式$x^2+(a-1)x+a^2-a=0$が正の解と負の解をもつような定数aの値の範囲を求めよ。また、正の異なる2解をもつような定数aの値の範囲を求めよ。

▷ navigate

解の配置という典型問題である。左辺を$f(x)$とおいて、x軸との共有点について条件をみたすように、**判別式**、**軸**、**端点**に着目して考える。

[解]

$f(x)=x^2+(a-1)x+a^2-a$とおき、$f(x)=0$の判別式をDとする。

正の解と負の解をもつのは、（図1）

$f(0)<0$から、$\mathbf{0<a<1}$─答

正の異なる2解をもつのは、（図2）

$$\begin{cases} D>0 \\ 軸>0 \\ f(0)>0 \end{cases} \quad から \quad \begin{cases} -\dfrac{1}{3}<a<1 \\ a<1 \\ a<0 \text{ または } 1<a \end{cases}$$

これを解いて $-\dfrac{1}{3}<\mathbf{a}<\mathbf{0}$─答

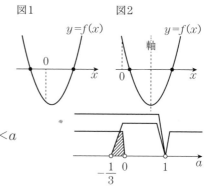

図1　　　図2

✓ SKILL UP

2次方程式$f(x)=0$の解の配置（範囲付き解の個数）は**判別式**、**軸**、**端点**で調べる。代表的な例としては次の通り。

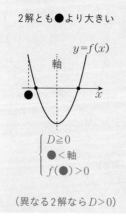

2解とも●より大きい

$$\begin{cases} D\geqq0 \\ ●<軸 \\ f(●)>0 \end{cases}$$

（異なる2解なら$D>0$）

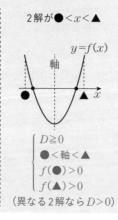

2解が●$<x<$▲

$$\begin{cases} D\geqq0 \\ ●<軸<▲ \\ f(●)>0 \\ f(▲)>0 \end{cases}$$

（異なる2解なら$D>0$）

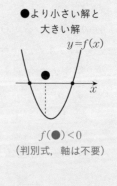

●より小さい解と大きい解

$f(●)<0$

（判別式、軸は不要）

16

Lv. ●●○○

2次方程式 $x^2+(2-a)x+4-2a=0$ が $-1<x<1$ に解を1つだけもつような定数 a の値の範囲を求めよ。ただし，重解は除くものとする。

> navigate
>
> $y=x^2+2x+4$ のグラフと直線 $y=a(x+2)$ の共有点を $-1<x<1$ で調べる。

解

$$x^2+2x+4=a(x+2) \text{ が } -1<x<1 \text{ に1だけ解をもつ}$$

$\Longleftrightarrow$　$y=x^2+2x+4$ と $y=a(x+2)$ が $-1<x<1$ に1つだけ共有点もつ

直線 $y=a(x+2)$ が点 $(1,\ 7)$ を通るとき

$$7=a(1+2)$$

$$a=\frac{7}{3}$$

直線 $y=a(x+2)$ が点 $(-1,\ 3)$ を通るとき

$$3=a(-1+2)$$

$$a=3$$

よって

$$\boldsymbol{\frac{7}{3}\leqq a<3} \text{ —(答)}$$

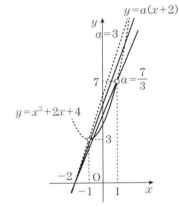

✓ SKILL UP

直線分離　方程式 $f(x)=a(x-●)$ の実数解の個数

$$\Longleftrightarrow \begin{cases} y=f(x) \\ y=a(x-●) \end{cases} \text{ の共有点の個数}$$

方程式とグラフ②

17
Lv. ∎∎∎∎

方程式 $x^4 - ax^2 + a^2 - 6 = 0$ が異なる4つの実数解をもつような定数 a の値の範囲を求めよ。

18
Lv. ∎∎∎∎

方程式 $x^4 - 6x^3 + ax^2 - 6x + 1 = 0$ が異なる4つの正の解をもつような定数 a の値の範囲を求めよ。

19
Lv. ∎∎∎∎

定数 a が $a < -\dfrac{1}{2}$ のとき，2次方程式 $x^2 + ax + a = 0$ の実数解 x のとり得る値の範囲を求めよ。

20
Lv. ∎∎∎∎

a を実数とするとき，2次方程式 $x^2 - (a+1)x + (a^2 - 1) = 0$ の実数解 x のとり得る値の範囲を求めよ。

Theme分析

今回のThemeは大きく2つのThemeからなる。

おき換えた方程式の実数解の個数では，解の対応関係を調べる。

17 と 18 はともに4次方程式の実数解の個数の問題で，ともにおき換えによって2次方程式に帰着できる。この2次方程式の解と，もとの4次方程式の解の間の対応関係を調べないといけない。対応関係は，グラフを活用する。

17 は，$x^2=t$ でおき換える。

18 は，相反式であるから，$x+\dfrac{1}{x}$，$x^2+\dfrac{1}{x^2}$ の組を作って考える。

方程式 $f(x)=0$ の実数解の値の範囲

$$\Longleftrightarrow \quad \begin{cases} y=f(x) \\ y=0 \end{cases} \text{の共有点の} x \text{座標の範囲}$$

なので，グラフの共有点の x 座標の範囲を考えることができる。その際は，比べやすいグラフで比べることを意識する。

それでも無理な場合は，解を $x=k$ とおけばうまくいくこともある。

19 と 20 はともに方程式の実数解の値の範囲を調べる問題である。

19 は直線分離できるので問題ない。

$$x^2+ax+a=0 \quad \Longleftrightarrow \quad -x^2=a(x+1)$$

であるから，$y=-x^2$ と $y=a(x+1)$ の共有点で考えればよい。

20 は分離しようとしても

$$x^2-(a+1)x+(a^2-1)=0 \quad \Longleftrightarrow \quad x^2-x-1=a(x-a)$$

となり，$y=a(x-a)$ は，傾きも x 切片も文字定数 a によって動くので動かしにくい。そこで，値の範囲はとり得る値の最大値と最小値を調べるような問題であるので，第2章の最大値，最小値で学んだ解法のうち，$x=k$ とおいて条件をみたす定数 a が存在するような k の値の範囲を調べる。

17

Lv.

方程式$x^4-ax^2+a^2-6=0$が異なる4つの実数解をもつような定数aの値の範囲を求めよ。

navigate

このままグラフとx軸の共有点の個数を調べようとすると，4次関数のグラフをかかなければならない。そこで$x^2=t$とおくと，$t^2-at+a^2-6=0$，$t\geqq 0$の2次方程式を考えればよくなる。
ただし，①の方程式の解xの個数と②の方程式の解tの個数は一致するとは限らない。tの値によって対応するxの個数が変わってくる。したがって$t=x^2$のグラフをかいて，解の対応関係を調べなければならない。

解

$x^4-ax^2+a^2-6=0$ …①

$x^2=t$とおくと，右図から

$t>0$のとき1つのtに対してxが2個

$t=0$のとき1つのtに対してxが1個

対応するので

$t^2-at+a^2-6=0$ …②

について，①が異なる4つの解をもつには，②が正の異なる2解をもてばよい。

解の対応チェック

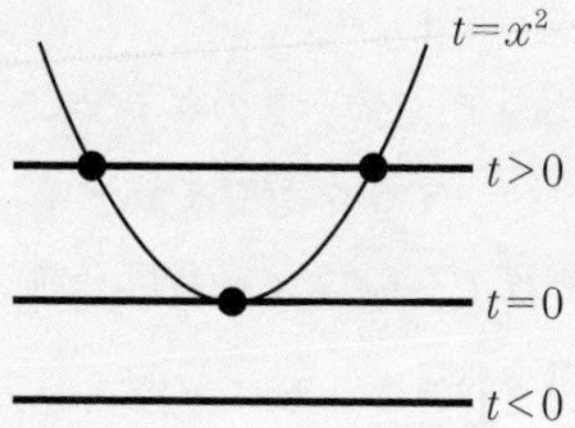

$t>0$のときx 2個，$t=0$のときx 1個

$f(t)=t^2-at+a^2-6$，②の判別式をDとおくと，$D=-3a^2+24$

$D>0$より　$-2\sqrt{2}<a<2\sqrt{2}$

軸>0より　$a>0$

$f(0)>0$より　$a<-\sqrt{6}$，$\sqrt{6}<a$

以上より　$\boldsymbol{\sqrt{6}<a<2\sqrt{2}}$ ―答

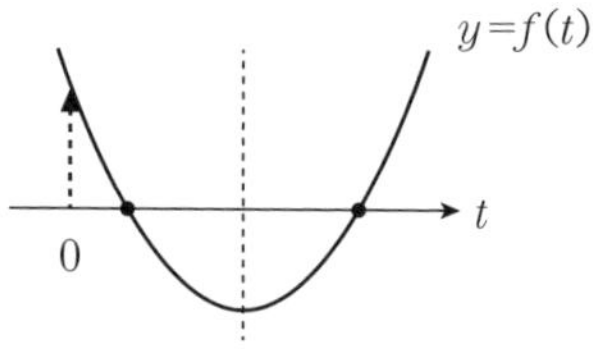

SKILL UP

方程式：$f(x)=0$の実数解の個数に対して

↓　$t=g(x)$と置換

方程式：$h(t)=0$の実数解の個数を考えるときは，$t=g(x)$のグラフをかいて，tの値に対応する実数xの個数を調べなければならない。

18

Lv.∎∎∎∎

方程式 $x^4-6x^3+ax^2-6x+1=0$ が異なる4つの正の解をもつような定数 a の値の範囲を求めよ。

navigate

$x+\dfrac{1}{x}=t$ とおいて式をきれいにする。おき換えたので解の対応は

$x+\dfrac{1}{x}=t$ を $x^2+1=tx$ として，$y=x^2+1$ と $y=tx$ のグラフで調べる。

解

$$x^4-6x^3+ax^2-6x+1=0 \quad \cdots ①$$

$x \neq 0$ のもとで，x^2 で割って

$$x^2-6x+a-\frac{6}{x}+\frac{1}{x^2}=0$$

$x+\dfrac{1}{x}=t$ とおくと，右図から

$t>2$ のとき1つの t に対して正の x が2個

$t=2$ のとき1つの t に対して正の x が1個

対応する。また，$x+\dfrac{1}{x}=t$ を2乗して

$$x^2+\frac{1}{x^2}=t^2-2 \quad \text{であるから，方程式①は}$$

$$t^2-6t+a-2=0 \quad \cdots ②$$

とかける。①が異なる正の4つの解をもつに
は，②が2より大きい異なる2解をもてばよ
い。$f(t)=t^2-6t+a-2=0$ とおき，②の判別式を D とおくと

$D>0$ より $a<11$

軸 >2 より，$3>2$ は常に成り立つ

$f(2)>0$ より $10<a$

以上より **$10<a<11$** ―(答)

解の対応チェック

$x+\dfrac{1}{x}=t$ より，$x^2+1=tx$ で，

$y=x^2+1$ と $y=tx$ との共有点
で比べる

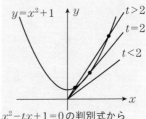

$x^2-tx+1=0$ の判別式から

$t^2-4=0$ すなわち，$t=\pm 2$ のとき
接する。

$t>2$ のとき正の x 2個，

$t=2$ のとき正の x 1個

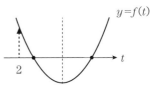

☑ SKILL UP

置換した方程式の実数解の個数は，解の対応関係を調べる。ただし，
$t=g(x)$ のグラフがかきにくいときは，何かしらの工夫をする。

19

Lv. ▪▫▫▫

定数 a が $a < -\dfrac{1}{2}$ のとき，2次方程式 $x^2 + ax + a = 0$ の実数解 x のとり得る値の範囲を求めよ。

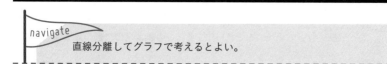

navigate

直線分離してグラフで考えるとよい。

解

$-x^2 = a(x+1)$ の実数解の値の範囲

$\Longleftrightarrow y = -x^2$ と $y = a(x+1)$ の共有点の x 座標の範囲

$a = -\dfrac{1}{2}$ のとき

$$-x^2 = -\frac{1}{2}(x+1)$$

を解いて

$$x = -\frac{1}{2},\ 1$$

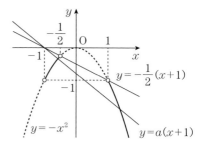

よって，$a < -\dfrac{1}{2}$ をみたしながら直線を

動かすと，図より

$$\boldsymbol{-1 < x < -\frac{1}{2},\ \ 1 < x}\ \text{—}\textcircled{答}$$

✓ **SKILL UP**

方程式 $f(x) = 0$ の解の値の範囲

$\Longleftrightarrow \begin{cases} y = f(x) \\ y = 0 \end{cases}$ の共有点の x 座標の範囲

なので，グラフの共有点の x 座標の範囲を考えることができる。その際，比べやすいグラフで比べることを意識する。

20

Lv.▮▮▯▯ a を実数とするとき，2次方程式 $x^2-(a+1)x+(a^2-1)=0$ の実数解 x のとり得る値の範囲を求めよ。

navigate

一般に，値の範囲はとり得る値の最大値と最小値を調べるような問題であるので，第2章の最大値，最小値で学んだ解法のうち，$x=k$ とおいて条件をみたす定数 a が存在するような k の値の範囲を調べると今回はうまくいく。

例えば，$x=2$ は実数解としてとり得る値かどうか調べる。

$2^2-(a+1)\cdot 2+(a^2-1)=0$ から

$$a^2-2a+1=0 \iff (a-1)^2=0$$

となり，$a=1$ となるので，$a=1$ のとき，$x=2$ という実数解をもつことがわかる。

$x=3$ は実数解としてとり得る値かどうか調べる。

$$3^2-(a+1)\cdot 3+(a^2-1)=0 \quad\text{から}\quad a^2-3a+5=0$$

となり，（判別式）$=-11<0$ なので，$x=3$ を解にもつ実数 a は存在しない。よって，$x=3$ は実数解としてとれない値であることがわかる。

解

実数解を $x=k$ とおいて

$$k^2-(a+1)k+(a^2-1)=0$$

をみたす実数 a が存在する実数 k の値の範囲を求める。

a の2次方程式

$$a^2-ka+k^2-k-1=0$$

の判別式 D について

$$D\geqq 0 \iff 3k^2-4k-4\leqq 0 \iff (3k+2)(k-2)\leqq 0$$

を解いて

$$-\frac{2}{3}\leqq k\leqq 2 \text{—（答）}$$

✓ SKILL UP

2次の文字定数を含む2次方程式の解の値の範囲

文字定数の2次方程式が実数解をもつ条件として，x の範囲を求める。

Theme 6 | **不等式**

21 2次不等式 $ax^2+bx+6<0$ の解が $x<-2$, $3<x$ であるとき, 定数 a, b の値
Lv. を求めよ。

22 2次不等式 $2x^2-(2a+3)x+a+1<0$ をみたす整数 x がただ1つ存在するような定数 a の値の範囲を求めよ。
Lv.

23 $0\leqq x\leqq 1$ をみたすすべての x が2次不等式 $x^2+ax+a<0$ の解に含まれるような定数 a の値の範囲を求めよ。
Lv.

24 以下の連立不等式をみたす実数 x, y, z は存在しないことを示せ。
Lv. $z\leqq 0$, $x+y-z\geqq 0$, $x-z<0$, $y-z<0$
Ⅱ

Theme分析

> 2次不等式を解くにはまず，因数分解できるかを調べる。
>
> 　　2次不等式 $f(x)>0$ の解
>
> 　　　$\iff$ 　$y=f(x)$ が $y=0$（x軸）より上側にある x 座標の範囲
>
> なので，グラフを考えることで不等式の解を考えることができる。その際，比べやすいグラフで比べることを意識する。

今回のThemeは，不等式の問題である。不等式も方程式同様，因数分解できるかをまず調べるとよい。

例えば，$x^2-3x+2<0$ は

　　$(x-1)(x-2)<0$

となるので，$y=(x-1)(x-2)$ は x 軸と $x=1$，2で交わり，$y<0$ となる x の値の範囲を答えればよいので

　　$1<x<2$

一方で，因数分解できないときも，$x^2-2x+2>0$ は

　　$x^2-2x+2=(x-1)^2+1$

となり，$y=(x-1)^2+1$ はつねに x 軸より上側にあるので，答えは，「x はすべての実数」となる。

ちなみに，$x^2-2x+2<0$ の解は存在しない。

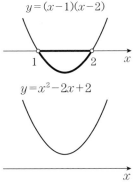

このように，2次不等式の解は，因数分解できるか調べて，その後グラフをイメージするとわかりやすい。22 は，因数分解できる不等式の解についての問題である。

23 は，簡単に因数分解できない不等式の問題なので，グラフを意識して解いていく。24 は難しい。3変数の不等式の解についての問題であるが，1文字固定すれば，図示できる領域の問題に帰着できる。

21

2次不等式 $ax^2+bx+6<0$ の解が $x<-2$, $3<x$ であるとき，定数 a, b の値を求めよ。

Lv. ∎∎❚❚

> **navigate**
>
> 不等式の解から2次不等式の係数を決定する問題である。
> $(x+2)(x-3)>0$ をもとに変形して定数項を調整する方が楽である。

解

$x<-2$, $3<x$ を解にもつ2次不等式は

$$(x+2)(x-3)>0 \iff x^2-x-6>0$$

$$\iff -x^2+x+6<0$$

よって $\boldsymbol{a=-1}$, $\boldsymbol{b=1}$ —答

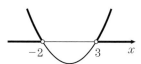

定数項を $+6$ にするために，両辺 -1 倍する。その際，不等号が逆向きになる。

別解

$ax^2+bx+6<0$ の解が $x<-2$, $3<x$ なので，
$y=ax^2+bx+6$ のグラフについて，下に凸の
放物線で，$x=-2$, 3 で x 軸と交わるので

$$a<0, \quad a\cdot(-2)^2+b\cdot(-2)+6=0, \quad a\cdot3^2+b\cdot3+6=0$$

$$\iff a<0, \quad 4a-2b+6=0, \quad 9a+3b+6=0$$

これを解いて $\boldsymbol{a=-1}$, $\boldsymbol{b=1}$ —答

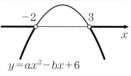

$y=ax^2-bx+6$

☑ SKILL UP

2次不等式の解

判別式を D とし，$D\geqq0$ の2解を α, β $(\alpha\leqq\beta)$ とする。

	$D>0$	$D=0$	$D<0$
$y=ax^2+bx+c$ のグラフ	α β x	$\alpha=\beta$ x	x
$ax^2+bx+c>0$ の解	$x<\alpha$, $\beta<x$	$x=\alpha$ 以外の実数	すべての実数
$ax^2+bx+c<0$ の解	$\alpha<x<\beta$	解なし	解なし

22

2次不等式 $2x^2-(2a+3)x+a+1<0$ をみたす整数 x がただ1つ存在するような定数 a の値の範囲を求めよ。

Lv. ∎∎∥∥

> navigate
>
> $2x^2-(2a+3)x+a+1<0$ の解は，$y=2x^2-(2a+3)x+a+1$ が $y=0$（x軸）より下側にある x の値の範囲だが，まず因数分解を考えたい。

解

$$2x^2-(2a+3)x+a+1<0 \iff 2\left(x-\frac{1}{2}\right)\{x-(a+1)\}<0$$

(i) $\dfrac{1}{2}<a+1$ すなわち $a>-\dfrac{1}{2}$ のとき　　　$\dfrac{1}{2}$ と $a+1$ の大小で場合分けする。

解は　$\dfrac{1}{2}<x<a+1$

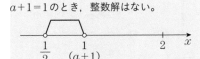

$a+1=1$ のとき，整数解はない。

$a+1=2$ のとき，整数解は $x=1$ の1つだけ。

上図から　$1<a+1\leqq2$
$$0<a\leqq1$$

(ii) $\dfrac{1}{2}=a+1$ すなわち $a=-\dfrac{1}{2}$ のとき

不等式は $2\left(x-\dfrac{1}{2}\right)^2<0$ となり，これをみたす整数 x はない。

(iii) $a+1<\dfrac{1}{2}$ すなわち $a<-\dfrac{1}{2}$ のとき

解は　$a+1<x<\dfrac{1}{2}$

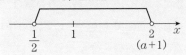

上と同様に等号の吟味をすると，$a+1=0$ のときは整数解はないので不適。$a+1=-1$ のときは整数解は $x=0$ の1つだけとなり適する。

上図から，$-1\leqq a+1<0$ より　$-2\leqq a<-1$

(i), (ii), (iii)から，求める a の値の範囲は　$\boldsymbol{-2\leqq a<-1,\ 0<a\leqq1}$ —(答)

✓ SKILL UP

文字係数の2次不等式を見たらまず因数分解できるかをチェックする。

23

Lv. ∎∎❚❙

$0 \leqq x \leqq 1$ をみたすすべての x が2次不等式 $x^2 + ax + a < 0$ の解に含まれるような定数 a の値の範囲を求めよ。

---

navigate

方程式 $x^2 + ax + a = 0$ を解くと，（判別式）> 0 から，$a < 0$，$4 < a$ のもとで，$x = \dfrac{-a \pm \sqrt{a^2 - 4a}}{2}$ となるので，不等式 $x^2 + ax + a < 0$ の解は，

$$\frac{-a - \sqrt{a^2 - 4a}}{2} < x < \frac{-a + \sqrt{a^2 - 4a}}{2}$$

となる。$0 \leqq x \leqq 1$ が含まれるのは，

$$\frac{-a - \sqrt{a^2 - 4a}}{2} < 0 \quad \text{かつ} \quad 1 < \frac{-a + \sqrt{a^2 - 4a}}{2}$$

となればよいが，この不等式を解くのは面倒である。

よって，強引に不等式を解かずに，$y = x^2 + ax + a$ が $y = 0$（x軸）よりも下側にある x の範囲が $0 \leqq x \leqq 1$ を含むようにグラフを用いて解けばよい。

解

2次不等式 $x^2 + ax + a < 0$ の解は，$y = x^2 + ax + a$ が $y = 0$ よりも下側にある x の値の範囲であり，その範囲の中に $0 \leqq x \leqq 1$ がすべて含まれればよい。そのグラフは右のようになる。

$$f(x) = x^2 + ax + a$$

とする。右のグラフのようになる条件は，

$$f(0) < 0 \quad \text{かつ} \quad f(1) < 0$$

なので，これを解いて

$$a < 0 \quad \text{かつ} \quad 2a + 1 < 0$$

よって $\boldsymbol{a < -\dfrac{1}{2}}$ —答

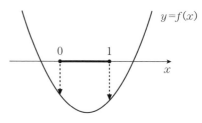

☑ **SKILL UP**

不等式を見たら，まず因数分解できるかをチェックする。因数分解できないときは，グラフの上下関係を調べる。

24

Lv. ▪▫▫▫
II

以下の連立不等式をみたす実数x, y, zは存在しないことを示せ。

$z \leqq 0$, $x+y-z \geqq 0$, $x-z<0$, $y-z<0$

navigate

別解のように2式ずつ加えると矛盾することがいえるが，なかなか気づかない。そこで，zを0以下の定数-1と思えば連立不等式$x+y+1 \geqq 0$，$x<-1$, $y<-1$をみたす(x, y)を考えればよく，図示すれば共通部分が存在しないことがわかる。図示できる2変数について図示して考えることは有効である。

解

$$\begin{cases} z \leqq 0 & \cdots \text{①} \\ x+y-z \geqq 0 & \cdots \text{②} \\ x-z<0 & \cdots \text{③} \\ y-z<0 & \cdots \text{④} \end{cases}$$

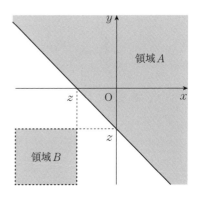

ここで，zを0以下の値に固定して(x, y)平面で考える。

領域A：$y \geqq -x+z$ $\cdots$②，

領域B：$x<z$ $\cdots$③かつ$y<z$ $\cdots$④

右図の領域について，領域Aと領域Bは共通部分が存在しないので，連立不等式をみたす実数x, y, zは存在しない。

別解

① $\iff$ $-z \geqq 0$

なので

①+②から $x+y-2z \geqq 0$

③+④から $x+y-2z<0$

これらは矛盾するから，連立不等式をみたす実数x, y, zは存在しない。

✓ **SKILL UP**

図示できる不等式は，領域を利用して考えるのも有効。

不等式の成立条件

25
Lv. ▪▪▫▫

$-2 \leqq x \leqq 2$ の範囲で，関数 $f(x)=x^2+2x-2$，$g(x)=-x^2+2x+a+1$ について，すべての x に対して，不等式 $f(x) \leqq g(x)$ が成り立つような a の値の範囲を求めよ。

26
Lv. ▪▪▫▫

$-2 \leqq x \leqq 2$ の範囲で，関数 $f(x)=x^2+2x-2$，$g(x)=-x^2+2x+a+1$ について，ある x に対して，不等式 $f(x) \leqq g(x)$ が成り立つような a の値の範囲を求めよ。

27
Lv. ▪▪▫▫

$-2 \leqq x \leqq 2$ の範囲で，関数 $f(x)=x^2+2x-2$，$g(x)=-x^2+2x+a+1$ について，すべての組 x_1，x_2 に対して，不等式 $f(x_1) \leqq g(x_2)$ が成り立つような a の値の範囲を求めよ。

28
Lv. ▪▪▫▫

$-2 \leqq x \leqq 2$ の範囲で，関数 $f(x)=x^2+2x-2$，$g(x)=-x^2+2x+a+1$ について，ある組 x_1，x_2 に対して，不等式 $f(x_1) \leqq g(x_2)$ が成り立つような a の値の範囲を求めよ。

Theme分析

■ 不等式の成立条件

① すべての x で $f(x) \geqq a$	① $f(x)$ の最小値 $\geqq a$
② ある x で $f(x) \geqq a$	② $f(x)$ の最大値 $\geqq a$
③ すべての組 x_1, x_2 で $f(x_1) \leqq g(x_2)$	③ $f(x_1)$ の最大値 $\leqq g(x_2)$ の最小値
④ ある組 x_1, x_2 で $f(x_1) \leqq g(x_2)$	④ $f(x_1)$ の最小値 $\leqq g(x_2)$ の最大値

不等式の問題で頻出のテーマがこの「不等式の成立条件」である。うまくいい換えをすることが重要である。まずは，25，26 と 27，28 で違うところは，25，26 は同じ x で不等式を比べるので，移項して簡単な不等式にできる。

$$f(x) \leqq g(x) \iff x^2 + 2x - 2 \leqq -x^2 + 2x + a + 1$$
$$\iff -2x^2 + a + 3 \geqq 0$$

27，28 は異なる x_1，x_2 で比べるので，移項しても式はきれいにならない。よって，それぞれのグラフで比べる必要がある。

$$f(x_1) \leqq g(x_2) \iff x_1^2 + 2x_1 - 2 \leqq -x_2^2 + 2x_2 + a + 1$$
$$\iff x_1^2 + x_2^2 + 2x_1 - 2x_2 - a - 3 \leqq 0$$

となって，式は汚いままである。

■ 言い換えのポイント

①すべての x で $h(x) \geqq 0$

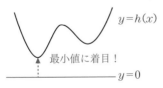

②ある x で $h(x) \geqq 0$

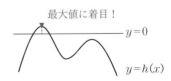

③すべての組 x_1，x_2 で $f(x_1) \leqq g(x_2)$

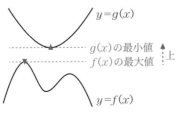

④ある組 x_1，x_2 で $f(x_1) \leqq g(x_2)$

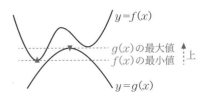

25

$-2 \leqq x \leqq 2$ の範囲で，関数 $f(x)=x^2+2x-2$，$g(x)=-x^2+2x+a+1$ について，すべての x に対して，不等式 $f(x) \leqq g(x)$ が成り立つような a の値の範囲を求めよ。

Lv.∎∎∎

navigate

> すべての x で $f(x) \geqq 0$ が成り立つには，例えば $f(x)$ が2次関数であれば下に凸の放物線が x 軸と異なる2つの共有点をもたなければよいので，$f(x)=0$ の判別式を D として，$D \leqq 0$ であればよい。しかし，x に範囲がついたり，$f(x)$ が2次関数以外になると通用しなくなるので，グラフを利用して，$f(x)$ の最大値，最小値を調べる方法を習得したい。

解

$$f(x) \leqq g(x)$$
$$x^2+2x-2 \leqq -x^2+2x+a+1$$
$$-2x^2+a+3 \geqq 0$$

まず移項して，不等式を簡単にする。

ここで，$h(x)=-2x^2+a+3$ とおく。
すべての x で $h(x) \geqq 0$ となるのは
$$h(x) \text{ の最小値} \geqq 0$$
となるときである。

　全員の点数 $\geqq 80$ 点
が成り立つには，クラス全員の点数を調べる必要はなく，
　クラスの最低点 $\geqq 80$ 点
が成り立てばよい。

$$h(x)=-2x^2+a+3 \quad (-2 \leqq x \leqq 2)$$

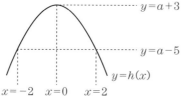

放物線のグラフは，軸に関して対称なので，軸が $x=0$ から，$h(2)$ と $h(-2)$ は同じ値。

最小値は　$h(2)=h(-2)=a-5$

不等式が成り立つには，$a-5 \geqq 0$ を解いて　**$a \geqq 5$** ─㊜

✓ **SKILL UP**

すべての x で $f(x) \geqq \bullet$
$\iff f(x)$ の最小値 $\geqq \bullet$

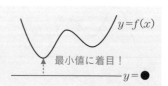

最小値に着目！

26

Lv.▪▫▫

$-2 \leqq x \leqq 2$ の範囲で，関数 $f(x)=x^2+2x-2$，$g(x)=-x^2+2x+a+1$ について，ある x に対して，不等式 $f(x) \leqq g(x)$ が成り立つような a の値の範囲を求めよ。

> ⚑ navigate
>
> 前問との違いは「すべての x」が「ある x」になっていることである。この違いで下の解答を見ればわかるように「最大値」と「最小値」が逆になっている。このように，不等式の成立条件では，x の条件が「すべて，all」なのか，「ある，$some$」なのかをチェックして慎重にいい換えていきたい。

解

$$f(x) \leqq g(x)$$
$$x^2+2x-2 \leqq -x^2+2x+a+1$$
$$-2x^2+a+3 \geqq 0$$

まず移項して，不等式を簡単にする。

ここで，$h(x)=-2x^2+a+3$ とおく。

ある x で $h(x) \geqq 0$ となるのは

$$h(x) \text{ の最大値} \geqq 0$$

となるときである。

$$h(x)=-2x^2+a+3 \quad (-2 \leqq x \leqq 2)$$

あるクラスにおいて，
　誰かの点数 $\geqq 80$ 点
が成り立つには，クラス全員の点数を調べる必要はなく，
　クラスの最高点 $\geqq 80$ 点
が成り立てばよい。

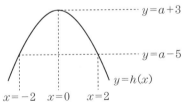

最大値は　$h(0)=a+3$

不等式が成り立つには，$a+3 \geqq 0$ を解いて

$$\boldsymbol{a \geqq -3} \text{ —(答)}$$

✓ SKILL UP

ある x で $f(x) \geqq \bullet$

$\Longleftrightarrow$　$f(x)$ の最大値 $\geqq \bullet$

最大値に着目！

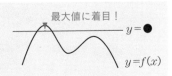

27

Lv. ∎∎∎

$-2 \leq x \leq 2$ の範囲で，関数 $f(x) = x^2 + 2x - 2$，$g(x) = -x^2 + 2x + a + 1$ について，すべての組 x_1，x_2 に対して，不等式 $f(x_1) \leq g(x_2)$ が成り立つような a の値の範囲を求めよ。

navigate

比べる x が異なるので，それぞれのグラフの最大値，最小値に着目する。

解

すべての組 x_1，x_2 に対して，$f(x_1) \leq g(x_2)$ となるのは

$f(x)$ の最大値 $\leq g(x)$ の最小値

となるときである。

> $f(x_1)$ が男子の生徒 x_1 の点数
>
> $g(x_2)$ が女子の生徒 x_2 の点数
>
> だとして，
>
> 男子全員の点数
>
> $\leq$ 女子全員の点数
>
> となるには
>
> 男子の最高点 $\leq$ 女子の最低点

$$f(x) = x^2 + 2x - 2$$
$$= (x+1)^2 - 3$$

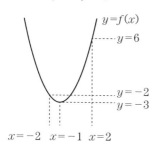

$x = -2 \quad x = -1 \quad x = 2$

最大値：$f(2) = 6$

$$g(x) = -x^2 + 2x + a + 1$$
$$= -(x-1)^2 + a + 2 \quad (-2 \leq x \leq 2)$$

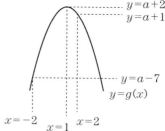

$x = -2 \quad x = 1 \quad x = 2$

最小値：$g(-2) = a - 7$

不等式が成り立つには，$6 \leq a - 7$ を解いて

$\boldsymbol{a \geq 13}$ —(答)

✓ SKILL UP

すべての組 x_1，x_2 で $f(x_1) \leq g(x_2)$

$\iff$ $f(x)$ の最大値 $\leq g(x)$ の最小値

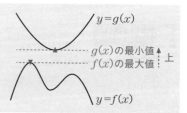

28

Lv. ▪▫▫

$-2 \leqq x \leqq 2$ の範囲で，関数 $f(x) = x^2 + 2x - 2$，$g(x) = -x^2 + 2x + a + 1$ について，ある組 x_1，x_2 に対して，不等式 $f(x_1) \leqq g(x_2)$ が成り立つような a の値の範囲を求めよ。

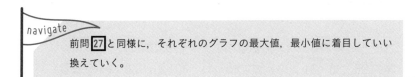

navigate

前問 27 と同様に，それぞれのグラフの最大値，最小値に着目していい換えていく。

解

ある組 x_1，x_2 に対して，$f(x_1) \leqq g(x_2)$ となるのは

$$f(x) \text{の最小値} \leqq g(x) \text{の最大値}$$

となるときである。

> $f(x_1)$ が男子の生徒 x_1 の点数
> $g(x_2)$ が女子の生徒 x_2 の点数
> だとして，
> 男子誰かの点数 ≦ 女子誰かの点数
> となるには
> 男子の最低点 ≦ 女子の最高点

$$f(x) = x^2 + 2x - 2$$
$$= (x+1)^2 - 3$$

$$g(x) = -x^2 + 2x + a + 1$$
$$= -(x-1)^2 + a + 2 \quad (-2 \leqq x \leqq 2)$$

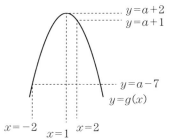

最小値：$f(-1) = -3$ 最大値：$g(1) = a + 2$

不等式が成り立つには，$-3 \leqq a + 2$ を解いて

$$\boldsymbol{a \geqq -5} \text{—（答）}$$

☑ **SKILL UP**

ある組 x_1，x_2 で $f(x_1) \leqq g(x_2)$

$\iff$ $f(x)$ の最小値 $\leqq g(x)$ の最大値

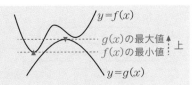

Theme 1 | 代表値と四分位数

1
Lv. ■■□□

次のデータはあるクラスの数学の小テストの点数である。

28　30　31　33　37　40　41　43　50　50 （単位は点）

中央値，最頻値，平均値を求めよ。

2
Lv. ■■□□

次のデータはあるクラスの数学の小テストの点数である。

28　30　31　33　37　40　41　43　50　50 （単位は点）

上のデータのうち1つだけ採点ミスをしていることがわかった。正しいデータにおける中央値と平均値は，それぞれ39点と38.6点であるという。上のデータのうち誤っている点数を選び，正しい点数に訂正せよ。

3
Lv. ■■■□

以下のデータ①，②について，最大値，最小値，範囲，第1四分位数Q_1，第2四分位数Q_2，第3四分位数Q_3，四分位範囲，四分位偏差をそれぞれ求めよ。

データ①　2　3　5　7　11　13　17　19　23

データ②　2　3　5　7　11　13　17　19　23　29

4
Lv. ■■■■

次の(1)から(4)のヒストグラムに対応する箱ひげ図をそれぞれ1つずつ選べ。

(1)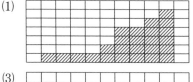

(2)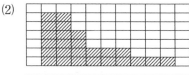

(3)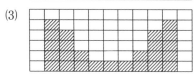

(4)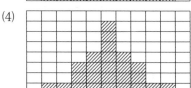

①

②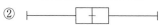

③

④

Theme分析

調査や実験などで得られた測定値の集まりをデータという。

このThemeでは，データの分布を調べるために，データ全体の特徴を適当な1つの数値で表すことを考える。その数値をデータの**代表値**という。代表値として，**平均値**，**中央値（メジアン）**，**最頻値（モード）**を覚えておきたい。

データには，他と比べて値が大きく異なる**「はずれ値」**というものが含まれる場合がある。

例えば，5人のテスト結果が82点，80点，78点，76点，4点のとき，平均値は64点，中央値は78点である。4点は他の点数より著しく低いため，「はずれ値」として除いて考えると，平均値は79点と大きく変化するが，中央値は79点とあまり変化しない。このことから，**平均値のほうが中央値よりも「はずれ値」の影響を受けやすい**といえる。同様に，後に学習する分散，相関係数なども「はずれ値」の影響を受けやすい。

データの散らばりを見るのに，**範囲**と呼ばれる最大値と最小値の差だけではよくわからない場合が多い。そこで，データを値の大きさの順に並べて4等分することで調べることがあり，これらを**四分位数**という。また，これらを図式化した**箱ひげ図**とよばれるものがある。

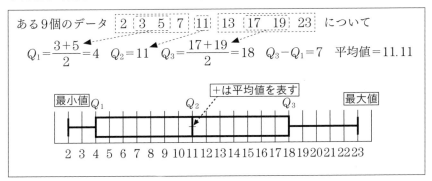

ある9個のデータ　2　3　5　7　11　13　17　19　23　について

$$Q_1 = \frac{3+5}{2} = 4 \quad Q_2 = 11 \quad Q_3 = \frac{17+19}{2} = 18 \quad Q_3 - Q_1 = 7 \quad 平均値 = 11.11$$

＋は平均値を表す

最小値　Q_1　　　　Q_2　　　Q_3　　最大値

2 3 4 5 6 7 8 9 10 11 12 13 14 15 16 17 18 19 20 21 22 23

1 は，中央値，最頻値，平均値を定義に従って計算する問題である。

2 は，データの中央値，平均値から決定する問題である。

3 は，最大値，最小値，四分位数などを定義に従って計算する問題である。

4 は，ヒストグラムと箱ひげ図の対応を考える問題である。

1

Lv. ▮▮▮▮

次のデータはあるクラスの数学の小テストの点数である。

28　30　31　33　37　40　41　43　50　50　（単位は点）

中央値，最頻値，平均値を求めよ。

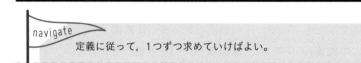

navigate

定義に従って，1つずつ求めていけばよい。

解

中央値　$\dfrac{37+40}{2} = \mathbf{38.5(点)}$ —(答)

28 30 31 33 37　40 41 43 50 50

37と40の平均値が中央値である。

最頻値　$\mathbf{50(点)}$ —(答)

平均値　$\dfrac{1}{10}(28+30+31+33+37+40+41+43+50+50) = \mathbf{38.3(点)}$ —(答)

参考　仮平均について

仮平均を設定して平均値を計算する方法もある。本問では，仮平均 $x_0 = 40$ として，

x	28	30	31	33	37	40	41	43	50	50
$x - x_0$	-12	-10	-9	-7	-3	0	1	3	10	10

$$\overline{x} = 40 + \frac{-12-10-9-7-3+0+1+3+10+10}{10} = 40 - \frac{17}{10}$$

$$= 40 - 1.7 = 38.3$$

$$(\text{平均値}\,\overline{x}) = (\text{仮平均}\,x_0) + \frac{(\text{仮平均との差の総和}(x_1-x_0)+(x_2-x_0)+\cdots+(x_n-x_0))}{(\text{データの個数}\,n)}$$

✓ SKILL UP

平均値　データの総和を n で割ったもの

$$\overline{x} = \frac{1}{n}(x_1 + x_2 + \cdots + x_n)$$

中央値(メジアン)　データを値の大きさの順に並べたとき，中央の位置にくる値。

データの個数が奇数のときは，真ん中の値が中央値。

↓

中央値

データの個数が偶数のときは，中央の2つの値の平均値。

この2数の平均値

最頻値(モード)　データにおいて，最も個数の多い値。

2 次のデータはあるクラスの数学の小テストの点数である。

Lv. ▂▃▄

28　30　31　33　37　40　41　43　50　50　（単位は点）

上のデータのうち1つだけ採点ミスをしていることがわかった。正しいデータにおける中央値と平均値は，それぞれ39点と38.6点であるという。上のデータのうち誤っている点数を選び，正しい点数に訂正せよ。

> navigate
>
> 前問の結果より，訂正前は，中央値38.5点，平均値38.3点であり，訂正後はともに数値が変化している。
>
> そこで，まず平均値の変化に着目するとよい。平均値からデータの総和がわかるので，それぞれの総和を求めると，
>
> （訂正前）＝38.3×10＝383（点）
>
> （訂正後）＝38.6×10＝386（点）
>
> であるから，386−383＝3より3点だけ誰かが増えたことがわかる。よって，誰か1人に3点追加して中央値が39点になればよい。

解

訂正前のデータの総和は　38.3×10＝383（点）　　前問より平均値は38.3点である。

訂正後のデータの総和は　38.6×10＝386（点）

よって，386−383＝3（点）増えたことがわかる。

1人ずつ3点加えて中央値を計算すると，40点の人に3点加えるときのみ題意に適する。

訂正前　28　30　31　33　37　40　41　43　50　50　：中央値 $\dfrac{37+40}{2}=38.5$（点）

+3点で順序が変わる

訂正後　28　30　31　33　37　41　43　43　50　50　：中央値 $\dfrac{37+41}{2}=39$（点）

よって，**誤っている点数は40点で，正しい点数は43点** ─答

✓ SKILL UP

平均値からデータの総和がわかる。

$$x_1+x_2+\cdots+x_n=n\bar{x}$$

3 以下のデータ①，②について，最大値，最小値，範囲，第1四分位数Q_1，第
Lv. ▪▪▫▫ 2四分位数Q_2，第3四分位数Q_3，四分位範囲，四分位偏差をそれぞれ求めよ。

データ① 2 3 5 7 11 13 17 19 23
データ② 2 3 5 7 11 13 17 19 23 29

> navigate
> 定義に従って，1つずつ求めていけばよい。

解

データ①で，最大値は23，最小値2から，範囲は 23−2=**21** ─答

$$（2 \ 3 \ 5 \ 7）\ 11 \ （13 \ 17 \ 19 \ 23）$$
下位データ 　　 上位データ

$Q_2=11$, $Q_1=\dfrac{3+5}{2}=4$, $Q_3=\dfrac{17+19}{2}=$**18** ─答

四分位範囲は $Q_3-Q_1=18-4=$**14** ─答

四分位偏差は $\dfrac{Q_3-Q_1}{2}=\dfrac{14}{2}=$**7** ─答

データ②で，最大値29，最小値は2から，範囲は 29−2=**27** ─答

$$（2 \ 3 \ 5 \ 7 \ 11）\ （13 \ 17 \ 19 \ 23 \ 29）$$
下位データ 　　 上位データ

$Q_2=\dfrac{11+13}{2}=12$, $Q_1=5$, $Q_3=$**19** ─答

四分位範囲は $Q_3-Q_1=19-5=$**14** ─答

四分位偏差は $\dfrac{Q_3-Q_1}{2}=\dfrac{14}{2}=$**7** ─答

✓ SKILL UP

範囲 データの最大値と最小値の差。

四分位数 四分位数は，小さい方から順に第1四分位数，第2四分位数，第3四分位数といい，Q_1，Q_2，Q_3で表す。第2四分位数は中央値である。

四分位範囲・四分位偏差 第3四分位数から第1四分位数を引いたものを四分位範囲といい，四分位範囲を2で割ったものを四分位偏差という。

4 次の(1)から(4)のヒストグラムに対応する箱ひげ図をそれぞれ1つずつ選べ。

Lv. ▂▃▄

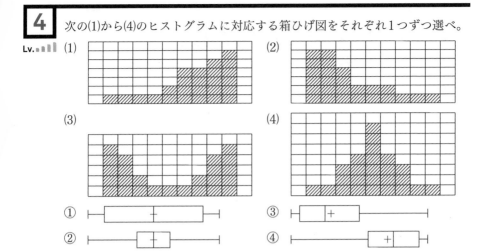

navigate

箱ひげ図によって，データを四分割したときの25％ずつのデータの密集度合いがわかる。

箱，ひげが長いのは，長い範囲にデータの25％が入っているので，データが散在していること，箱，ひげが短いのは，短い範囲にデータの25％が入っているので，データが密集していることを表す。

データの25％

解

(1) **④** （データが右寄り＝右の箱，ひげが短い）—答

(2) **③** （データが左寄り＝左の箱，ひげが短い）—答

(3) **①** （データが端寄り＝端のひげが短い）—答

(4) **②** （データが中寄り＝中の箱が短い）—答

☑ SKILL UP

箱ひげ図は，データの最小値，第1四分位数，中央値，第3四分位数，最大値を，箱と線（ひげ）で表現する図である。箱の長さは四分位範囲を表す。なお，箱ひげ図に平均値（＋）を記入することもある。

Theme 2 | 平均値と分散，標準偏差

5
Lv.∎∎∎∎
あるクラスで数学のテストを実施したところ，生徒の得点は

> 65　67　68　69　69　69　70　70　71　72

となった。このデータから，平均値，分散，標準偏差を求めよ。

6
Lv.∎∎∎∎
あるクラスで数学のテストを実施したところ，生徒の得点は

> 65　67　68　69　69　69　70　70　71　72

となった。数学の得点について，以下の変更1，2を行うと平均値，分散の数値はどう変化するか，次の⓪〜②から選べ。

> ⓪　変化しない　　①　大きくなる　　②　小さくなる

変更1：各生徒の得点を10点ずつ加える。

変更2：69点であった生徒を1人加える。

7
Lv.∎∎∎∎
10個の数がある。そのうちの6個の平均値は3，分散は9であり，残り4個の平均値は8，分散は14であるという。全体の平均値と分散を求めよ。

8
Lv.∎∎∎∎
次の度数分布表は，あるバレーボールチーム12人の身長である。階級値を用いてこのチームの身長の平均値と分散を求めよ。ただし，階級値とは各階級の中央の値のことをいう。また，階級値xに対して，$u=\dfrac{x-187.5}{5}$とするとき，$\bar{x}=187.5+5\bar{u}$，$s_x{}^2=25s_u{}^2$となることを利用してよい。

階級(cm)	度数
175 以上 180 未満	1
180 ～ 185	2
185 ～ 190	2
190 ～ 195	4
195 ～ 200	3
計	12

Theme分析

このThemeでは, データの平均値, 分散, 標準偏差について扱う。

$x_1, x_2, \cdots, x_n$ の平均値を $\overline{x}$ とするとき $x_1-\overline{x}, x_2-\overline{x}, \cdots, x_n-\overline{x}$ をそれぞれ $x_1, x_2, \cdots, x_n$ の平均値からの**偏差**という。偏差の平均値はつねに 0 になる。

$$\frac{1}{n}\{(x_1-\overline{x})+(x_2-\overline{x})+\cdots+(x_n-\overline{x})\}=\frac{1}{n}\{(x_1+x_2+\cdots+x_n)-n\overline{x}\}$$

$$=\frac{1}{n}(x_1+x_2+\cdots+x_n)-\overline{x}=\overline{x}-\overline{x}=0$$

よって, 偏差の平均値ではデータの散らばりの度合いを表すことはできない。

そこで, 偏差の 2 乗の平均値 $\frac{1}{n}\{(x_1-\overline{x})^2+(x_2-\overline{x})^2+\cdots+(x_n-\overline{x})^2\}$ を考える。

この値をデータの**分散**といい, s^2 で表す。分散は, データの散らばりの度合いを表す量であり, データの各値が平均値から離れるほど大きな値をとる。変量 x の測定単位が, 例えばcmであるとき, 分散 s^2 の単位は cm^2 となる。そこで, 変量 x の測定単位と同じ単位である $\sqrt{s^2}$ を散らばりの度合いを表す量として用いることも多い。$\sqrt{s^2}$ を s で表し, データの**標準偏差**という。一般に, 分散や標準偏差が大きいほどデータの各値が平均値から離れており, 散らばりが大きい。

また, 分散 s^2 の式は, 次のように変形される。

$$s^2=\frac{1}{n}\{(x_1-\overline{x})^2+(x_2-\overline{x})^2+\cdots+(x_n-\overline{x})^2\}$$

$$=\frac{1}{n}\{(x_1{}^2+x_2{}^2+\cdots+x_n{}^2)-2\overline{x}(x_1+x_2+\cdots+x_n)+n(\overline{x})^2\}$$

$$=\frac{1}{n}(x_1{}^2+x_2{}^2+\cdots+x_n{}^2)-2\overline{x}\cdot\frac{1}{n}(x_1+x_2+\cdots+x_n)+(\overline{x})^2$$

$$=\overline{x^2}-2\overline{x}\cdot\overline{x}+(\overline{x})^2=\overline{x^2}-(\overline{x})^2$$

分散＝変量を2乗した平均値－平均値の2乗

この計算式を用いて分散を求めた方が楽な場合もある。

5 は, 平均値, 分散, 標準偏差を定義に従って計算する問題である。

6 は, データを変化させたときの平均値, 分散の大小を考える問題である。

7 は, データを統合させたときの平均値, 分散を計算させる問題である。

8 は, 度数分布表から変数変換をして平均値と分散を計算する問題である。

5

Lv. ▫▪▪▪

あるクラスで数学のテストを実施したところ，生徒の得点は

$$65 \quad 67 \quad 68 \quad 69 \quad 69 \quad 69 \quad 70 \quad 70 \quad 71 \quad 72$$

となった。このデータから，平均値，分散，標準偏差を求めよ。

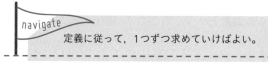

navigate

定義に従って，1つずつ求めていけばよい。

解

このデータの変量を x，平均値 $\overline{x}$，分散 $s_x{}^2$，標準偏差 s_x とする。

$$(\text{平均値}\,\overline{x}) = \frac{1}{10}(65+67+68+69+69+69+70+70+71+72) = \textbf{69 点} \,—\,\text{答}$$

x	65	67	68	69	69	69	70	70	71	72
$(x-\overline{x})^2$	16	4	1	0	0	0	1	1	4	9

$$(\text{分散}\,s_x{}^2) = \frac{1}{10}(16+4+1+0+0+0+1+1+4+9) = \frac{36}{10} = \textbf{3.6 点} \,—\,\text{答}$$

$$(\text{標準偏差}\,s_x) = \sqrt{3.6} = \frac{\boldsymbol{3\sqrt{10}}}{\boldsymbol{5}}(\fallingdotseq \textbf{1.897}) \textbf{点} \,—\,\text{答} \qquad \sqrt{10} \fallingdotseq 3.162\ \text{として計算した。}$$

参考 分散を求める計算が大変な場合は，$(x\text{の分散}) = (x^2\text{の平均値}) - (x\text{の平均値})^2$ を利

用してもよい。例えば，1, 3, 3, 5, 6の平均値 $\overline{x}$，分散 $s_x{}^2$ は，$\overline{x} = \dfrac{1+3+3+5+6}{5} = 3.6$

なので，表のようになり面倒である。こういったときは，

$$s_x{}^2 = \frac{1^2+3^2+3^2+5^2+6^2}{5} - (3.6)^2 = 3.04$$

x	1	3	3	5	6
$(x-\overline{x})^2$	6.76	0.36	0.36	1.96	5.76

と計算する方が楽である。

✓ SKILL UP

平均値 データの総和を n で割ったもの

$$\overline{x} = \frac{1}{n}(x_1 + x_2 + \cdots + x_n)$$

分散 データの散らばりを表す指標で，偏差の平方の平均値である

① $s_x{}^2 = \dfrac{1}{n}\{(x_1-\overline{x})^2 + (x_2-\overline{x})^2 + \cdots + (x_n-\overline{x})^2\}$　② $s_x{}^2 = \overline{x^2} - (\overline{x})^2$

標準偏差 分散に $\sqrt{}$ をつけて，単位をそろえた値

$$s_x = \sqrt{\frac{1}{n}\{(x_1-\overline{x})^2 + (x_2-\overline{x})^2 + \cdots + (x_n-\overline{x})^2\}}$$

6

Lv.

あるクラスで数学のテストを実施したところ, 生徒の得点は

65　67　68　69　69　69　70　70　71　72

となった。数学の得点について, 以下の変更1, 2を行うと平均値, 分散の数値はどう変化するか, 次の⓪～②から選べ。

　　⓪　変化しない　　①　大きくなる　　②　小さくなる

変更1：各生徒の得点を10点ずつ加える。

変更2：69点であった生徒を1人加える。

navigate

データを変化させたときにおける平均値, 分散の変化を見る問題である。
定義に従って, どこがどう変わるかを考えればよい。

解

変更1

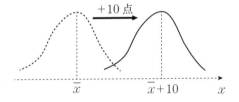

全員に10点ずつ加えると, 平均は＋10点となる。
また全員に10点ずつ加えても分散は変わらない。

全員一律に10点ずつ加えると, 図のように分布を平行移動するイメージとなる。

変更2

平均点の人を1人加えると, 平均は変わらないが, 分散は減る。

平均値が変わらないことは感覚的にわかると思うが, 分散はデータの散らばりがなくなるので減ることに注意する。

変更1：**平均①, 分散⓪**

変更2：**平均⓪, 分散②** ─答

☑ SKILL UP

分散はデータの散らばりを表す指標で, 偏差の平方の平均値である。データを構成する値が平均値から離れるほど分散は大きくなり, 近づくほど小さくなる。

7

Lv.▪▫▫▫

10個の数がある。そのうちの6個の平均値は3，分散は9であり，残り4個の平均値は8，分散は14であるという。全体の平均値と分散を求めよ。

navigate

2つのデータを統合したときの，平均値，分散を求める問題。平均値からデータの総和がわかる。分散からは偏差平方の総和がわかるが，偏差とは元のデータの平均値に対する差なので，もうひとつの計算方法の $s_x{}^2 = \overline{x^2} - (\overline{x})^2$ を利用すれば，簡単にデータの2乗の総和がわかる。

解

平均値が3である6個の数を $x_1, \cdots\cdots, x_6$ とし，平均値が8である4個の数を $x_7, \cdots\cdots, x_{10}$ とする。

$$\frac{1}{6}(x_1 + \cdots\cdots + x_6) = 3, \quad \frac{1}{4}(x_7 + \cdots\cdots + x_{10}) = 8$$

$$x_1 + \cdots\cdots + x_6 = 18, \quad x_7 + \cdots\cdots + x_{10} = 32$$

ゆえに，全体の平均値は

> 平均値からデータの総和がわかる。

$$\frac{1}{10}(x_1 + \cdots\cdots + x_6 + x_7 + \cdots\cdots + x_{10}) = \frac{1}{10}(18 + 32) = \mathbf{5} \text{ —答}$$

分散の条件から

$$\frac{1}{6}(x_1{}^2 + \cdots\cdots + x_6{}^2) - 3^2 = 9, \quad \frac{1}{4}(x_7{}^2 + \cdots\cdots + x_{10}{}^2) - 8^2 = 14$$

$$x_1{}^2 + \cdots\cdots + x_6{}^2 = 108, \quad x_7{}^2 + \cdots\cdots + x_{10}{}^2 = 312$$

ゆえに，全体の分散は

> 分散からデータの2乗の総和がわかる。

$$\frac{1}{10}(x_1{}^2 + \cdots\cdots + x_6{}^2 + x_7{}^2 + \cdots\cdots + x_{10}{}^2) - 5^2 = \frac{1}{10}(108 + 312) - 25$$

$$= \mathbf{17} \text{ —答}$$

✓ SKILL UP

平均値 $\overline{x} = \dfrac{1}{n}(x_1 + x_2 + \cdots + x_n)$ から

$$x_1 + x_2 + \cdots + x_n = n\overline{x}$$

分散 $s_x{}^2 = \dfrac{1}{n}(x_1{}^2 + x_2{}^2 + \cdots + x_n{}^2) - (\overline{x})^2$ から

$$x_1{}^2 + x_2{}^2 + \cdots + x_n{}^2 = ns_x{}^2 + n(\overline{x})^2$$

8 次の度数分布表は, あるバレーボールチーム 12 人の身長である。階級値を用いてこのチームの身長の平均値と分散を求めよ。ただし, 階級値とは各階級の中央の値のことをいう。また, 階級値 x に対して, $u = \dfrac{x - 187.5}{5}$ とするとき, $\overline{x} = 187.5 + 5\overline{u}$, $s_x^{\,2} = 25 s_u^{\,2}$ となることを利用してよい。

Lv. ▪▫▫▫

階級(cm)	度数
175 以上 180 未満	1
180 〜 185	2
185 〜 190	2
190 〜 195	4
195 〜 200	3
計	12

navigate

このままで平均値, 分散を求めると面倒である。そこで, $u = \dfrac{x - 187.5}{5}$ として, $\overline{x} = 187.5 + 5\overline{u}$, $s_x^{\,2} = 25 s_u^{\,2}$ となることを利用して求める。

解

変量 u に対して, 平均値を $\overline{u}$, 分散を $s_u^{\,2}$ とおく。右の表から

u	-2	-1	0	1	2
度数 f	1	2	2	4	3

$$\overline{u} = \frac{(-2) \cdot 1 + (-1) \cdot 2 + 0 \cdot 2 + 1 \cdot 4 + 2 \cdot 3}{12} = \frac{1}{2}$$

u^2	4	1	0	1	4
度数 f	1	2	2	4	3

←平均値がそんなにきれいな数値でないので, 分散は, $s_u^{\,2} = \overline{u^2} - (\overline{u})^2$ で求める

上の表から $\overline{u^2} = \dfrac{4 \cdot 1 + 1 \cdot 2 + 0 \cdot 2 + 1 \cdot 4 + 4 \cdot 3}{12} = \dfrac{22}{12} = \dfrac{11}{6}$

よって $s_u^{\,2} = \overline{u^2} - (\overline{u})^2 = \dfrac{11}{6} - \left(\dfrac{1}{2}\right)^2 = \dfrac{19}{12}$

ここで, 求める平均値を $\overline{x}$, 分散を $s_x^{\,2}$ とおくと

$$\overline{x} = 187.5 + 5\overline{u} = \mathbf{190} \ \text{—(答)}, \qquad s_x^{\,2} = 25 s_u^{\,2} = \mathbf{\dfrac{475}{12}} \ \text{—(答)}$$

✓ SKILL UP

仮平均を x_0, 階級の幅を c とする。変量 u を $u = \dfrac{x - x_0}{c}$ と定義すると, x の平均値は $\overline{x} = c\overline{u} + x_0$, x の分散は $s_x^{\,2} = c^2 s_u^{\,2}$

Theme 3 | データの相関，仮説検定

9

Lv.∎∎∎∎

ある変量(x, y)における散布図は右のようになった。変量から求めた相関係数として，最も近い数値を下の解答欄から選べ。

⓪ -0.84　　① -0.32

② 0.28　　③ 0.78

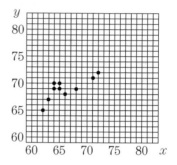

10

Lv.∎∎∎∎

下のデータの相関係数を求めよ。

x	1	2	3	4	5
y	3	3	3	5	6

11

Lv.∎∎∎∎

あるクラスの生徒に満点が100点の英語と数学のテストを実施して，共分散，相関係数を計算した。この100点満点のテストを10点満点に換算したとき，共分散，相関係数の値はどう変化するか下の⓪～②から選べ。

⓪ 変化しない　　① 大きくなる　　② 小さくなる

12

Lv.∎∎∎∎

Aさんが「いかさまコイン」を疑っているコインを12回投げたところ，表が10回，裏が2回出た。Aさんがもつコインが「いかさまコイン」であるという仮説を有意水準5%で検定せよ。

Theme分析

$\boxed{9}$～$\boxed{11}$は，相関係数の問題である。2つの変量のデータにおいて，一方が増えると他方も増える傾向が認められるとき，2つの変量の間に，**正の相関関係**があるという。逆に，一方が増えると他方が減る傾向が認められるとき，2つの変量の間に，**負の相関関係**があるという。どちらの傾向も認められないときは，**相関関係がない**という。これを数値化したものが**相関係数**である。xの偏差とyの偏差の積の平均値を**共分散**s_{xy}といい，これをxの**標準偏差**s_xとyの**標準偏差**s_yの積$s_x \cdot s_y$で割ったものが相関係数(r)であり，$r = \dfrac{s_{xy}}{s_x \cdot s_y}$である。

$\boxed{12}$は，仮説検定についての問題。検定の考え方について具体的例で考える。

ある製薬会社が旧薬Aを改良して新薬Bを開発した。旧薬Aを服用してる人10人に対して，A，Bどちらの効果が高いかどうかをアンケートしたところ9人が新薬Bの方が高まったと回答した。この結果から

　[1]　新薬Bの方が効果が高い。**（対立仮説と呼ぶ）**

と判断できるであろうか。これを検定するために，次のような仮説を立てる。

　[2]　A，Bどちらの効果が高いかの回答は偶然で起こる。**（帰無仮説と呼ぶ）**

すなわち，A，Bのどちらの回答が起こる確率も$\dfrac{1}{2}$という仮定のもとで，10人中9人以上が新薬Bと回答する確率がどのくらいであるかを考察する。

[2]の仮定は，コインを投げる試行にあてはめることができる。コインの表が出る場合をBと答える場合とする。

このとき，確率を計算すると約1%となる。

この約1%という確率がよく起こると考えるのか，めったに起こらないと考えるのかを判断しなければならない。そこで，5%以下であれば「めったに起こらない」と判断することにすると，仮説[2]はめったに起こらないことが起こったということで，仮説[2]は正しくない，すなわち仮説[1]が正しいと判断してもよさそうである。

この5%を**有意水準**といい，帰無仮説を棄却するのに足りる意味のあることが起きたと判断する水準である。ただし，帰無仮説が棄却されなかったとしても，仮説[2]が正しいとはいい切れないことには注意する。

9

Lv. ▮▮▯▯

ある変量(x, y)における散布図は右のようになった。変量から求めた相関係数として，最も近い数値を下の解答欄から選べ。

⓪ -0.84　　① -0.32

② 0.28　　③ 0.78

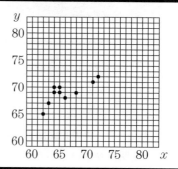

navigate

散布図から相関係数を読み取る問題である。この問題の散布図では，点が右上がりの直線に群がっているように見えるので，正の相関があると思われる。さらに，ほぼ直線と考えられるので，強い正の相関があると思われる。

解

散布図から2つの変量の間には強い正の相関があると考えられるので，最も近い相関係数は0.78である。

③ — 答

正の相関，負の相関だけでなく，相関の強弱も読み取る必要がある。

✓ SKILL UP

相関係数rの性質

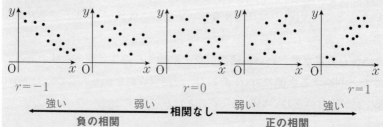

$r = -1$　　　　　　　　　　$r = 0$　　　　　　　　　　$r = 1$

← 強い　　　　　　弱い　**相関なし**　弱い　　　　　　強い →

負の相関　　　　　　　　　　　　　　　　正の相関

10

下のデータの相関係数を求めよ。

Lv.∎∎∎∎

x	1	2	3	4	5
y	3	3	3	5	6

navigate

相関係数 r は共分散を s_{xy}, x と y の標準偏差を s_x, s_y とすると,

$$r = \frac{s_{xy}}{s_x \cdot s_y}$$

$$= \frac{\dfrac{1}{n}\{(x_1-\overline{x})(y_1-\overline{y})+(x_2-\overline{x})(y_2-\overline{y})+\cdots+(x_n-\overline{x})(y_n-\overline{y})\}}{\sqrt{\dfrac{1}{n}\{(x_1-\overline{x})^2+(x_2-\overline{x})^2+\cdots+(x_n-\overline{x})^2\}} \cdot \sqrt{\dfrac{1}{n}\{(y_1-\overline{y})^2+(y_2-\overline{y})^2+\cdots+(y_n-\overline{y})^2\}}}$$

解

x, y のデータの平均値を次式で計算し, 下の表で求める。

$$\overline{x}=\frac{1+2+3+4+5}{5}=3, \qquad \overline{y}=\frac{3+3+3+5+6}{5}=4$$

x	1	2	3	4	5	
y	3	3	3	5	6	
$x-\overline{x}$	-2	-1	0	1	2	$\overline{x}=3$ より, (1段目)-3 をする。
$y-\overline{y}$	-1	-1	-1	1	2	$\overline{y}=4$ より, (2段目)-4 をする。
$(x-\overline{x})^2$	4	1	0	1	4	(3段目)^2 をする。
$(y-\overline{y})^2$	1	1	1	1	4	(4段目)^2 をする。
$(x-\overline{x})(y-\overline{y})$	2	1	0	1	4	(3段目)×(4段目)をする。

x, y の標準偏差 s_x, s_y は

$$s_x = \sqrt{\frac{4+1+0+1+4}{5}} = \sqrt{2}, \qquad s_y = \sqrt{\frac{1+1+1+1+4}{5}} = \sqrt{\frac{8}{5}}$$

共分散 s_{xy} は $\quad s_{xy} = \dfrac{1}{5}(2+1+0+1+4) = \dfrac{8}{5}$

よって, 相関係数 r は $\quad r = \dfrac{s_{xy}}{s_x \cdot s_y} = \dfrac{\dfrac{8}{5}}{\sqrt{2} \cdot \sqrt{\dfrac{8}{5}}} = \dfrac{2\sqrt{5}}{5}$ —答

✓ SKILL UP

相関係数の計算には, 表を活用する。

11

Lv. ∎∎∎∎

あるクラスの生徒に満点が100点の英語と数学のテストを実施して，共分散，相関係数を計算した。この100点満点のテストを10点満点に換算したとき，共分散，相関係数の値はどう変化するか下の⓪～②から選べ。

⓪ 変化しない　　① 大きくなる　　② 小さくなる

navigate

> データを変化させたときにおける共分散，相関係数の変化を見る問題である。定義に従って，どこがどう変わるかを考えればよい。

解

共分散

$$s_{xy}=\frac{1}{n}\{(x_1-\overline{x})(y_1-\overline{y})+(x_2-\overline{x})(y_2-\overline{y})+\cdots+(x_n-\overline{x})(y_n-\overline{y})\}$$

の値は$\frac{1}{100}$倍になるので小さくなる。

標準偏差s_x, s_yはそれぞれ$\frac{1}{10}$倍になる

ので，相関係数$r=\dfrac{s_{xy}}{s_x \cdot s_y}$は変化しない。

共分散②, 相関係数⓪ ―[答]

各データ, $x_1,\cdots, x_n, y_1,\cdots,$ y_nはそれぞれ$\frac{1}{10}$倍になり，

平均値$\overline{x}, \overline{y}$も$\frac{1}{10}$倍になる。

よって，掛けると$\frac{1}{100}$倍になる。

$$r=\frac{s_{xy}}{s_x \cdot s_y}\quad \begin{matrix}\leftarrow\frac{1}{100}倍になる\\ \leftarrow\frac{1}{10}\times\frac{1}{10}倍になる\end{matrix}$$

で結局変化しない。

✓ SKILL UP

変量xに対して，新たな変量Xを$X=ax+b$ $(a,b$は定数$,a\neq0)$とする。

平均値 $\overline{X}=a\overline{x}+b$

分散 $s_X{}^2=a^2s_x{}^2$　　**標準偏差** $s_X=|a|s_x$

さらに，変量yに対して，新たな変量Yを$Y=cy+d$ $(c,d$は定数$,c\neq0)$とする。

共分散 $s_{XY}=ac\,s_{xy}$

相関係数 $r_{XY}=\dfrac{s_{XY}}{s_X \cdot s_Y}=\dfrac{ac\,s_{xy}}{|ac|s_xs_y}=\begin{cases} r_{xy} & (ac>0のとき)\\ -r_{xy} & (ac<0のとき)\end{cases}$

12
Lv.∎∎∎∎

Aさんが「いかさまコイン」を疑っているコインを12回投げたところ, 表が10回, 裏が2回出た。Aさんがもつコインが「いかさまコイン」であるという仮説を有意水準5%で検定せよ。

navigate

結果を覚える問題でなく, この問題の解説を通して仮説検定の考え方を学んでほしい。本問では, 有意水準5%で検定するので, 表が10回以上出る確率が $\frac{5}{100}$ より大きいか小さいかで結果を判定する。

解

① 仮説を立てる

対立仮説:「Aさんがもつコインが「いかさまコイン」である」

帰無仮説:「Aさんがもつコインが「正常なコイン」である」

② 確率を計算する

表裏が出る確率が $\frac{1}{2}$ ずつであるコインを12回投げて, 表が10回以上出る確率を求める。反復試行の確率より　　　　　　数学Aの確率で学習する。

$$_{12}C_{10}\left(\frac{1}{2}\right)^{12} + {}_{12}C_{11}\left(\frac{1}{2}\right)^{12} + {}_{12}C_{12}\left(\frac{1}{2}\right)^{12} = \frac{79}{2^{12}}$$

③ 結果を判定する

$$\frac{79}{2^{12}} \fallingdotseq 0.01928\cdots < 0.05$$

有意水準5%より小さいので, めったに起こらないと判断。

であるから, 帰無仮説は棄却され, 対立仮説が正しいと判断される。

よって, Aさんがもつコインは「いかさまコイン」と思われる。—(答)

✓ **SKILL UP**

① 仮説を立てる　　:「正しいかどうか判断したい主張(対立仮説)」
　　　　　　　　　　　「上の主張に反する主張(帰無仮説)」

② 確率を計算する:実際に起こった出来事が起こる確率を調べる。

③ 結果を判定する:帰無仮説が棄却されたときに, 対立仮説が正しいと判断する。ただし, 帰無仮説が採択されても, 帰無仮説が正しいとは判断できない。

正弦定理・余弦定理

1
Lv. ∎∎❚❚

$\triangle$ABCにおいて，$a=2$，$A=30°$，$C=135°$のとき，cと外接円の半径Rを求めよ。

2
Lv. ∎∎❚❚

$\triangle$ABCにおいて，$\sin A : \sin B : \sin C = 3 : 5 : 7$のとき，$C$を求めよ。

3
Lv. ∎∎❚❚

$\triangle$ABCにおいて，$a=2$，$b=2\sqrt{3}$，$A=30°$のとき，c，B，Cを求めよ。

4
Lv. ∎∎❚❚

$\sin A + \sin B = (\cos A + \cos B)\sin(A+B)$のとき，$\triangle$ABCの形状を決定せよ。

Theme分析

■ 三角比の定義（直角三角形）

右図の直角三角形において

$$\sin\theta=\frac{y}{r},\ \cos\theta=\frac{x}{r},\ \tan\theta=\frac{y}{x}$$

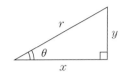

■ 三角比の定義（座標）

右図のようなとき，点Pの座標を

$$(x,\ y)=(\cos\theta,\ \sin\theta)$$

とするのが三角関数の定義である。また

$$\tan\theta=\frac{y}{x}\quad（OPの傾き）$$

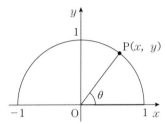

であり，$\theta=90°$（$0°\leqq\theta\leqq180°$）のときは，$\tan\theta$は定義されない。

■ 正弦定理

$$\frac{a}{\sin A}=\frac{b}{\sin B}=\frac{c}{\sin C}=2R\quad（Rは外接円の半径）$$

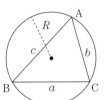

■ 「正弦定理」の有名な使い時

2辺1角→1角　　　　　　1辺2角→1辺　　　　　1辺1角→外接円の半径

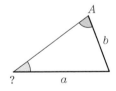
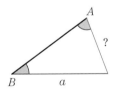
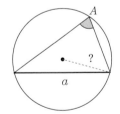

■ 余弦定理

$$a^2=b^2+c^2-2bc\cos A,\ b^2=c^2+a^2-2ca\cos B,\ c^2=a^2+b^2-2ab\cos C$$

■ 「余弦定理」の有名な使い時

2辺1角→1辺　　　　　　3辺→1角　　　　　　2辺1角→1辺

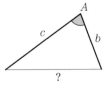
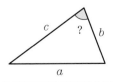

1

Lv.▫▪▪

△ABCにおいて，$a=2$，$A=30°$，$C=135°$のとき，cと外接円の半径Rを求めよ。

navigate

2角1辺から，もう1辺を求める問題なので，正弦定理を用いるとよい。また，外接円の半径Rを求めるときも正弦定理が有効である。

解

正弦定理より

$$\frac{a}{\sin A}=\frac{c}{\sin C}=2R$$

ここに値を代入して

$$c=\frac{2\sin 135°}{\sin 30°}$$

$$=2\sqrt{2} \ ー\text{(答)}$$

$$R=\frac{2}{2\sin 30°}$$

$$=2 \ ー\text{(答)}$$

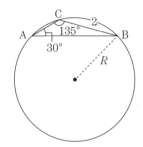

☑ SKILL UP

正弦定理

$$\frac{a}{\sin A}=\frac{b}{\sin B}=\frac{c}{\sin C}=2R$$

（Rは外接円の半径）

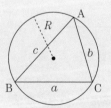

2辺1角→1角　　　　　1辺2角→1辺　　　　1辺1角→外接円の半径

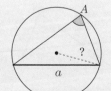

2

Lv. ▪▫▫

△ABCにおいて，$\sin A : \sin B : \sin C = 3 : 5 : 7$ のとき，C を求めよ。

navigate

$\sin A : \sin B : \sin C = 3 : 5 : 7$ といっても，$A : B : C = 3 : 5 : 7$ というわけではない。$\sin\theta$ の比がわかれば，正弦定理から辺の比がわかるので，辺の比を求めて余弦定理から C を求めればよい。

解

正弦定理より

$$\frac{a}{\sin A} = \frac{b}{\sin B} = \frac{c}{\sin C} = 2R$$

から

$$\sin A = \frac{a}{2R}, \ \sin B = \frac{b}{2R}, \ \sin C = \frac{c}{2R}$$

なので

$$\sin A : \sin B : \sin C = \frac{a}{2R} : \frac{b}{2R} : \frac{c}{2R} = a : b : c$$

$a = 3k, \ b = 5k, \ c = 7k$ とおいて，余弦定理をいると

$$\cos C = \frac{(3k)^2 + (5k)^2 - (7k)^2}{2 \cdot 3k \cdot 5k} = -\frac{1}{2}$$

より，$C = \mathbf{120°}$ —答

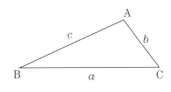

$a : b : c = 3 : 5 : 7$ より

$$\begin{cases} a = 3k \\ b = 5k \\ c = 7k \end{cases}$$

とおける。

参考 覚えておきたい，その他の性質

《三角比の相互関係》

① $\tan\theta = \dfrac{\sin\theta}{\cos\theta}$ 　　② $\sin^2\theta + \cos^2\theta = 1$

③ $1 + \tan^2\theta = \dfrac{1}{\cos^2\theta}$ 　　④ $1 + \dfrac{1}{\tan^2\theta} = \dfrac{1}{\sin^2\theta}$

《三角比の性質》

① $\sin(90°-\theta) = \cos\theta, \ \cos(90°-\theta) = \sin\theta, \ \tan(90°-\theta) = \dfrac{1}{\tan\theta}$

② $\sin(180°-\theta) = \sin\theta, \ \cos(180°-\theta) = -\cos\theta, \ \tan(180°-\theta) = -\tan\theta$

✓ SKILL UP

正弦定理を用いれば，$\sin\theta$ の比から辺の比がわかる。

3

△ABCにおいて，$a=2$，$b=2\sqrt{3}$，$A=30°$ のとき，c，B，Cを求めよ。

Lv. ▫▫▪▪

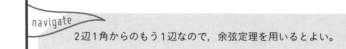

navigate
2辺1角からのもう1辺なので，余弦定理を用いるとよい。

解

余弦定理により

$$a^2=b^2+c^2-2bc\cos A$$

$$2^2=(2\sqrt{3})^2+c^2-2\cdot2\sqrt{3}\cdot c\cdot\cos30°$$

$$(c-2)(c-4)=0$$

よって $c=2,\ 4$

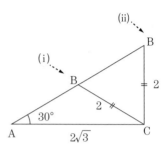

(i) $c=2$ のとき

$$\cos B=\frac{2^2+2^2-(2\sqrt{3})^2}{2\cdot2\cdot2}=-\frac{1}{2}から$$

$$B=120°,C=180°-30°-120°=30°$$

よって **$c=2$，$B=120°$，$C=30°$** —㈅

(ii) $c=4$ のとき

$$\cos B=\frac{4^2+2^2-(2\sqrt{3})^2}{2\cdot4\cdot2}=\frac{1}{2}から$$

$$B=60°,\ \ C=180°-30°-60°=90°$$

よって **$c=4$，$B=60°$，$C=90°$** —㈅

✓ SKILL UP

余弦定理

$$a^2=b^2+c^2-2bc\cos A$$

$$b^2=c^2+a^2-2ca\cos B$$

$$c^2=a^2+b^2-2ab\cos C$$

2辺1角→1辺　　　　3辺→1角　　　　2辺1角→1辺

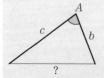

4

$\sin A + \sin B = (\cos A + \cos B)\sin(A+B)$ のとき，△ABCの形状を決定せよ。

Lv. ▪▫▫▫

navigate

三角形の形状決定の問題である。角度の条件 $\sin\theta$，$\cos\theta$ はすべて正弦定理，余弦定理から辺の式にするのが定石である。

解

$$\sin(A+B) = \sin(180° - C) = \sin C$$

であり，正弦定理，余弦定理から

$$\frac{a}{2R} + \frac{b}{2R} = \left(\frac{b^2+c^2-a^2}{2bc} + \frac{c^2+a^2-b^2}{2ca}\right)\frac{c}{2R}$$

$$a+b = \frac{b^2+c^2-a^2}{2b} + \frac{c^2+a^2-b^2}{2a}$$

$$2ab(a+b) = a(b^2+c^2-a^2) + b(c^2+a^2-b^2)$$

$$a^3 + a^2b + ab^2 + b^3 - ac^2 - bc^2 = 0$$

$$(a+b)(a^2+b^2) - (a+b)c^2 = 0$$

$$(a+b)(a^2+b^2-c^2) = 0$$

$a+b \ne 0$ より，$a^2+b^2-c^2 = 0$ から $a^2+b^2 = c^2$

よって **∠C＝90°の直角三角形** ―(答)

補角（$180°-\theta$）の公式であるが，覚えていなければ，数学IIの加法定理から，

$$\sin(180° - \theta)$$
$$= \sin 180° \cos\theta - \cos 180° \sin\theta$$
$$= \sin\theta$$

✓ **SKILL UP**

正弦 $\dfrac{a}{\sin A} = 2R$ から $\sin A = \dfrac{a}{2R}$

$\dfrac{b}{\sin B} = 2R$ から $\sin B = \dfrac{b}{2R}$

$\dfrac{c}{\sin C} = 2R$ から $\sin C = \dfrac{c}{2R}$

余弦 $a^2 = b^2 + c^2 - 2bc\cos A$ から $\cos A = \dfrac{b^2+c^2-a^2}{2bc}$

$b^2 = c^2 + a^2 - 2ca\cos B$ から $\cos B = \dfrac{c^2+a^2-b^2}{2ca}$

$c^2 = a^2 + b^2 - 2ab\cos C$ から $\cos C = \dfrac{a^2+b^2-c^2}{2ab}$

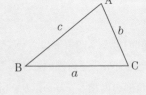

Theme 2 | 面積公式

5 Lv.∎∎∎

$A=120°$, $b=3$, $c=5$のとき, △ABCの面積S, 内接円の半径rを求めよ。

6 Lv.∎∎∎

$b=4$, $c=6$, $A=60°$とする。

(1) ∠Aの二等分線と辺BCの交点をDとするとき, ADの長さを求めよ。

(2) Aから辺BCに下ろした垂線をAEとするとき, AEの長さを求めよ。

7 Lv.∎∎∎

$a=7$, $b=8$, $c=9$のとき, △ABCの面積Sを求めよ。

8 Lv.∎∎∎

右図のような四角形において, 対角線の長さをl, m, 対角線のなす角をθとする。四角形の面積Sをl, m, θを用いて表せ。

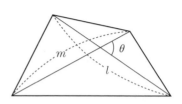

Theme分析

このThemeでは，面積公式について扱う。小学校で学んだ三角形の面積の公式「(底辺)×(高さ)÷2」を利用すれば，下の面積公式が証明できる。

■ 三角形の面積

△ABCの面積Sは

$$S = \frac{1}{2}bc\sin A$$
$$= \frac{1}{2}ca\sin B$$
$$= \frac{1}{2}ab\sin C$$

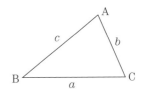

つまり，2辺とそのはさむ角がわかれば面積がわかる。

■ 内接円の半径

面積に着目して立式すると

$$\triangle ABC = \triangle IAB + \triangle IBC + \triangle ICA$$
$$\triangle ABC = \frac{1}{2}(a+b+c)\cdot r$$

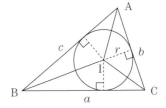

一般的な四角形の面積も三角形に分割するのが基本である。

例えば，右図の場合，四角形ABCDの面積Sは

$$S = \triangle ABD + \triangle BCD$$
$$= \frac{1}{2}\cdot 5\cdot 8\sin 60° + \frac{1}{2}\cdot 2\sqrt{6}\cdot 7\sin 45°$$
$$= \frac{1}{2}\cdot 5\cdot 8\cdot \frac{\sqrt{3}}{2} + \frac{1}{2}\cdot 2\sqrt{6}\cdot 7\cdot \frac{\sqrt{2}}{2}$$
$$= 17\sqrt{3}$$

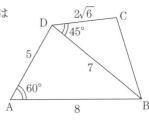

5

$A=120°$，$b=3$，$c=5$のとき，△ABCの面積S，内接円の半径rを求めよ。

Lv.￭￭￮￮

navigate

面積Sは公式通りである。内接円の半径は面積に着目して立式すると，うまくいく。

解

面積公式より

$$S=\frac{1}{2}bc\sin A$$

$$=\frac{1}{2}\cdot3\cdot5\cdot\sin 120°=\frac{15\sqrt{3}}{4}$$ —答

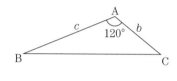

また，余弦定理より

$$a^2=b^2+c^2-2bc\cos A=3^2+5^2-2\cdot3\cdot5\cdot\cos 120°$$

$$=49$$

$a=7$だから，右図から

$$S=\frac{1}{2}(a+b+c)\cdot r$$

$$\frac{15\sqrt{3}}{4}=\frac{1}{2}\cdot(7+3+5)\cdot r$$

$$r=\frac{\sqrt{3}}{2}$$ —答

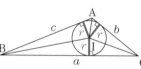

内接円の半径rを求めるには，3辺の長さが必要になるので，aをまず求めておく。

Iを中心として，3つの三角形に分割すると，rがそれぞれの三角形の高さとして現れる。

✓ SKILL UP

三角形の面積

△ABCの面積Sは2辺とそのはさむ角がわかれば面積がわかる。

$$S=\frac{1}{2}bc\sin A=\frac{1}{2}ca\sin B=\frac{1}{2}ab\sin C$$

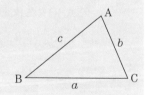

内接円の半径

面積に着目して立式すると

$$△ABC=△IAB+△IBC+△ICA$$

$$△ABC=\frac{1}{2}(a+b+c)\cdot r$$

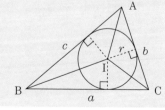

6

$b=4$, $c=6$, $A=60°$ とする。

Lv.∎∎▮▮

(1) $\angle$Aの二等分線と辺BCの交点をDとするとき，ADの長さを求めよ。

(2) Aから辺BCに下ろした垂線をAEとするとき，AEの長さを求めよ。

navigate
  角の二等分線の長さ，垂線の長さは面積に着目して立式すると早い。

解

$\triangle ABC = \triangle ABD + \triangle ADC$ より

$$\frac{1}{2}\cdot 6\cdot 4\cdot\sin 60° = \frac{1}{2}\cdot 6\cdot AD\cdot\sin 30° + \frac{1}{2}\cdot AD\cdot 4\cdot\sin 30°$$

$$6\sqrt{3} = \frac{5}{2}AD \quad \text{より} \quad AD = \frac{12\sqrt{3}}{5} \text{—答}$$

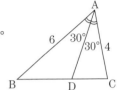

また，余弦定理から

$$a^2 = b^2 + c^2 - 2bc\cos A$$
$$= 4^2 + 6^2 - 2\cdot 4\cdot 6\cdot\cos 60° = 28$$

よって $a = 2\sqrt{7}$

ここで，$\triangle ABC$ について面積公式から

$$\frac{1}{2}\cdot 2\sqrt{7}\cdot AE = 6\sqrt{3}$$

$$AE = \frac{6\sqrt{21}}{7} \text{—答}$$

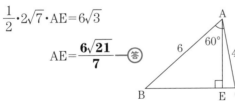

余弦定理でBC$=2\sqrt{7}$になり，
内角の二等分線の性質から，
　BD：DC＝AB：AC＝6：4
で，BDが求まるので，$\triangle ABD$
に余弦定理を用いるとADは
わかるが，左の解答の方が明
快である。

✓ SKILL UP

角の二等分線の長さ

$\triangle ABC = \triangle ABD + \triangle ADC$ より

$$\frac{1}{2}bc\sin 2\theta = \frac{1}{2}c\cdot AD\sin\theta + \frac{1}{2}b\cdot AD\sin\theta$$

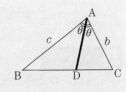

垂線の長さ

$\triangle ABC$ の面積に着目して

$$\frac{1}{2}\cdot a\cdot AE = \frac{1}{2}bc\sin A$$

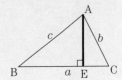

7

$a=7$, $b=8$, $c=9$ のとき, $\triangle$ABCの面積Sを求めよ。

Lv. ∎∎∎∎

navigate

余弦定理から1つの角を求めて$S=\dfrac{1}{2}bc\sin A$の公式で面積を求めることができる。3辺から面積を求めるときはヘロンの公式を用いてもよい。

解

$s=\dfrac{7+8+9}{2}=12$ より

$S=\sqrt{12(12-7)(12-8)(12-9)}$

$=\mathbf{12\sqrt{5}}$ ─答

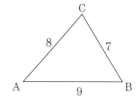

参考 ヘロンの公式の証明

$S=\dfrac{1}{2}bc\sin A$

$=\dfrac{1}{2}bc\sqrt{1-\cos^2 A}=\dfrac{1}{2}bc\sqrt{(1+\cos A)(1-\cos A)}$

$=\dfrac{1}{2}bc\sqrt{\left(1+\dfrac{b^2+c^2-a^2}{2bc}\right)\left(1-\dfrac{b^2+c^2-a^2}{2bc}\right)}$

$=\dfrac{1}{2}bc\sqrt{\dfrac{(b+c)^2-a^2}{2bc}\times\dfrac{a^2-(b-c)^2}{2bc}}$

$=\dfrac{1}{2}bc\sqrt{\dfrac{(b+c+a)(b+c-a)}{2bc}\times\dfrac{(a-b+c)(a+b-c)}{2bc}}$

$=\dfrac{1}{4}\sqrt{(a+b+c)(b+c-a)(a-b+c)(a+b-c)}$

ここで, $s=\dfrac{a+b+c}{2}$とすると

$S=\dfrac{1}{4}\sqrt{2s(2s-2a)(2s-2b)(2s-2c)}=\sqrt{s(s-a)(s-b)(s-c)}$

✓ SKILL UP

ヘロンの公式 $\triangle$ABCの面積Sは

$S=\sqrt{s(s-a)(s-b)(s-c)}$

ただし, $s=\dfrac{a+b+c}{2}$

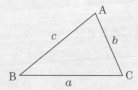

8 右図のような四角形において，対角線の長さをl，
Lv. m，対角線のなす角をθとする。四角形の面積S
をl，m，θを用いて表せ。

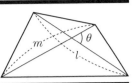

> navigate
>
> 対角線の交点を中心に4つの三角形に分割して，それぞれの三角形の面積を公式で求めると考えればよい。そしてこの結果も公式として覚えておきたい。

解

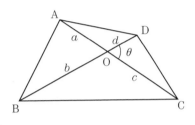

四角形の4頂点をA，B，C，Dとし，対角線AC，BDの交点をOとする。

$$OA=a, \quad OB=b, \quad OC=c, \quad OD=d$$

とおくと

$$S=\triangle OAB+\triangle OBC+\triangle OCD+\triangle ODA$$

$$=\frac{1}{2}ab\sin\theta+\frac{1}{2}bc\sin(180°-\theta)+\frac{1}{2}cd\sin\theta+\frac{1}{2}da\sin(180°-\theta)$$

$$=\frac{1}{2}(ab+bc+cd+da)\sin\theta$$

$$=\frac{1}{2}(a+c)(b+d)\sin\theta$$

$a+c=l$，$b+d=m$であるから

$$S=\frac{1}{2}lm\sin\theta \quad \text{（答）}$$

補角（$180°-\theta$）の公式であるが，覚えていなければ，数学Ⅱの加法定理から

$$\sin(180°-\theta)$$
$$=\sin 180°\cos\theta-\cos 180°\sin\theta$$
$$=\sin\theta$$

✓ **SKILL UP**

四角形の面積Sは

$$S=\frac{1}{2}lm\sin\theta$$

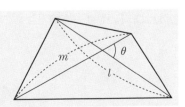

Theme 3 | 三角形の辺と角

9
Lv. ∎∎∎∎

右図の三角形ABCで，∠Aの二等分線と辺BCの交点をD，∠Bの二等分線と辺ADの交点をEとするとき，AE：EDを3辺の長さa, b, cを用いて答えよ。

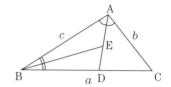

10
Lv. ∎∎∎∎

a, $a+1$, $a+2$を三角形の3辺とする鈍角三角形が存在するaの値の範囲を求めよ。

11
Lv. ∎∎∎∎

右図において，AD：DB＝3：2，CF：FA＝1：1のとき，DP：PC，BE：ECを求めよ。

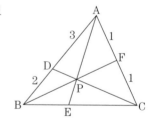

12
Lv. ∎∎∎∎

△ABCにおいて，∠Aの外角の二等分線と辺BCの延長との交点をD，∠Bの二等分線と辺ACの交点をE，∠Cの二等分線と辺ABの交点をFとするとき，3点D，E，Fは一直線上にあることを示せ。

Theme分析

このThemeでは，三角形の辺の比と角に関するさまざまな公式について扱う。
まずは，角の二等分線の公式を覚えておきたい。どちらの図でも
$\mathrm{BP:PC=AB:AC}$ が成り立つ。

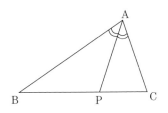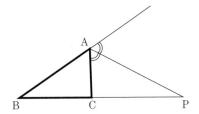

■ 三角形の成立条件

$$\begin{cases} a<b+c \\ b<c+a \\ c<a+b \end{cases}$$

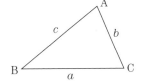

以上を1つにまとめて　$|b-c|<a<b+c$

■ 鋭角・鈍角の判別

余弦定理で調べるとよい。

$$A\text{が鋭角} \iff \cos A>0 \iff \frac{b^2+c^2-a^2}{2bc}>0 \iff b^2+c^2>a^2$$

$$A\text{が鈍角} \iff \cos A<0 \iff \frac{b^2+c^2-a^2}{2bc}<0 \iff b^2+c^2<a^2$$

次に，チェバ・メネラウスの定理も覚えておきたい。どちらの図でも，

$\dfrac{\mathrm{BP}}{\mathrm{PC}}\cdot\dfrac{\mathrm{CQ}}{\mathrm{QA}}\cdot\dfrac{\mathrm{AR}}{\mathrm{RB}}=1$ が成り立つ。

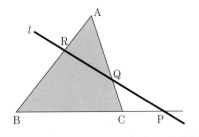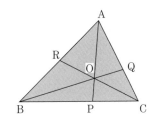

9 右図の三角形ABCで，∠Aの二等分線と辺
Lv. ∎∎∎ BCの交点をD，∠Bの二等分線と辺ADの交
点をEとするとき，AE：EDを3辺の長さa，
b，cを用いて答えよ。

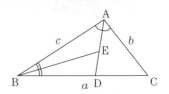

navigate
内角の二等分線の公式を2回使えば求められる。

解

内角の二等分線の公式より

$$BD：DC=c：b$$

であり

$$BD=\frac{c}{b+c}BC$$

$$=\frac{c}{b+c}\times a=\frac{ac}{b+c}$$

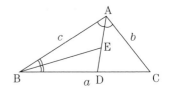

また，△ABDについて，線分BEが△ABDにおける∠Bの二等分線であることから

$$AE：ED=BA：BD$$

$$=c：\frac{ac}{b+c}$$

$$=(\boldsymbol{b}+\boldsymbol{c})：\boldsymbol{a} \text{—\textcircled{答}}$$

✓ SKILL UP

角の二等分線

内角の二等分線

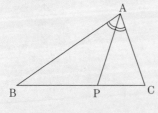

BP：PC＝AB：AC

外角の二等分線

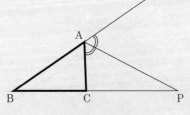

BP：PC＝AB：AC

10
Lv.∎∎∥∥

a, $a+1$, $a+2$ を三角形の3辺とする鈍角三角形が存在する a の値の範囲を求めよ。

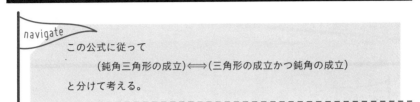

navigate

この公式に従って

(鈍角三角形の成立)⟺(三角形の成立かつ鈍角の成立)

と分けて考える。

解

$a<a+1<a+2$ より，三角形の成立条件は

$$a+2<a+(a+1)$$

$$1<a \quad \cdots ①$$

最大辺の対角が最大角なので，その最大角が鈍角になることから鈍角三角形となるための条件は，余弦定理から，最大角を θ とおくと

$$\cos\theta=\frac{a^2+(a+1)^2-(a+1)^2}{2a(a+1)}<0$$

$a>0$ より，$2a(a+1)>0$ だから

$$a^2+(a+1)^2<(a+2)^2$$

を解いて $-1<a<3 \quad \cdots ②$

①，②から $\boldsymbol{1<a<3}$ —答

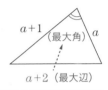

最大辺がわかっているときの三角形の成立条件は

(最大辺)<(他の2辺の和)

だけでよい。

✓ **SKILL UP**

三角形の成立条件は

$$\begin{cases} a<b+c \\ b<c+a \\ c<a+b \end{cases}$$

を1つにまとめて $|b-c|<a<b+c$

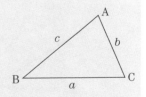

鋭角・鈍角の判別は，余弦定理で調べる。

A が鋭角 $\iff \cos A>0 \iff \dfrac{b^2+c^2-a^2}{2bc}>0 \iff b^2+c^2>a^2$

A が鈍角 $\iff \cos A<0 \iff \dfrac{b^2+c^2-a^2}{2bc}<0 \iff b^2+c^2<a^2$

11

Lv. 右図において，AD：DB＝3：2，CF：FA＝1：1の
とき，DP：PC，BE：ECを求めよ。

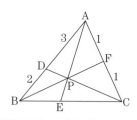

navigate

三角形の辺の比の性質として有名なメネラウスの定理，チェバの定理を
用いる問題である。

解

△ADCと交わる直線BFについて，メネラウスの定理を用いて

$$\frac{AB}{BD}\cdot\frac{DP}{PC}\cdot\frac{CF}{FA}=1 \iff \frac{5}{2}\cdot\frac{DP}{PC}\cdot\frac{1}{1}=1$$

から **DP：PC＝2：5** —答

△ABCについて，チェバの定理を用いて

$$\frac{AD}{DB}\cdot\frac{BE}{EC}\cdot\frac{CF}{FA}=1 \iff \frac{3}{2}\cdot\frac{BE}{EC}\cdot\frac{1}{1}=1$$

から **BE：EC＝2：3** —答

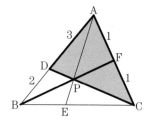

✓ SKILL UP

メネラウスの定理	チェバの定理
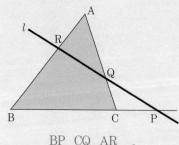	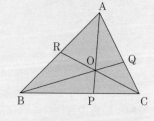
$$\frac{BP}{PC}\cdot\frac{CQ}{QA}\cdot\frac{AR}{RB}=1$$	$$\frac{BP}{PC}\cdot\frac{CQ}{QA}\cdot\frac{AR}{RB}=1$$

B(頂点)→P(交点)→C(頂点)→Q(交点)→A(頂点)→R(交点)→B(頂点)
と直線との交点を経由しながら頂点を1周すると覚えればよい。

12

Lv. ▪▪▫▫

△ABCにおいて，∠Aの外角の二等分線と辺BCの延長との交点をD，∠Bの二等分線と辺ACの交点をE，∠Cの二等分線と辺ABの交点をFとするとき，3点D, E, Fは一直線上にあることを示せ。

navigate

角の二等分線の定理とメネラウスの定理の逆を利用すれば示せる。

解

BE, CFはそれぞれ∠B，∠Cの内角の二等分線より

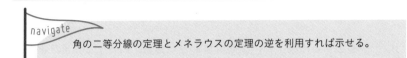

$$\frac{CE}{EA}=\frac{BC}{AB} \quad \cdots ①$$

$$\frac{AF}{FB}=\frac{CA}{BC} \quad \cdots ②$$

ADは∠Aの外角の二等分線だから

$$\frac{BD}{DC}=\frac{AB}{CA} \quad \cdots ③$$

①，②，③より

$$\frac{BD}{DC}\cdot\frac{CE}{EA}\cdot\frac{AF}{FB}=\frac{AB}{CA}\cdot\frac{BC}{AB}\cdot\frac{CA}{BC}$$

$$=1$$

となり，メネラウスの定理の逆より，3点D, E, Fは一直線上にある。

✓ SKILL UP

メネラウスの定理の逆

下の図で，$\frac{BP}{PC}\cdot\frac{CQ}{QA}\cdot\frac{AR}{RB}=1$ ならば，P, Q, Rは1つの直線上にある。

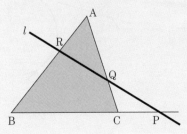

チェバの定理の逆

下の図で，$\frac{BP}{PC}\cdot\frac{CQ}{QA}\cdot\frac{AR}{RB}=1$ ならば，3直線AP, BQ, CRは1点で交わる。

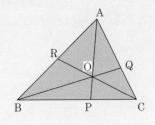

Theme 4 | 円の性質

13 円Oを中心とする円周上に，反時計まわりに点A，B，C，D，Eが並んでいて，$\overset{\frown}{BC}$，$\overset{\frown}{CD}$，$\overset{\frown}{DE}$，$\overset{\frown}{EA}$の長さは$\overset{\frown}{AB}$の長さの2倍，3倍，4倍，5倍となっている。このとき，∠AOBと∠AEDの大きさを求めよ。

Lv. ▮▮▯▯

14 右図のような2つの円O，O′の交点をP，Qとする。また，円と線分PQの双方に交わる直線を図のように引き，交点をA，B，C，D，Eとする。AB＝6，BC＝4，CD＝3であるとき，DEを求めよ。

Lv. ▮▮▯▯

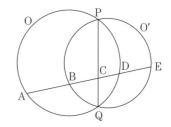

15 線分ABを直径とする半径1の円Oがあり，線分ABの延長上の点Pからこの円に接線PTを引く。
∠BTP＝30°のとき，∠BPTとPB，PTの長さを求めよ。

Lv. ▮▮▮▯

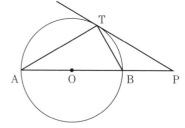

16 半径5の円Oと半径12の円O′があり，OO′＝25である。このとき，共通外接線ABと共通内接線CDの長さを求めよ。

Lv. ▮▮▮▮

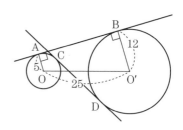

Theme分析

このThemeでは，円に関するさまざまな性質や定理，公式について扱う。方べきの定理として，次の3つは確認しておきたい。

■ 方べきの定理

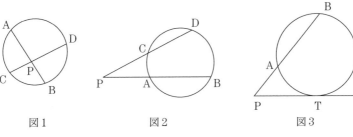

図1　　　　　図2　　　　　図3

$$PA \cdot PB = PC \cdot PD$$

$$PA \cdot PB = PT^2$$

15 は，円と接線に関する問題で，角度については接弦定理，長さについては方べきの定理を用いる。

■ 円と接線に関する角と辺の定理

PTは接点をTとする円の接線のとき。

■ 接弦定理

円Oの弦ATと，その端点Tにおける接線PTが作る角∠ATPは，その角の内部に含まれる弧ATに対する円周角∠ABTに等しい。

$$\angle ABT = \angle ATP$$

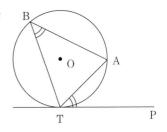

参考　接弦定理の証明（鋭角のとき）

∠ABTが鋭角のときを考える。

∠ABT$=\alpha$とおく。直角△ACTにおいて

∠ATC$=90°-\alpha$ より

∠ATP$=90°-$∠ATC

$=90°-(90°-\alpha)=\alpha$

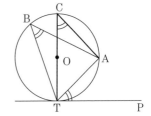

13

Lv. ▮▯▯▯

円Oを中心とする円周上に，反時計まわりに点A，B，C，D，Eが並んでいて，$\overset{\frown}{BC}$，$\overset{\frown}{CD}$，$\overset{\frown}{DE}$，$\overset{\frown}{EA}$の長さは$\overset{\frown}{AB}$の長さの2倍，3倍，4倍，5倍となっている。このとき，$\angle AOB$と$\angle AED$の大きさを求めよ。

navigate

弧の長さの比から中心角の比がわかる。そして，1周360°であるからそれぞれの中心角がわかる。さらに円周角は中心角の半分である。

解

$\angle AOB = \theta$とすると

$\qquad \angle BOC = 2\theta, \quad \angle COD = 3\theta,$

$\qquad \angle DOE = 4\theta, \quad \angle EOA = 5\theta$

ここで周が360°であることから

$\qquad \theta + 2\theta + 3\theta + 4\theta + 5\theta = 360°$

$\qquad \theta = \angle AOB = \mathbf{24°}$ —(答)

また $\angle AED = \dfrac{1}{2}\angle AOD$

$\qquad\qquad = \dfrac{1}{2}(\theta + 2\theta + 3\theta)$

$\qquad\qquad = \mathbf{72°}$ —(答)

弧の比から中心角の比がわかる。

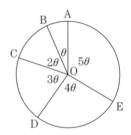

参考 円の内部や外部における角度の関係

同じ弧に対する円周角は等しい。円の内部や外部にあるときは角度の大小関係はわかる。

$\qquad$ Pが円の周上(P_1) $\implies$ $\angle AP_1B = \angle AQB$

$\qquad$ Pが円の内部(P_2) $\implies$ $\angle AP_2B > \angle AQB$

$\qquad$ Pが円の外部(P_3) $\implies$ $\angle AP_3B < \angle AQB$

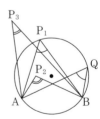

✓ SKILL UP

円周角の定理 1つの弧に対する円周角の大きさは一定であり，その弧に対する中心角の大きさの半分である。

$\qquad \angle APB = \angle AQB = \dfrac{1}{2}\angle AOB$

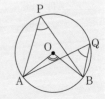

14

Lv.▮▮▯

右図のような2つの円O, O′の交点をP, Q
とする。また，円と線分PQの双方に交わ
る直線を図のように引き，交点をA, B, C,
D, Eとする。AB＝6，BC＝4，CD＝3で
あるとき，DEを求めよ。

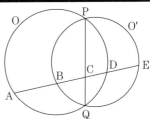

navigate

方べきの定理を2回利用する。

解

Oについての方べきの定理から

$$CP \cdot CQ = CA \cdot CD$$
$$= (6+4) \cdot 3$$
$$= 30$$

O′についての方べきの定理から

$$CP \cdot CQ = CB \cdot CE$$
$$= 4(3+DE)$$

よって

$$4(3+DE) = 30$$

$$DE = \frac{9}{2} \; —\text{答}$$

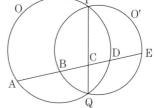

参考 方べきあるところに，相似あり

　結局，方べきの定理とは「三角形の相似」であって，下記のどちらの図においても，
PA：PC＝PD：PBが導かれる。他にも，PA：AC＝PD：DBなども成り立つことも含
め，方べきの定理とは三角形の相似の1つの比に過ぎない。したがって，方べきの定
理を覚えるよりも，相似と覚えておいた方が使える範囲は広い。

✓ SKILL UP

方べきの定理

右図において，ともに

$$PA \cdot PB = PC \cdot PD$$

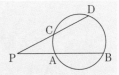

15

Lv. ∎∎∎

線分ABを直径とする半径1の円Oがあり，線分ABの延長上の点Pからこの円に接線PTを引く。

∠BTP＝30°のとき，∠BPTとPB，PTの長さを求めよ。

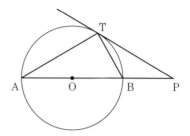

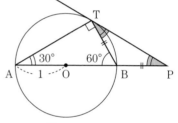

navigate

接弦定理と方べきの定理から求められる。

解

接弦定理より　∠BTP＝∠BAT＝30°

また，ABは円の直径から

　　　∠ATB＝90°

　　　∠ABT＝180°－∠BAT－∠ATB

　　　　　　＝60°

∠ABTは△BPTの∠Bの外角より

　　　∠BPT＝∠ABT－∠BTP＝60°－30°＝**30°** ─㊜

よって，△BPTは二等辺三角形より

　　　BT＝BP＝**1** ─㊜

また，方べきの定理より　PA・PB＝PT²

　　　　　　　　　　　PT＝**√3** ─㊜

直角三角形ABTの辺は，1, 2, √3である。

☑ SKILL UP

PTは接点をTとする円の接線

接弦定理

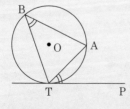

∠ABT＝∠ATP

方べきの定理

PA・PB＝PT²

16
Lv.∎∎∎∎

半径5の円Oと半径12の円O′があり，
OO′＝25である。このとき，共通外接線
ABと共通内接線CDの長さを求めよ。

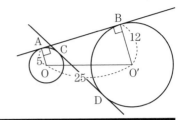

---

navigate

2つの円の中心を結ぶ線分と共通接線を含む直角三角形を作る。

解

長方形BAOHからAB＝OHであり，
△OO′Hで三平方の定理を用いて

$$OH=\sqrt{OO'^2-O'H^2}=\sqrt{25^2-7^2}=24$$

したがって　AB＝OH＝**24**─㊜

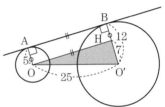

長方形DCOH′からCD＝OH′であり，
△O′OH′で三平方の定理を用いて

$$OH'=\sqrt{OO'^2-O'H'^2}$$
$$=\sqrt{25^2-17^2}=4\sqrt{21}$$

したがって　CD＝**$4\sqrt{21}$**─㊜

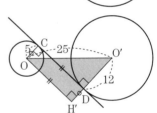

✓ SKILL UP

2円の共通接線の長さを求めるには補助線の入れ方がポイント。

共通外接線

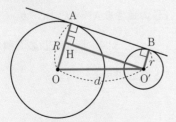

O′BAHが長方形より，△OO′Hに
三平方の定理を用いて，

$$AB=\sqrt{d^2-(R-r)^2}$$

共通内接線

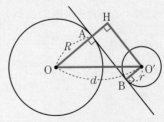

ABO′Hが長方形より△OO′Hに，
三平方の定理を用いて，

$$AB=\sqrt{d^2-(R+r)^2}$$

Theme 5 | 円に内接する四角形

17
Lv. ▪▪▫▫

△ABCの外接円において，点Cを含まない弧AB上に $\overset{\frown}{\text{AM}} : \overset{\frown}{\text{BM}} = 3:2$ となる点Mをとり，点Bを含まない弧AC上に $\overset{\frown}{\text{AN}} : \overset{\frown}{\text{CN}} = 3:2$ となる点Nをとる。∠BAC＝40°とするとき，∠MANを求めよ。

18
Lv. ▪▪▪▫

四角形ABCDが円に内接しており，AB＝3，BC＝7，CD＝7，DA＝5であるとき，対角線BD，ACの長さを求めよ。

19
Lv. ▪▪▪▫

円に内接する四角形ABCDについて
$$AB \cdot CD + BC \cdot AD = AC \cdot BD$$
が成り立つことを証明せよ。

20
Lv. ▪▪▪▫

円に内接する四角形ABCDについて，4辺の長さをAB＝a，BC＝b，CD＝c，DA＝dとおき，$s = \dfrac{a+b+c+d}{2}$ とおく。このとき四角形ABCDの面積Sは，$S = \sqrt{(s-a)(s-b)(s-c)(s-d)}$ となることを証明せよ。

■ 円に内接する四角形の基礎知識

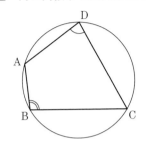

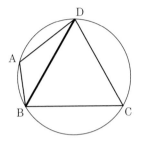

円に内接する四角形の対角の
和は180°

$\angle ABC + \angle ADC = 180°$

内接四角形の性質より

$C = 180° - A$

余弦定理より

$BD^2 = AB^2 + AD^2 - 2AB \cdot AD \cos A$

$BD^2 = BC^2 + CD^2 - 2BC \cdot CD \cos(180° - A)$

と，2つの三角形で余弦定理を連立する。

まず，内接四角形で最も重要な定理が上の角度についての定理である。この定理により，内接四角形の対角どうしは1文字で表すことができるので，2つの三角形で余弦定理を連立すれば，四角形の対角線の長さを求めることができる。このことは入試で頻出なので，覚えておきたい。

次に，内接四角形の応用知識について扱う。余力があれば覚えておきたい。

■ トレミーの定理

円に内接する四角形の辺と対角線の間には以下の関係式が成り立つ。

$AB \cdot CD + BC \cdot DA = AC \cdot BD$

■ ブラーマグプタの公式

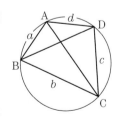

右図において $s = \dfrac{a+b+c+d}{2}$ とすると，四角形の面積 S は

$$S = \sqrt{(s-a)(s-b)(s-c)(s-d)}$$

17

Lv.▪▪▫▫

△ABCの外接円において，点Cを含まない弧AB上に $\widehat{AM}:\widehat{BM}=3:2$ となる
点Mをとり，点Bを含まない弧AC上に $\widehat{AN}:\widehat{CN}=3:2$ となる点Nをとる。
∠BAC=40°とするとき，∠MANを求めよ。

> navigate
>
> 弧の長さの比から中心角の比がわかる。さらに内接四角形の対角の和が
> 180°であることを利用し，三角形の内角の和が180°であることを利用
> すれば，$\alpha+\beta$ の値がわかるので答えは求められる。

解

∠MAB=2α，∠CAN=2βとおくと，弧の比
から中心角の比がわかるので，
$\widehat{AM}:\widehat{BM}=3:2$ から
$$\angle ABM=3\alpha, \quad \angle BAM=2\alpha$$
同様に，$\widehat{AN}:\widehat{CN}=3:2$ から
$$\angle ACN=3\beta, \quad \angle CAN=2\beta$$
四角形AMBCは円に内接しているから
$$(\angle ABC+3\alpha)+(2\alpha+40°)=180°$$
四角形ABCNは円に内接しているから
$$(\angle ACB+3\beta)+(2\beta+40°)=180°$$
△ABCの内角の和は180°より
$$40°+(140°-5\alpha)+(140°-5\beta)=180°$$
$$\alpha+\beta=28°$$
以上より
$$\angle MAN=2(\alpha+\beta)+40°=2\times28°+40°=\textbf{96°} \text{ー(答)}$$

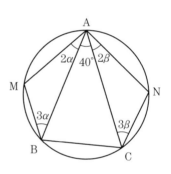

✓ SKILL UP

円に内接する四角形の対角の和は180°
$$\angle ABC+\angle ADC=180°$$
四角形の内角は対角の外角に等しい。
$$\angle ABC=\angle ADE$$

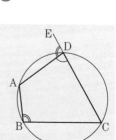

18

Lv.▮▮▮▮

四角形ABCDが円に内接しており，AB＝3，BC＝7，CD＝7，DA＝5である
とき，対角線BD，ACの長さを求めよ。

navigate

円に内接する四角形で辺の長さがすべてわかっているときの面積は，求
めたい対角線を含む2つの三角形で余弦定理を連立すればよい。また，も
う1本の対角線を求めるのに便利なトレミーの定理もある。

解

∠A＝αとおくと内接四角形の性質より

$\quad \angle C = 180° - \alpha$

△ABDと△BCDに余弦定理を用いて

$\quad BD^2 = 3^2 + 5^2 - 2 \cdot 3 \cdot 5 \cos\alpha$

$\quad\quad\quad = 7^2 + 7^2 - 2 \cdot 7 \cdot 7 \cos(180° - \alpha)$

これらを用いて

$\quad \cos\alpha = -\dfrac{1}{2}, \ BD = \boldsymbol{7}$ ─⒜

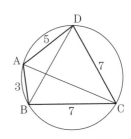

BDを含む△ABD，△BCDで
余弦定理を連立する。

同様に，∠B＝βとおくと∠D＝$180° - \beta$であり，

△ABCと△ACDに余弦定理を用いて

$\quad AC^2 = 3^2 + 7^2 - 2 \cdot 3 \cdot 7 \cos\beta$

$\quad AC^2 = 5^2 + 7^2 - 2 \cdot 5 \cdot 7 \cos(180° - \beta)$

$\cos(180° - \beta) = -\cos\beta$より，これらを解いて

$\quad AC = \boldsymbol{8}$ ─⒜

✓ SKILL UP

円に内接する四角形の対角線の長さ

内接四角形の性質より

$\quad C = 180° - A$

余弦定理より

$\quad BD^2 = AB^2 + AD^2 - 2AB \cdot AD \cos A$

$\quad BD^2 = BC^2 + CD^2 - 2BC \cdot CD \cos(180° - A)$

$\cos A$の値を求めて，BDを求める。

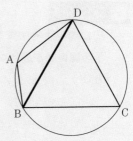

19

Lv. ∎∎∎

円に内接する四角形ABCDについて

$$AB \cdot CD + BC \cdot AD = AC \cdot BD$$

が成り立つことを証明せよ。

navigate

前問のように2つの三角形で余弦定理を連立すればよい。

AB＝a, BC＝b, CD＝c, DA＝dとおく。

内接四角形の性質から, $D = 180° - B$なので

$$\cos D = -\cos B$$

である。△ABCと△ACDで余弦定理を連立して

$$AC^2 = a^2 + b^2 - 2ab\cos B \quad \cdots ①$$

$$AC^2 = c^2 + d^2 + 2cd\cos B \quad \cdots ②$$

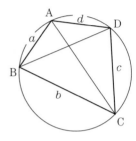

①×cd＋②×abを計算して

$$(ab+cd)AC^2 = ac(ad+bc) + bd(bc+ad)$$
$$= (ac+bd)(ad+bc) \quad \cdots ③$$

同様に

$$(ad+bc)BD^2$$
$$= (ac+bd)(ab+cd) \quad \cdots ④$$

③, ④から

$$(ab+cd)(ad+bc)AC^2 \cdot BD^2$$
$$= (ac+bd)^2(ad+bc)(ab+cd)$$

よって $AC \cdot BD = ac + bd$ —（証明終）

$$(ab+cd)AC^2 = (ac+bd)(ad+bc)$$

同側辺の積の和	×AC²＝	反対側辺の積の和
		2通りの積

となっているので, BD²の方も同様に

$$(ad+bc)BD^2 = (ac+bd)(ab+cd)$$

✓ SKILL UP

円に内接する四角形の辺と対角線の間には以下の関係式が成り立つ。これをトレミーの定理という。

$$AB \cdot CD + BC \cdot DA = AC \cdot BD$$

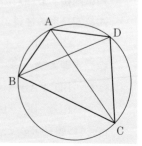

20

Lv. 円に内接する四角形ABCDについて，4辺の長さをAB=a，BC=b，CD=c，DA=dとおき，$s=\dfrac{a+b+c+d}{2}$とおく。このとき四角形ABCDの面積Sは，$S=\sqrt{(s-a)(s-b)(s-c)(s-d)}$となることを証明せよ。

navigate

ヘロンの公式の拡張内接四角形バージョン。余弦定理を連立する。

解

内接四角形の性質から，$D=180°-B$なので $\cos D=-\cos B$

△ABCと△ACDで余弦定理を連立して

$$AC^2=a^2+b^2-2ab\cos B,\quad AC^2=c^2+d^2+2cd\cos B$$

2式からAC²を消去して $\cos B=\dfrac{a^2+b^2-c^2-d^2}{2(ab+cd)}$

よって

$$S=\frac{1}{2}ab\sin B+\frac{1}{2}cd\sin(180°-B)=\frac{1}{2}(ab+cd)\sin B$$

$$=\frac{1}{2}(ab+cd)\sqrt{1-\cos^2 B}=\frac{1}{2}(ab+cd)\sqrt{(1+\cos B)(1-\cos B)}$$

$$=\frac{1}{2}(ab+cd)\sqrt{\left(1+\frac{a^2+b^2-c^2-d^2}{2(ab+cd)}\right)\left(1-\frac{a^2+b^2-c^2-d^2}{2(ab+cd)}\right)}$$

$$=\frac{1}{2}\sqrt{\frac{(a^2+2ab+b^2)-(c^2-2cd+d^2)}{2}\cdot\frac{(c^2+2cd+d^2)-(a^2-2ab+b^2)}{2}}$$

$$=\frac{1}{2}\sqrt{\frac{(a+b+c-d)(a+b-c+d)}{2}\cdot\frac{(c+d+a-b)(c+d-a+b)}{2}}$$

$$=\sqrt{\frac{-a+b+c+d}{2}\cdot\frac{a-b+c+d}{2}\cdot\frac{a+b-c+d}{2}\cdot\frac{a+b+c-d}{2}}$$

$$=\sqrt{(s-a)(s-b)(s-c)(s-d)} \quad \text{証明終}$$

✓ SKILL UP

円に内接する四角形の面積公式

右図で，$s=\dfrac{a+b+c+d}{2}$とおくと，四角形の面積Sは

$$S=\sqrt{(s-a)(s-b)(s-c)(s-d)}$$

Theme 6 | 三角形の五心

21
Lv. ▪▮▮▮

右図の△ABCにおいて，∠B=60°，AB=3，BC=6とする。△ABCの重心をGとして，AGとBCの交点をM，CGとABの交点をNとするとき，△BMN，△GNMの面積を求めよ。

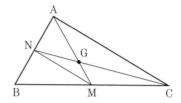

22
Lv. ▪▮▮▮

△ABCにおいて，外心Oと内心Iが一致するならば，△ABCは正三角形であることを証明せよ。

23
Lv. ▪▮▮▮

△ABCにおいて，各頂点から対辺に下ろした垂線は1点で交わることを証明せよ。

24
Lv. ▪▮▮▮

鋭角三角形ABCの重心をG，外心をO，垂心をHとし，Oから辺BCに下ろした垂線をOMとすると，AH=2OMであり，OG：GH=1：2であることを証明せよ。

Theme分析

このThemeでは，三角形の五心（重心，外心，内心，垂心，傍心）を扱う。

■ 三角形の重心

各辺の中点を通る直線（中線）は1点で交わり，そ
れを**重心**とよぶ。

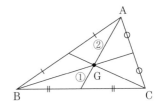

■ 三角形の外心・内心

各辺の垂直二等分線は1点で交わり，
それを**外心**とよぶ。

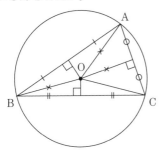

各頂点の内角の二等分線は
1点で交わり，それを**内心**とよぶ。

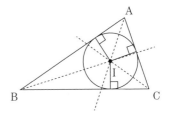

■ 三角形の垂心・傍心

各頂点から対辺に下ろした垂線は1
点で交わり，それを**垂心**とよぶ。

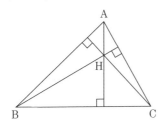

1つの内角の二等分線と他の2つの
外角の二等分線は1点で交わり，それ
を**傍心**とよぶ。1つの三角形につき傍
心は3つある。

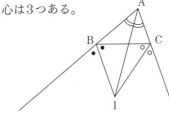

21

Lv. ▮▮▮▮

右図の△ABCにおいて，∠B=60°，AB=3，BC=6とする。△ABCの重心をGとして，AGとBCの交点をM，CGとABの交点をNとするとき，△BMN，△GNMの面積を求めよ。

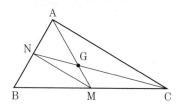

🚩 navigate

重心は各中線を2:1に内分する。この重心の性質を利用すればそれぞれの面積は求められる。

解

Gは重心であるから重心の性質よりM，NはそれぞれBC，ABの中点であり

$$BM=3, \quad BN=\frac{3}{2}$$

三角形の面積公式より

$$\triangle BMN=\frac{1}{2}\cdot 3\cdot\frac{3}{2}\sin 60°=\boldsymbol{\frac{9\sqrt{3}}{8}} \ \text{答}$$

また，Gは重心であるから

$$AG:GM=2:1$$

よって $\triangle GNM=\dfrac{1}{3}\triangle ANM$

ここで，Nは中点であるから，△ANM=△BMNであり

$$\triangle GNM=\frac{1}{3}\triangle ANM=\frac{1}{3}\triangle BMN$$

$$=\frac{1}{3}\cdot\frac{9\sqrt{3}}{8}=\boldsymbol{\frac{3\sqrt{3}}{8}} \ \text{答}$$

✅ SKILL UP

各辺の中点を通る直線（中線）は1点で交わり，それを重心という。

重心は，中線を2:1に内分する。

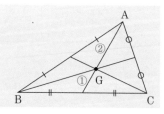

22 △ABCにおいて，外心Oと内心Iが一致するならば，△ABCは正三角形であ

Lv.∎∎∎∎ ることを証明せよ。

navigate

> 正三角形であれば，重心G，外心O，内心Iは一致する。本問はその逆を
> 証明する問題である。

解

Oは外心であるから，その性質より

$$OA = OB$$

よって

$$\angle OAB = \angle OBA \quad \cdots ①$$

また，Oは内心でもあるから，その性質より

$$\angle OAB = \frac{1}{2}\angle A$$

$$\angle OBA = \frac{1}{2}\angle B$$

これと①から $\angle A = \angle B$

同様にして $\angle C = \angle A$

よって，$\angle A = \angle B = \angle C$から，△ABCは正三角形である。——証明終

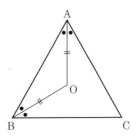

✓ SKILL UP

三角形の外心・内心

各辺の垂直二等分線は1点で交わ
り，それを外心という。

各頂点の内角の二等分線は1点で
交わり，それを内心という。

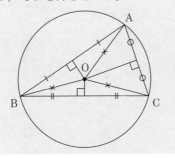

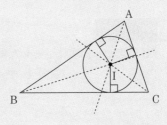

23

Lv. ▪▪▮▮

△ABCにおいて，各頂点から対辺に下ろした垂線は1点で交わることを証明
せよ。

navigate

垂心の証明である。3辺に平行な辺からなる△PQRを作れば△PQRの外
心の定義により示すことができる。

解

A，B，Cを通りBC，CA，AB
に平行な直線を引き，それら
の交点をP，Q，Rとする。
BC∥AQかつAB∥QCであるから，
四角形ABCQは平行四辺形である。
BC∥RAかつAC∥RBであるから，
四角形ARBCは平行四辺形である。

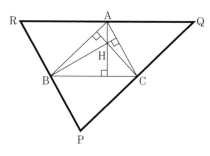

よって，AQ＝BCかつAR＝BCであり，AQ＝AR
同様に，BR＝BP，CP＝CQがいえる。
以上から，A，B，Cは，辺QR，RP，PQの中点である。
このとき，△ABCの各頂点から対辺に下ろした垂線と△PQRの各辺の垂直
二等分線は一致するので，△PQRの外心Hに対して

  $AH⊥QR$，$BH⊥RP$，$CH⊥PQ$

すなわち $AH⊥BC$，$BH⊥AC$，$CH⊥AB$
よって，各頂点から対辺に下ろした垂線は1点Hで交わる。——証明終

✓ SKILL UP

各頂点から対辺に下ろした垂線は1点で
交わり，それを垂心という。

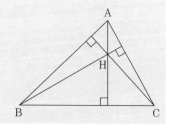

24
Lv.∎∎▫▫

鋭角三角形ABCの重心をG，外心をO，垂心をHとし，Oから辺BCに下ろした垂線をOMとすると，AH＝2OMであり，OG：GH＝1：2であることを証明せよ。

navigate
有名定理であり，知識として証明の流れを頭に入れておきたい。

解

△ABCの外接円と直線BOとの交点をDとする。Mは辺BCの中点，Oは線分BDの中点であるから，中点連結定理より

DC＝2OM　…①

線分BDは外接円の直径であるから

AD⊥AB，HC⊥AB　から　AD∥HC

DC⊥BC，AH⊥BC　から　DC∥AH

よって，四角形AHCDは平行四辺形なので

AH＝DC　…②

①，②から　AH＝2OM ─〈証明終〉

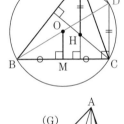

直線OHと△ABCの中線AMとの交点をG′
とする。

AH⊥BC，OM⊥BCより，AH∥OMであるから，△OMG′∽△HAG′である。よって

AG′：G′M＝AH：OM＝2：1

AMは中線であるから，G′は△ABCの重心G
と一致する。

よって，外心O，垂心H，重心Gは一直線上にあり

OG：GH＝1：2 ─〈証明終〉

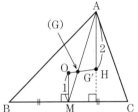

✓ **SKILL UP**

三角形の外心，重心，垂心は一直線上に並び，

OG：GH＝1：2に内分する。

これをオイラー線という。

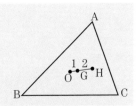

Theme 7 | 空間図形の計量

25
Lv. ∎∎∎∎

底面の半径2，母線の長さ6の円錐が，球Oと側面で接し，底面の中心でも接している。この球の体積，表面積をそれぞれ求めよ。

26
Lv. ∎∎∎∎

1辺の長さ a の正四面体の体積とこの四面体に内接する球の半径 r を求めよ。

27
Lv. ∎∎∎∎

1辺の長さ a の正四面体に外接する球の半径 R を求めよ。

28
Lv. ∎∎∎∎

四面体 ABCD が AB＝CD＝$\sqrt{2}$，AC＝AD＝BC＝BD＝$\sqrt{5}$ をみたすとき，この四面体に外接する球の半径 R を求めよ。

Theme分析

このThemeでは，空間図形について扱う。空間図形の計量では，適切な断面で切って，平面図形で考えることが重要である。例題の後，各問題のポイントについてみてみる。

$\boxed{25}$～$\boxed{28}$は空間図形の計量であり，最も重要な考え方は次の通りである。

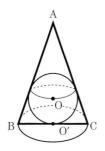
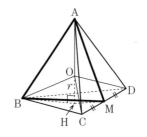

$\boxed{25}$は上の太線部である平面ABCで切った断面を考える。

$\boxed{26}$，$\boxed{27}$は上の太線部である平面ABMで切った断面を考える。

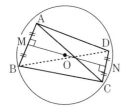

←△ABN≡△CDMであるから，2つの三角形を重ねた状態から，CDを固定して，AとBを離していくイメージでこの立体を見ると，2つの対称面ABNとCDMは気づきやすい

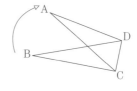

$\boxed{28}$は上図における平面ABN，平面CDMで切った2つの断面を考えるとよい。このとき，球の中心Oは，図形の対称性から，2つの対称面上にある。すなわち，その2つの対称面ABN，CDMの交線上であるMN上にあることがわかり，2つの平面を取り出して考えれば，その球の半径も求められる。

■ 空間図形の計量

適切な断面で切って平面で考えるのが基本的な発想。特に，対称面があれば，対称面で切って考えるのが定石。

25
Lv. ▐▐▐

底面の半径2，母線の長さ6の円錐が，球Oと側面で接し，底面の中心でも接している。この球の体積，表面積をそれぞれ求めよ。

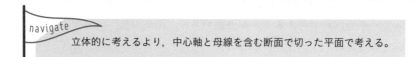

navigate

立体的に考えるより，中心軸と母線を含む断面で切った平面で考える。

解

円錐の頂点をA，底面の円の中心をO′としたとき，右下図のようにO，O′を含む平面ABCで考える。ここで，円錐の高さは三平方の定理より

$$AO' = \sqrt{AB^2 - BO'^2} = \sqrt{6^2 - 2^2} = 4\sqrt{2}$$

△ABCの面積は

$$\triangle ABC = \frac{1}{2}BC \cdot AO'$$
$$= \frac{1}{2} \cdot 4 \cdot 4\sqrt{2} = 8\sqrt{2}$$

求める球の半径をrとおくと，rは△ABCの内接円の半径より

$$\triangle ABC = \frac{1}{2}(AB + BC + CA) \cdot r$$
$$8\sqrt{2} = \frac{1}{2}(6 + 4 + 6) \cdot r$$
$$r = \sqrt{2}$$

よって，球Oの体積は

$$\frac{4}{3}\pi r^3 = \frac{4}{3}\pi \cdot (\sqrt{2})^3 = \boxed{\frac{8\sqrt{2}}{3}\pi} \text{—(答)}$$

表面積は $4\pi r^2 = 4\pi \cdot (\sqrt{2})^2 = \boxed{8\pi}$ —(答)

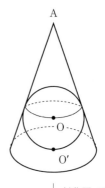

対称面で切って
平面で考える

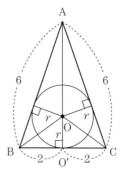

✓ SKILL UP

半径rの球について

$$体積 = \frac{4}{3}\pi r^3 \quad , \quad 表面積 = 4\pi r^2$$

26

1辺の長さaの正四面体の体積とこの四面体に内接する球の半径rを求めよ。

Lv. ▪▫▫

navigate

立体的に考えるより，CDの中点をMとし，平面ABMを含む断面で切って平面で考える。

解

正四面体を右の図のようにABCDとし，Aから平面BCDに下ろした垂線をAHとすると，Hは△BCDの重心である。

したがって

$$BH = \frac{2}{3} \cdot \frac{\sqrt{3}}{2}a = \frac{\sqrt{3}}{3}a$$

よって　$AH = \sqrt{AB^2 - BH^2} = \frac{\sqrt{6}}{3}a$

であるから，正四面体ABCDの体積は

$$\frac{1}{3} \triangle BCD \cdot AH = \frac{1}{3} \cdot \frac{\sqrt{3}}{4}a^2 \cdot \frac{\sqrt{6}}{3}a$$

$$= \frac{\sqrt{2}}{12}a^3 \text{(答)}$$

4個の四面体OBCD，OCDA，ODAB，OABCの体積はすべて等しく

$$\frac{1}{3} \cdot \triangle BCD \cdot r = \frac{\sqrt{3}}{12}a^2 r$$

これら4個の四面体の体積の和がVだから

$$\frac{\sqrt{2}}{12}a^3 = \frac{\sqrt{3}}{12}a^2 r \cdot 4$$

よって　$r = \frac{\sqrt{2}}{4\sqrt{3}}a = \frac{\sqrt{6}}{12}a$ (答)

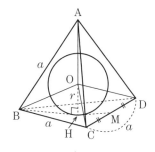

対称面で切って
平面で考える

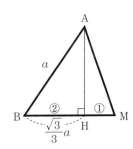

内接円の半径を面積で立式したように，内接球の半径も体積で立式する。

☑ SKILL UP

正四面体の内部球の半径は体積で立式する。

27

1辺の長さaの正四面体に外接する球の半径Rを求めよ。

navigate

> 立体的に考えるより，CDの中点をMとし，平面ABMを含む断面で切って平面で考える。

解

正四面体を右の図のようにABCDとし，Aから平面BCDに下ろした垂線をAHとすると，Hは△BCDの重心である。

したがって

$$BH = \frac{2}{3} \cdot \frac{\sqrt{3}}{2}a = \frac{\sqrt{3}}{3}a$$

よって

$$AH = \sqrt{AB^2 - BH^2}$$

$$= \sqrt{a^2 - \frac{1}{3}a^2} = \frac{\sqrt{6}}{3}a$$

$$OH = AH - R = \frac{\sqrt{6}}{3}a - R$$

ここで，△OBHに三平方の定理を用いて

$$BH^2 + OH^2 = OB^2$$

$$\left(\frac{\sqrt{3}}{3}a\right)^2 + \left(\frac{\sqrt{6}}{3}a - R\right)^2 = R^2$$

$$a^2 - \frac{2\sqrt{6}}{3}aR = 0$$

$$a\left(a - \frac{2\sqrt{6}}{3}R\right) = 0$$

$a \neq 0$ より

$$R = \frac{3}{2\sqrt{6}}a = \frac{\sqrt{6}}{4}\boldsymbol{a} \,\text{—(答)}$$

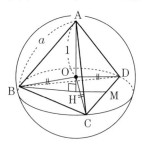

対称面で切って
平面で考える

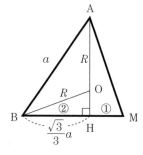

✓ SKILL UP

正四面体の外接球の半径は対称面で切って考える。

28

Lv.∎∎∎∎ 四面体ABCDがAB＝CD＝$\sqrt{2}$，AC＝AD＝BC＝BD＝$\sqrt{5}$をみたすとき，この四面体に外接する球の半径Rを求めよ。

navigate

立体的に考えるより，AB，CDの中点をM，Nとし，平面ABN，CDMを含む断面で切って平面で考える。

解

AB，CDの中点をM，Nとし，
球の中心をOとする。
△ABCにおいて

$$CM＝\sqrt{AC^2－AM^2}$$
$$＝\frac{3\sqrt{2}}{2}$$

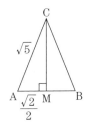

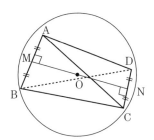

対称面で切って
平面で考える

四面体の各面は合同な二等辺三角形だから

$$CM＝DM＝BN＝AN＝\frac{3\sqrt{2}}{2}$$

ここで，△ABN，△CDMについて

$$MN＝\sqrt{AN^2－AM^2}$$
$$＝\sqrt{\left(\frac{3\sqrt{2}}{2}\right)^2－\left(\frac{\sqrt{2}}{2}\right)^2}＝2$$

また，△AOM≡△CONから，OM＝ON
であり

$$OM＝\frac{1}{2}MN＝1$$

よって $R＝OA＝\sqrt{AM^2＋OM^2}$
$$＝\frac{\sqrt{6}}{2}$$ —答

✓ **SKILL UP**

空間図形の計量の問題について，適切な断面で切って平面で考えるのが基本的な発想。特に，対称面があれば，対称面で切って考えるのが定石。

Theme 8 | 空間図形の性質

29
Lv. ∎∎▮▮

四面体OABCがあり，OA＝OB＝OCが成り立っている。Oから直線ABに下ろした垂線をOD，Oから平面ABCに下ろした垂線をOHとする。このとき，DH⊥ABであることを利用して，Hが△ABCの外心であることを証明せよ。

30
Lv. ∎∎▮▮

正多面体について，次の表を完成させよ。

正多面体	面の数	面の形	1頂点に集まる面の数	頂点の数	辺の数
正四面体					
正六面体					
正八面体					
正十二面体					
正二十面体					

31
Lv. ∎∎∎▮

サッカーボールはx個の正五角形の面とy個の正六角形の面からなる凸多面体であり，どの頂点にも1個の正五角形と2個の正六角形の面が集まっている。このとき，オイラーの多面体定理を用いてx, yを求めよ。

32
Lv. ∎∎∎▮

正多面体の5種類をオイラーの多面体定理を用いて求めよ。

Theme分析

四面体，三角柱，直方体など，平面で囲まれた立体を多面体といい，凹みのない多面体を凸多面体という。

ここで，正多面体とは次の2つの条件をみたす凸多面体である。

■ **正多面体の定義**

① **各面はすべて合同な正多角形である。**

② **各頂点に集まる面の数はすべて等しい。**

正多面体は次の5種類しかないことが知られている。

| 正四面体 | 正六面体 | 正八面体 | 正十二面体 | 正二十面体 |

ここで，多面体について，次のことがいえる。

■ **多面体の性質**

① **多面体の1つの頂点に集まる面の数は3以上である。**

② **凸多面体の1つの頂点に集まる角の大きさの和は，360°より小さい。**

このことから，以下のことがいえる。

正多面体の面になる正多角形の1つの内角は360°÷3＝120°より小さい。

正三角形（1つの内角の大きさ60°）だとすれば，1つの頂点に集まる面の数は3，4，5だけであり，これらが順に<u>正四面体，正八面体，正二十面体</u>となる。
　　　　　　　　　　　　　　　　　　→60°×3＝180°, 60°×4＝240°, 60°×5＝300°のみ

正方形（1つの内角の大きさ90°）だとすれば，1つの頂点に集まる面の数は3だけであり，立方体となる。
　　　　　↑90°×3＝270°のみ

正五角形（1つの内角の大きさ108°）だとすれば，1つの頂点に集まる面の数は3だけであり，正十二面体となる。
　　　　　　↑108°×3＝324°のみ

これらから，正多面体の面は正三角形，正方形，正五角形以外にない。

29

四面体OABCがあり，OA＝OB＝OCが成り立っている。Oから直線ABに下ろした垂線をOD，Oから平面ABCに下ろした垂線をOHとする。このとき，DH⊥ABであることを利用して，Hが△ABCの外心であることを証明せよ。

> navigate
> 慣れないとこの証明は難しいが，三垂線の定理は，空間幾何において基礎的な重要定理である。入試問題においてこの証明自体は頻出とはいえないが，一度は触れておきたい。

解

△OABにおいて，OA＝OBであるから，点Dは辺ABの中点であり，DH⊥ABから直線DHは辺ABの垂直二等分線である。
同様にして，Hから辺BC，ACに下ろした垂線は各辺の垂直二等分線となることから，Hは△ABCの外心である。──証明終

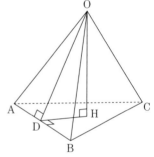

p.161より，三角形の辺の垂直二等分線の交点は外心である。

✓ SKILL UP

平面α上に直線ℓがある。α上にない点A，ℓ上の点B，ℓ上にないα上の点Oについて，次の三垂線の定理が成り立つ。

① AB⊥ℓ，OB⊥ℓ，OA⊥OBならば　OA⊥α
② OA⊥α，OB⊥ℓならば　AB⊥ℓ
③ OA⊥α，AB⊥ℓならば　OB⊥ℓ

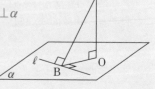

30 正多面体について，次の表を完成させよ。

Lv.∎∎∎∎

正多面体	面の数	面の形	1頂点に集まる面の数	頂点の数	辺の数
正四面体					
正六面体					
正八面体					
正十二面体					
正二十面体					

> navigate
>
> 正四面体などはすぐわかるが，正二十面体などは，丸暗記をせずに次の
> ①～⑤の関係に着目して求めたい。

解

正十二面体について，①の面の数は12，②の1つの面の頂点の数は5，③の
1つの頂点に集まる面の数は3

よって，④頂点の数は $\dfrac{5\times12}{3}=20$，⑤辺の数は $\dfrac{5\times12}{2}=30$

正二十面体について，①の面の数は20，②の1つの面の頂点の数は3，③の
1つの頂点に集まる面の数は5

よって，④頂点の数は $\dfrac{3\times20}{5}=12$，⑤辺の数は $\dfrac{3\times20}{2}=30$

正多面体	①面の数	②面の形	③1頂点に集まる面の数	④頂点の数	⑤辺の数
正四面体	4	正三角形	3	4	6
正六面体	6	正方形	3	8	12
正八面体	8	正三角形	4	6	12
正十二面体	12	正五角形	3	20	30
正二十面体	20	正三角形	5	12	30

（答）

✓ SKILL UP

$$(正多面体の頂点の数)=\dfrac{(1つの面の頂点の数)\times(面の数)}{(1つの頂点に集まる面の数)}$$

$$(正多面体の辺の数)=\dfrac{(1つの面の辺の数)\times(面の数)}{2}$$

31

Lv. ∎∎∎

サッカーボールは x 個の正五角形の面と y 個の正六角形の面からなる凸多面体であり，どの頂点にも1個の正五角形と2個の正六角形の面が集まっている。このとき，オイラーの多面体定理を用いて x，y を求めよ。

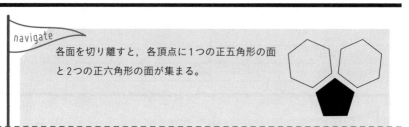

navigate

各面を切り離すと，各頂点に1つの正五角形の面と2つの正六角形の面が集まる。

解

サッカーボールの頂点，辺，面の数をそれぞれ v，e，f とする。問題文より，面の数は

$$f = x + y$$

辺の数は，各面を切り離すと，辺の総数は $5x + 6y$ であり，各面を合わせると，2辺ずつ共有するので2で割って

$$e = \frac{5x + 6y}{2}$$

頂点の数は，正六角形において，各頂点に2つの正六角形が集まるので

$$v = 5x \quad \text{または} \quad v = \frac{6y}{2} = 3y$$

$v = 5x$ として，オイラーの多面体定理 $v - e + f = 2$ を用いると

$$5x - \frac{5x + 6y}{2} + (x + y) = 2 \iff 7x - 4y = 4 \quad \cdots ①$$

$v = 3y$ として，オイラーの多面体定理 $v - e + f = 2$ を用いると

$$3y - \frac{5x + 6y}{2} + (x + y) = 2 \iff -3x + 2y = 4 \quad \cdots ②$$

①，②を解いて $(x, y) = \boxed{(12, 20)}$ —(答)

✓ SKILL UP

凸多面体の頂点，辺，面の数をそれぞれ v，e，f とする。このとき

$$v - e + f = 2$$

がつねに成り立つ。これをオイラーの多面体定理という。

32

正多面体の5種類をオイラーの多面体定理を用いて求めよ。

Lv.

navigate

正多面体が5種類しかないことを，オイラーの多面体定理$(v-e+f=2)$
を用いて求めさせる問題である。

解

正多面体が各面正m角形からなり，1つの頂点に集まる辺（面）の数をnとする$(m \geqq 3,\ n \geqq 3)$。また，頂点，辺，面の数をそれぞれv，e，fとする。

各面はm個ずつの辺をもつから，f個の正m角形ではmf個の辺をもつことになるが，1つの辺は2つの面に共有されているから

$$mf = 2e \iff f = \frac{2e}{m} \quad \cdots ①$$

次に，v個の頂点にはnv個の辺が集まることになるが，各辺には両端の2頂点が対応するから

$$nv = 2e \iff v = \frac{2e}{n} \quad \cdots ②$$

①，②を$v - e + f = 2$に代入してeをm，nを用いて表すと

$$\frac{2e}{n} - e + \frac{2e}{m} = 2 \iff e = \frac{2mn}{2(m+n) - mn} \quad \cdots ③$$

$e > 0$，$2mn > 0$より　$2(m+n) - mn > 0 \iff (m-2)(n-2) < 4$

$m \geqq 3$，$n \geqq 3$から

$$(m-2,\ n-2) = (1,\ 1),\ (1,\ 2),\ (1,\ 3),\ (2,\ 1),\ (3,\ 1)$$
$$(m,\ n) = (3,\ 3),\ (3,\ 4),\ (3,\ 5),\ (4,\ 3),\ (5,\ 3)$$

また，このm，nの値に対応するe，v，fの値は，①，②，③に代入して

(i)　$m=3$，$n=3$のとき　$e=6$，$v=4$，$f=4$

(ii)　$m=3$，$n=4$のとき　$e=12$，$v=6$，$f=8$

(iii)　$m=3$，$n=5$のとき　$e=30$，$v=12$，$f=20$

(iv)　$m=4$，$n=3$のとき　$e=12$，$v=8$，$f=6$

(v)　$m=5$，$n=3$のとき　$e=30$，$v=20$，$f=12$

(i)は正四面体，(ii)は正八面体，(iii)は正二十面体，(iv)は正六面体，(v)は正十二面体であり，正多面体はこれら5種類しかない。──証明終

Theme 1 集合の要素の個数

1

Lv. ▪▫▫▫

全体集合を U, その部分集合を A, B とする。$n(U)=300$, $n(B)=60$, $n(A \cap \overline{B})=80$, $n(\overline{A} \cup \overline{B})=280$ のとき, $n(A \cap B)$, $n(A \cup B)$, $n(\overline{A} \cap \overline{B})$ を求めよ。

2

Lv. ▪▪▫▫

1から1000までの自然数のうちで, 6と互いに素な自然数はいくつあるか。

3

Lv. ▪▪▫▫

1から1000までの自然数のうちで, 30と互いに素な自然数はいくつあるか。

4

Lv. ▪▪▫▫

1から420までの自然数のうちで, 420と互いに素な自然数はいくつあるか。

Theme分析

このThemeでは，集合の要素の個数について扱う。範囲がしっかりしたものの集まりを**集合**という。また集合を構成している1つ1つのものを，その集合の**要素**という。aが集合Aの要素であるとき，$a \in A$と表し，**aは集合Aに属する**という。bが集合Aの要素でないことを$b \in A$と表す。

これらの集合について，共通部分と和集合について確認する。

■ 共通部分と和集合

① 2つの集合A，Bに対して，AとBのどちらにも属する要素全体の集合を，AとBの共通部分といい，$A \cap B$で表す。

② AとBの少なくとも一方に属する要素全体の集合を，AとBの和集合といい，$A \cup B$で表す。

③ 3つの集合A，B，Cにおいても同様で，共通部分は$A \cap B \cap C$，和集合は$A \cup B \cup C$である。

集合の要素の個数を調べるときは，3つの集合まではベン図をうまく活用していきたい。

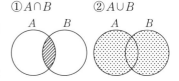

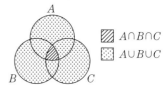

■ 集合の要素の個数

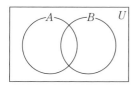

$$n(A \cup B)$$
$$= n(A) + n(B) - n(A \cap B)$$

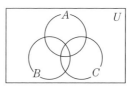

$$n(A \cup B \cup C)$$
$$= n(A) + n(B) + n(C)$$
$$- n(A \cap B) - n(B \cap C) - n(C \cap A)$$
$$+ n(A \cap B \cap C)$$

これは一般化することができて，「包除原理」と呼ばれる。

1
Lv. ▯▮▮▮

全体集合を U，その部分集合を A，Bとする。$n(U)=300$，$n(B)=60$，$n(A\cap\overline{B})=80$，$n(\overline{A}\cup\overline{B})=280$のとき，$n(A\cap B)$，$n(A\cup B)$，$n(\overline{A}\cap\overline{B})$を求めよ。

🚩 navigate
2つの集合の要素についての問題なので，ベン図で整理してから考えるとよい。

解

$$n(A\cap B)=n(U)-n(\overline{A\cap B})$$
$$=n(U)-n(\overline{A}\cup\overline{B})$$
$$=300-280$$
$$=\mathbf{20}\ ー(答)$$

$$n(A\cup B)=n(A\cap\overline{B})+n(B)$$
$$=80+60$$
$$=\mathbf{140}\ ー(答)$$

$$n(\overline{A}\cap\overline{B})=n(\overline{A\cup B})$$
$$=n(U)-n(A\cup B)$$
$$=300-140$$
$$=\mathbf{160}\ ー(答)$$

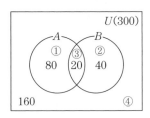

$n(U)=300$より
$$①+②+③+④=300$$
$n(B)=60$より　②+③=60
$n(A\cap\overline{B})=80$より　①=80
$n(\overline{A}\cup\overline{B})=280$より
$$①+②+④=280$$
これらから
①=80，②=40，
③=20，④=160

✓ SKILL UP

集合の要素の個数
ベン図で整理して解く。
特に
$$n(A\cup B)=n(A)+n(B)-n(A\cap B)$$

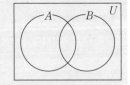

ド・モルガンの法則
① $\overline{A\cup B}=\overline{A}\cap\overline{B}$
② $\overline{A\cap B}=\overline{A}\cup\overline{B}$

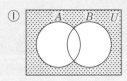

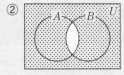

2

Lv. ●❙❙❙

1から1000までの自然数のうちで，6と互いに素な自然数はいくつあるか。

> **navigate**
> 2の倍数の集合と3の倍数の集合で考えればよい。この場合もベン図で
> 整理する。さらに，1から始まる倍数の個数は簡単に求める公式がある。
> ここでは，小数点以下を切り捨てる便利な記号$[x]$（ガウス記号）を用い
> て解答を書いていく。$[x]$はxを超えない最大の整数を表す。すなわち
> $$[x]=n \iff n \leq x < n+1$$

解

1から1000までの自然数の集合を全体集合Uとする。このうち，2の倍数の
集合をA，3の倍数の集合をBとする。

$$\left[\frac{1000}{2}\right]=500 \quad より \quad n(A)=500$$

$$\left[\frac{1000}{3}\right]=333 \quad より \quad n(B)=333$$

ここで，$A \cap B$は6の倍数の集合より

$$\left[\frac{1000}{6}\right]=166 \quad より \quad n(A \cap B)=166$$

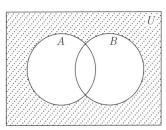

よって，右のベン図とド・モルガンの法則から

$$n(\overline{A} \cap \overline{B})=n(\overline{A \cup B})$$
$$=n(U)-\{n(A)+n(B)-n(A \cap B)\}$$
$$=1000-(500+333-166)$$
$$=\mathbf{333} \text{—(答)}$$

参考 倍数の個数

1からnまでに含まれるpの倍数の個数は，$\left[\dfrac{n}{p}\right]$である。

例えば，1から20までに含まれる3の倍数の個数は，余りの周期性に着目して

1, 2, ③ ┆ 4, 5, ⑥ ┆ 7, 8, ⑨ ┆ 10, 11, ⑫ ┆ 13, 14, ⑮ ┆ 16, 17, ⑱ ┆ 19, 20

┆ ┈┈ ┆が何セットを考えて　20÷3＝6余り2

であり，余りは無視して考えればよく，6個である。

これを「ガウス記号$[●]$：●を超えない最大の整数」を用いて表すと

$$\frac{20}{3}=\left[6+\frac{2}{3}\right]=6（個）$$

3

1 から 1000 までの自然数のうちで，30 と互いに素な自然数はいくつあるか。

Lv.

navigate

$30=2\cdot3\cdot5$ より，3 つの集合に関する要素の個数を調べればよい。

解

1 から 1000 までの自然数の集合を全体集合 U とする。

$30=2\cdot3\cdot5$ から，30 と互いに素な数は 2 でも 3 でも 5 でも割り切れない数である。U の部分集合のうち，2 の倍数の集合を A，3 の倍数の集合を B，5 の倍数の集合を C とすると，求める個数は，$n(\overline{A}\cap\overline{B}\cap\overline{C})$，すなわち $n(\overline{A\cup B\cup C})$ である。

$$\left[\frac{1000}{2}\right]=500, \quad \left[\frac{1000}{3}\right]=333, \quad \left[\frac{1000}{5}\right]=200 \text{ より}$$

$$n(A)=500, \quad n(B)=333, \quad n(C)=200$$

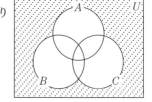

ここで，$A\cap B$ は 6 の倍数，$B\cap C$ は 15 の倍数，$C\cap A$ は 10 の倍数の集合だから，

$$\left[\frac{1000}{6}\right]=166, \quad \left[\frac{1000}{15}\right]=66, \quad \left[\frac{1000}{10}\right]=100 \text{ であり}$$

$$n(A\cap B)=166, \quad n(B\cap C)=66, \quad n(C\cap A)=100$$

さらに，$A\cap B\cap C$ は 30 の倍数の集合だから $\quad n(A\cap B\cap C)=\left[\frac{1000}{30}\right]=33$

$$n(A\cup B\cup C)$$
$$=n(A)+n(B)+n(C)-n(A\cap B)-n(B\cap C)-n(C\cap A)+n(A\cap B\cap C)$$
$$=500+333+200-166-66-100+33=734$$

よって $\quad n(\overline{A\cup B\cup C})=n(U)-n(A\cup B\cup C)=1000-734=\boldsymbol{266}$ —答

✓ SKILL UP

$$n(A\cup B\cup C)$$
$$=n(A) \quad + \quad n(B) \quad + \quad n(C)$$
$$(①④⑥⑦) \quad (②④⑤⑦) \quad (③⑤⑥⑦)$$
$$-n(A\cap B)-n(B\cap C)-n(C\cap A)$$
$$(④⑦) \qquad (⑤⑦) \qquad (⑥⑦)$$
$$+n(A\cap B\cap C)$$
$$(⑦)$$

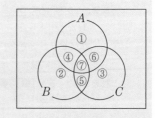

4

1から420までの自然数のうちで，420と互いに素な自然数はいくつあるか。

Lv. ॥॥॥

navigate

420＝2^2·3·5·7より，4つの集合に関する要素の個数を調べる。この場合，ベン図よりは下の包除原理を活用していきたい。

解

1から420までの自然数の集合を全体集合Uとする。

420＝2^2·3·5·7から，420と互いに素な数は2でも3でも5でも7でも割り切れない数である。Uのうち2の倍数の集合をA，3の倍数の集合をB，5の倍数の集合をC，7の倍数の集合をDとすると，求める個数は，

$n(\overline{A}\cap\overline{B}\cap\overline{C}\cap\overline{D})$，すなわち$n(\overline{A\cup B\cup C\cup D})$である。ここで

$\quad n(A\cup B\cup C\cup D)$ $\qquad\qquad$ *$n=4$の包除原理である。*

$=n(A)+n(B)+n(C)+n(D)$

$\quad -n(A\cap B)-n(A\cap C)-n(A\cap D)-n(B\cap C)-n(B\cap D)-n(C\cap D)$

$\quad +n(A\cap B\cap C)+n(A\cap B\cap D)+n(A\cap C\cap D)+n(B\cap C\cap D)$

$\quad -n(A\cap B\cap C\cap D)$

$=\left[\dfrac{420}{2}\right]+\left[\dfrac{420}{3}\right]+\left[\dfrac{420}{5}\right]+\left[\dfrac{420}{7}\right]-\left[\dfrac{420}{6}\right]-\left[\dfrac{420}{10}\right]-\left[\dfrac{420}{14}\right]-\left[\dfrac{420}{15}\right]$

$\qquad -\left[\dfrac{420}{21}\right]-\left[\dfrac{420}{35}\right]+\left[\dfrac{420}{30}\right]+\left[\dfrac{420}{42}\right]+\left[\dfrac{420}{70}\right]+\left[\dfrac{420}{105}\right]-\left[\dfrac{420}{210}\right]$

$=210+140+84+60-70-42-30-28-20-12+14+10+6+4-2$

$=324$

よって $\quad n(\overline{A}\cap\overline{B}\cap\overline{C}\cap\overline{D})=n(\overline{A\cup B\cup C\cup D})$

$\qquad\qquad\qquad\qquad =n(U)-n(A\cup B\cup C\cup D)$

$\qquad\qquad\qquad\qquad =420-324=\textbf{96}$ —答

✓ SKILL UP

包除原理

$$n(A_1\cup A_2\cup\cdots\cup A_n)=n(A_1)+n(A_2)+\cdots+n(A_n)-n(A_1\cap A_2)$$
$$-n(A_1\cap A_3)-\cdots-n(A_{n-1}\cap A_n)+\cdots$$
$$+(-1)^{n-1}(A_1\cap A_2\cap\cdots\cap A_n)$$

数え上げの工夫

5
Lv.▮▮▮▮

1から5までの番号が1つずつ書かれた5枚のカードを左から順に並べる。左からk番目に番号kのカードがこない並べ方は何通りあるか。

6
Lv.▮▮▮▮

大小2個のサイコロを投げるとき目の和が5の倍数になる場合の数は何通りあるか。また，大中小3個のサイコロを投げるとき目の和が5の倍数になる場合の数は何通りあるか。

7
Lv.▮▮▮▮

大中小3個のサイコロを同時に投げるとき，目の積が偶数になる場合は何通りあるか。

8
Lv.▮▮▮▮

500円，100円，10円の3種類の硬貨がたくさんある。この3種類の硬貨を使って，1200円を支払う場合の数を求めよ。ただし，使わない硬貨があってもよいものとする。

Theme分析

場合の数を書き出すときに最も重要なことは漏れなく，重複なく書き出すことである。

■ 樹形図を利用する

右のように書き出す図を樹形図と呼ぶ。この際，漏れ・重複がないように，規則性をもって順序正しく書き出すことも重要である。

■ 表を利用する

2種類の要素(x, y)で定まるものを書き出すときは表を活用していきたい。3種類の要素(x, y, z)についてもそれぞれのマスに積み木を上に積み上げるイメージでそれぞれ何個ずつ積み上げられるかをマスに埋めていけば同様に書き出すことができる。

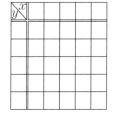

■ 全体からダメなものを取り除く

場合の数は，全体が決まった中から数えることも多い。求めるものを数えるのが大変なときに，逆にダメなものを数える方が楽な場合がある。このようなときは，全体の場合の数から，ダメなものの場合の数を引くことで求められる。

全体集合Uの部分集合Aに対して，Aに属さないUの要素全体の集合を，Uに関するAの補集合といい，$\overline{A}$で表す。

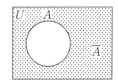

$$n(\overline{A}) = n(U) - n(A)$$

■ 場合分けして数える

複雑な場合の数を数えるときは，場合を分けて数えることも重要である。
場合分けするときに特に意識したいのは，次の通りである。

① なるべく排反に分ける（重複しないような基準をつくる）
② 影響力の最も大きなものを基準にする

5

Lv. ▮▮▮

1から5までの番号が1つずつ書かれた5枚のカードを左から順に並べる。左からk番目に番号kのカードがこない並べ方は何通りあるか。

▶navigate

樹形図を活用していきたい。

解

1番目が2のとき，条件をみたす順列は，次の11通り。

$$2-1 \begin{cases} 4-5-3 \\ 5-3-4 \end{cases} \qquad 2-3 \begin{cases} 1-5-4 \\ 4-5-1 \\ 5-1-4 \end{cases}$$

> 小さい数字から順にモレなく書き出していくことも重要である。

$$2-4 \begin{cases} 1-5-3 \\ 5 \begin{cases} 1-3 \\ 3-1 \end{cases} \end{cases} \qquad 2-5 \begin{cases} 1-3-4 \\ 4 \begin{cases} 1-3 \\ 3-1 \end{cases} \end{cases}$$

1番目が3，4，5のときも同様に11通りずつある。

$$3-1 \begin{cases} 2-5-4 \\ 4-5-2 \\ 5-2-4 \end{cases} \qquad 3-4 \begin{cases} 1-5-2 \\ 2-5-1 \\ 5 \begin{cases} 1-2 \\ 2-1 \end{cases} \end{cases}$$

> 規則性が明らかなときは，文字の対等性から省略していってもよい。

$$3-5 \begin{cases} 1-2-4 \\ 2-1-4 \\ 4 \begin{cases} 1-3 \\ 3-1 \end{cases} \end{cases}$$

したがって，求める方法の数は

$$11 \times 4 = \mathbf{44} \textbf{(通り)} \quad \text{—答}$$

☑ **SKILL UP**

右のように書き出す図を樹形図と呼ぶ。

この際，モレ・ダブリがないように順序正しく書き出すことも重要である。

6 大小2個のサイコロを投げるとき目の和が5の倍数になる場合の数は何通りあるか。また，大中小3個のサイコロを投げるとき目の和が5の倍数になる場合の数は何通りあるか。

Lv. ▮▮▯▯

navigate

2個の異なるサイコロであれば全部で36通りしかないので，6×6の表を利用すればさらに早く，正確に書き出すことができる。

3個の異なるサイコロであれば全部で216通りあるので大変そうだが，同様に表を使って数え上げることができる。場合の数を数えるとき，表を用いて書き出しができるときは，確実で簡単なのでおすすめである。

解

2つのサイコロの目をx, yとする。
右の表において，各x, yの目に対して，$x+y$が5の倍数になるのは，
全部で**7通り** ―答

y\\x	1	2	3	4	5	6
1	2	3	4	⑤	6	7
2	3	4	⑤	6	7	8
3	4	⑤	6	7	8	9
4	⑤	6	7	8	9	⑩
5	6	7	8	9	⑩	11
6	7	8	9	⑩	11	12

3つのサイコロの目をx, y, zとする。
右の表において，各x, yの目に対して，$x+y+z$が5の倍数になるzの目の数を数えると，全部で**43通り** ―答

y\\x	1	2	3	4	5	6
1	1	1	2	1	1	1
2	1	2	1	1	1	1
3	2	1	1	1	1	2
4	1	1	1	1	2	1
5	1	1	1	2	1	1
6	1	1	2	1	1	1

✓ SKILL UP

2種類の要素(x, y)で定まるものを書き出すときは表を活用するとよい。3種類の要素(x, y, z)についてもそれぞれのマスに積み木を上に積むイメージで，それぞれ何個ずつ積み上げられるかをマスに埋めていけば同様に書き出すことができる。

7

Lv. ▪▪▫▫

大中小3個のサイコロを同時に投げるとき，目の積が偶数になる場合は何通りあるか。

navigate

3個のサイコロの偶奇の組合せは，（偶偶偶），（偶偶奇），（偶奇奇），（奇奇奇）の4パターンある。このうち，目の積が偶数になる場合は（偶偶偶），（偶偶奇），（偶奇奇）であり，全体から（奇奇奇）のパターンを取り除く方針で解くと早い。

解

求める場合の数は，全体から目の積が奇数となる場合を引いたものである。
全体の場合の数は

$$6 \times 6 \times 6 = 216（通り）$$

このうち，目の積が奇数となるのは，3個とも奇数になる場合であり，

$$3 \times 3 \times 3 = 27（通り）$$

よって，求める場合の数は

$$216 - 27 = \mathbf{189（通り）} —（答）$$

別解

大中小のサイコロの目をx, y, zとしx, yの
目を表にして書き出すと，

① xまたはyが偶数のときは，積が偶数に
なるzの目は，6通り。

② x, yともに奇数のときは，積が偶数にな
るzの目は，3通り。

$\diagdown^{x}_{y}$	1	2	3	4	5	6
1	3	6	3	6	3	6
2	6	6	6	6	6	6
3	3	6	3	6	3	6
4	6	6	6	6	6	6
5	3	6	3	6	3	6
6	6	6	6	6	6	6

以上より

$$6 \cdot 27 + 3 \cdot 9 = \mathbf{189（通り）} —（答）$$

✓ SKILL UP

全体集合Uの部分集合Aに対して，Aに属さないUの要素全体の集合を，Uに関するAの補集合といい，$\overline{A}$で表す。

$$n(\overline{A}) = n(U) - n(A)$$

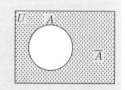

8 500円，100円，10円の3種類の硬貨がたくさんある。この3種類の硬貨を
Lv.▮▮▮▮ 使って，1200円を支払う場合の数を求めよ。ただし，使わない硬貨があって
もよいものとする。

navigate

様々な支払い方があるが，これらをどう基準をつくって数えるかが問題
である。この場合500円硬貨の枚数で分けて数えれば場合分けの数も少
なく簡単に数えることができる。

解

支払いに使う500円，100円，10円硬貨の枚数をそれぞれx, y, zとすると，
x, y, zは0以上の整数で

$$500x+100y+10z=1200 \quad より \quad 50x+10y+z=120$$

ここで，$10y+z≧0$より

$$120-50x≧0 \Longleftrightarrow 5x≦12$$

xは0以上の整数であるから　$x=0$, 1, 2

(i)　$x=2$のとき　$10y+z=20$

　$(y, z)=(2, 0)$, $(1, 10)$, $(0, 20)$の3通り。

(ii)　$x=1$のとき　$10y+z=70$

　$(y, z)=(7, 0)$, $(6, 10)$, ……, $(0, 70)$の
8通り。

(iii)　$x=0$のとき　$10y+z=120$

　$(y, z)=(12, 0)$, $(11, 10)$, ……, $(0, 120)$
の13通り。

(i), (ii), (iii)の場合は同時には起こらないから，求める場合の数は

$$3+8+13=\textbf{24(通り)} —答$$

合計1200円を作るときに最
も影響力が大きいのは500円
硬貨の枚数(x)である。よっ
て，まずはxのとり得る値の
範囲から調べる。
次に影響の大きなyの値で場
合分けする。

500円硬貨の枚数が異なれ
ば，異なる場合の数である。
よってこれらにはダブりは含
まれない。

✓ SKILL UP

複雑な場合の数を数えるときは，場合を分けて数えることも重要である。
場合分けするときに特に意識したいのは，次の2点である。

① なるべく排反に分ける（ダブらないような基準をつくる）

② 影響力の最も大きなものを基準にする

9
Lv. ■■■

a, b, c, d, e, f, gを1列に並べるとき，次の問いに答えよ。
(1) a, b, cが隣り合う並べ方は何通りあるか。
(2) a, b, cのうち2つだけが隣り合う並べ方は何通りあるか。

10
Lv. ■■■

$1, 2, 3, \cdots, n$ を並べかえた順列 $a_1, a_2, a_3, \cdots, a_n$ のうちで，
$a_i \leqq i+1 (i = 1, 2, 3, \cdots, n)$ をみたす順列はいくつあるか。

11
Lv. ■■■

4個の数字0，1，2，3を重複を許し用いて4桁の整数を作るとき，4桁の整数は全部で何個できるか。またこのうち，同じ数字が連続して並ばないような4桁の整数は全部で何個できるか。

12
Lv. ■■■

相異なる n 個の要素からなる集合の部分集合は全部でいくつあるか。

Theme分析

このThemeでは，順列の総数について扱う。まず，異なる文字を重複を許さず並べるか重複を許して並べるかで2種類の公式がある。

■ 順列

異なるn個のものの中からr個取り出して，1列に並べて得られる順列の総数を$_nP_r$と表す。ただし，$0 \leqq r \leqq n$とする。このとき，

$$_nP_r = n(n-1)(n-2)\cdots(n-r+1)$$

$$= \frac{n!}{(n-r)!} \qquad \leftarrow n! = {}_nP_n = \frac{n!}{0!} \quad \text{より} \quad 0! = 1 \text{ また，} {}_nP_0 = 1 \text{と定める}$$

a，b，c，dから3個取り出して，1列に並べて得られる順列の総数は，

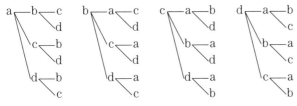

となり，24通りであるが，これは，1文字目の選び方が4通り，2文字目の選び方が3通り（1文字使ったので），3文字目の選び方が2通り（2文字使ったので）であり，$4 \cdot 3 \cdot 2 = 24$（通り）である。

■ 隣り合う・隣り合わない順列の総数

隣り合う順列の総数は，隣り合うものを1セットにして並べることを考える。隣り合わない順列の総数は，先に他のもの並べて隙間に入れるまたは全体からダメなものを取り除くことを考える。

例 a，b，c，d，eの順列で，aとbが隣り合うものはいくつあるか。

⟨a, b⟩ c，d，eの並べ方が，4!通り

⟨a, b⟩ の中の並べ方が，2!通り

よって　$4! \times 2! = 24 \cdot 2 = 48$（通り）

■ 重複順列

異なるn個のものから，重複を許してr個取り出す重複順列の個数は，n^r通りである。

9 a, b, c, d, e, f, gを1列に並べるとき，次の問いに答えよ。

Lv. ▪▫▫ (1) a, b, cが隣り合う並べ方は何通りあるか。

(2) a, b, cのうち2つだけが隣り合う並べ方は何通りあるか。

navigate

順列の問題において「隣り合う」「隣り合わない」ものを数えるのは頻出。
特有の考え方がいるのでその解法を習得したい。

解

(1) a, b, cを1セットにして並べると並べ方は，

$$_5P_5 = 5 \cdot 4 \cdot 3 \cdot 2 \cdot 1 = 120 (通り)$$

それぞれについて，a, b, cの並べ方が

$$_3P_3 = 3 \cdot 2 \cdot 1 = 6 (通り)$$

よって

$$120 \times 6 = \mathbf{720 (通り)} —\text{答}$$

ⓐ ⓑ ⓒ ○ ○ ○ ○
1セットにする

(2) まずd, e, f, g 4つを1列に並べて，その間または両端の5か所のうち2
か所に2文字セットと1文字を並べる。d, e, f, gの4つの並び方は

$$_4P_4 = 4 \cdot 3 \cdot 2 \cdot 1 = 24 (通り)$$

a, b, cの入る場所を①から⑤から2つ選んで

$$_5C_2 = \frac{5 \cdot 4}{2 \cdot 1} = 10 (通り)$$

どっちを2文字セットにするかで 2通り
その選んだすきまにa, b, cを並べて

$$3! = 3 \cdot 2 \cdot 1 = 6 (通り)$$

したがって，求める並び方は

$$24 \cdot 10 \cdot 2 \cdot 6 = \mathbf{2880 (通り)} —\text{答}$$

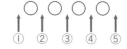

○ ○ ○ ○
↑ ↑ ↑ ↑ ↑
① ② ③ ④ ⑤

異なるもの(○○, ○)を挿入
するときは，選んだ後どっち
にするかを考慮する。

✓ SKILL UP

隣り合う順列の総数は，隣り合うものを1セットにして並べる。
隣り合わない順列の総数は，先に他のもの並べて隙間に入れること また
は全体から隣り合うものを取り除くことを考える。

10

Lv.■■■

$1, 2, 3, \cdots, n$ を並べかえた順列 $a_1, a_2, a_3, \cdots, a_n$ のうちで，
$a_i \leqq i+1(i=1, 2, 3, \cdots, n)$ をみたす順列はいくつあるか。

navigate

$1, 2, 3, \cdots, n$ を並べたもののうち，i 番目が $i+1$ 以下になるような並べ方がいくつあるか調べる問題である。このように条件がついた順列の総数は，条件の強いところから決めていくのが定石である。

例えば，$n=5$ で考えてみる。各条件は次のようになる。

$$a_1 \leqq 2, a_2 \leqq 3, a_3 \leqq 4, a_4 \leqq 5, a_5 \leqq 6$$

a_1	a_2	a_3	a_4	a_5

2以下
3以下
4以下
5以下
6以下
（何でもよい）

a_1 から順に決めていく

ここに $1, 2, 3, 4, 5$ を並べていくとき，a_4, a_5 は何を並べてもよいが，a_1 などは $1, 2$ のどちらかだけである。このように条件の強弱があるときは強いところから決めていく。

$a_1 \to a_2 \to a_3 \to a_4 \to a_5$ の順に決めていくと，$2 \cdot 2 \cdot 2 \cdot 2 \cdot 1$ 通りとなる。

解

各 a_i の条件は，

$$a_1 \leqq 2, a_2 \leqq 3, a_3 \leqq 4, \cdots, a_n \leqq n+1$$

となるので，条件の強い a_1 から順に決めていく。

$a_1 \leqq 2$ より，a_1 は1と2の2通り。

$a_2 \leqq 3$ より，a_2 は a_1 を除く2通り。

$a_3 \leqq 4$ より，a_3 は a_1, a_2 を除く2通り。

これを繰り返すと $a_i \leqq i+1$ より a_i は $a_1, a_2, \cdots, a_{i-1}$ を除く2通りとなるので，a_i は2通り $(i=1, 2, \cdots, n-1)$

また，最後の a_n は残った1通りとなるので

2^{n-1} 通り —答

条件の強さ

強 a_1 1, 2の2通り

a_2 1, 2, 3の3通り

...

弱 a_n 1, 2, 3, $\cdots$, n の n 通り

よって，a_1 から順に決めていけばよい。

✓ SKILL UP

条件が付いた順列の総数は，条件の強いところから求めていく。

11

Lv.▪▫▫▫

4個の数字0，1，2，3を重複を許し用いて4桁の整数を作るとき，4桁の整数は全部で何個できるか。またこのうち，同じ数字が連続して並ばないような4桁の整数は全部で何個できるか。

---

navigate

異なるものから重複を許して並べる順列の総数を求めるイメージとしては，n種類の文字をr個並べるとき，r個のマスがあってそれぞれのマスに文字入れ方がn通りずつあるのでn^rといったようになる。

このイメージでそれぞれの問題を対処していけばよいが，本問のように，0があるときは場合分けに注意するとよい。

解

千の位は，1，2，3のどれかで，3通り。
百，十，一の位は，それぞれ0，1，2，3のどれかで，4通り。
よって，4桁の整数の個数は

$$3 \times 4^3 = \textbf{192（個）} ―答$$

同じ数字が連続して並ばない整数の作り方について，
千の位は，1，2，3のどれかで，3通り。
百の位は，0，1，2，3から千の位の数字を除いた，3通り。
同様に，十，一の位の数字も，それぞれ3通り。
よって，同じ数字が連続して並ばないような4桁の整数の個数は

$$3^4 = \textbf{81（個）} ―答$$

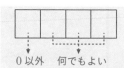

0以外　何でもよい

重複順列はこのように，マスの中に文字を入れていくように捉えると考えやすい。

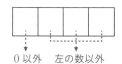

0以外　左の数以外

✓ SKILL UP

異なるn個のものから，重複を許してr個取り出す重複順列の総数はn^rである。

12 相異なる n 個の要素からなる集合の部分集合は全部でいくつあるか。

Lv. ▮▮▮

▸ navigate

一般化された n 個の場合の数の問題で，題意が読み取れなかったり解法が思い浮かばないときは，n に具体的な数字を入れて具体化するのが定石である。

例えば，$n=5$ のときに相異なる要素 x_1, x_2, x_3, x_4, x_5 があるとする。これらからなる部分集合 $\{x_1,\ x_4\}$, $\{x_2,\ x_3,\ x_4\}$, $\{x_1,\ x_3,\ x_4,\ x_5\}\cdots$ について考える。このとき，空集合も部分集合に含まれることに注意しよう。

ここで，5個のマスを用意して，それぞれの要素が部分集合に含まれる（○），含まれない（×）と表すと

$\{x_1,\ x_4\}$ → | ○ | × | × | ○ | × |

$\{x_2,\ x_3,\ x_4\}$ → | × | ○ | ○ | ○ | × |

$\{x_1,\ x_3,\ x_4,\ x_5\}$ → | ○ | × | ○ | ○ | ○ |

のようになり，異なる2個の文字○，×を重複を許して5個並べる場合の数に対応するので，うまく数えられる。このように，場合の数を数えるときは，1対1対応のものに帰着できれば簡単に数えられることもある。

解

異なる n 個の要素 x_1, x_2, $\cdots$, x_n が部分集合に

入る（○） または 入らない（×）

の2通りずつの可能性があり，異なる2個の文字（○または×）を n 個重複を許して並べた順列の総数に対応する。よって，求める部分集合の個数は

2^n —答

✓ SKILL UP

異なる n 個のものから，重複を許して r 個取り出す重複順列の総数は n^r である。

13
Lv.∎∎∎∎

右の図のように，5本の互いに平行な直線が，他の互いに平行な6本の直線と交わっている。これらの平行線で囲まれる平行四辺形は全部で何個あるか。また，これらの平行四辺形のうち，図の斜線の平行四辺形を含むものは何個あるか。

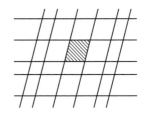

14
Lv.∎∎∎∎

正十角形の3個の頂点を結んで三角形を作る。
(1) 正十角形と1辺だけを共有する三角形はいくつあるか。
(2) 正十角形と辺を共有しない三角形はいくつあるか。

15
Lv.∎∎∎∎

1から12までの整数から3つの異なる数を選ぶとき，その積が4の倍数になる組合せは何通りあるか。また，積が6の倍数になる組合せは何通りあるか。

16
Lv.∎∎∎∎
Ⓑ

正$2n$角形の異なる3頂点を選んで三角形をつくる。このとき，直角三角形はいくつあるか。また，鋭角三角形はいくつあるか。

Theme分析

今回のThemeと前Themeの順列との違いは，選ぶだけで並べ方は気にしないことである。$_nC_r$という記号をよく用いることになるが，$_nP_r$との違いに注意しながら学習していきたい。

■ 組合せ

異なるn個のものの中からr個取り出す組合せの総数を$_n\mathbf{C_r}$と表す（ただし，$0 \leqq r \leqq n$）。このとき，

$$_nC_r = \frac{_nP_r}{r!} = \frac{n!}{(n-r)!r!}$$

例えば，a，b，c，d，eから3個取り出す組合せの総数は，取り出した3個の順列を考えるならば，Theme3より$_5P_3$通りある。このうち，(a，b，c)を取り出したとき，組合せは1通りであるが，順列を考えると3!通りある。

このように，$_5P_3$通りのうち3!ずつの重複があるので

$$_5C_3 = \frac{_5P_3}{3!} = \frac{5!}{3! \cdot (5-3)!} = \frac{5 \cdot 4 \cdot 3}{3 \cdot 2 \cdot 1} = 10（通り）$$

$$_5P_3 \begin{cases} \text{abc, acb, bac, bca, cab, cba} & \longrightarrow (\text{a, b, c})という1つの組合せ \\ \text{abd, adb, bad, bda, dab, dba} & \longrightarrow (\text{a, b, d})という1つの組合せ \\ \quad\quad\quad\cdots & \\ \text{cde, ced, dce, dec, ecd, edc} & \longrightarrow (\text{c, d, e})という1つの組合せ \end{cases} {}_5C_3 = \frac{_5P_3}{3!}$$

3!ずつの重複がある

これを一般化すると，異なるn個のものからr個取り出したとき，順列を考えるならば$_nP_r$通りある。このr個のそれぞれの組合せにつき，$r!$ずつの重複があるので，この重複度で割って

$$_nC_r = \frac{_nP_r}{r!} = \frac{n!}{r!(n-r)!}$$

となる。

また，$_nC_r = {}_nC_{n-r}$の性質が成り立つので，rが大きな組合せを計算するときは，これでrを小さくした方が計算は早くなる。例えば，$_6C_4 = \dfrac{6 \cdot 5 \cdot 4 \cdot 3}{4 \cdot 3 \cdot 2 \cdot 1}$とするより

は，$_6C_4 = {}_6C_2 = \dfrac{6 \cdot 5}{2 \cdot 1}$とした方が楽に計算できる。

13

Lv.∎❘❘❘

右の図のように，5本の互いに平行な直線が，他の互いに平行な6本の直線と交わっている。これらの平行線で囲まれる平行四辺形は全部で何個あるか。また，これらの平行四辺形のうち，図の斜線の平行四辺形を含むものは何個あるか。

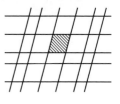

navigate

縦，横の平行線から2本ずつ選べば，平行四辺形が1つは作られる。後半の斜線部分の平行四辺形を含むには，平行線の選び方を工夫するとよい。どういったルールで縦，横2本ずつ選べばよいか考える。

解

縦2本の平行線とこれに交わる横2本の平行線の選び方を考えて

$$_5C_2 \times _6C_2 = \frac{5 \times 4}{2 \times 1} \times \frac{6 \times 5}{2 \times 1}$$

$$= 10 \cdot 15 = \mathbf{150}\textbf{(個)} \ \text{答}$$

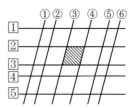

図の斜線の平行四辺形を含むには，縦の6本のうち2本で斜線の平行四辺形を含む組は，①〜③から1本と，④〜⑥から1本ずつ選べばよいので

$$_3C_1 \times _3C_1 = 3 \times 3 = 9\text{(組)}$$

横の5本のうち2本で斜線の平行四辺形を含む組は，🄵〜🄶から1本と，🄷〜🄹から1本ずつ選べばよいので

$$_2C_1 \times _3C_1 = 2 \times 3 = 6\text{(組)}$$

ゆえに

$$9 \times 6 = \mathbf{54}\textbf{(個)} \ \text{答}$$

✓ SKILL UP

縦・横の平行線から2本ずつ選べば，平行四辺形となる。よって，選び方の総数を $_nC_r$ の公式で求めればよい。

$$_nC_r = \frac{_nP_r}{r!} = \frac{n!}{(n-r)!r!}$$

14

Lv. ∎∎∎∎

正十角形の3個の頂点を結んで三角形を作る。

(1) 正十角形と1辺だけを共有する三角形はいくつあるか。

(2) 正十角形と辺を共有しない三角形はいくつあるか。

🚩 navigate

正十角形の頂点から3頂点を選べば,三角形が作られる。1辺だけを共有する三角形は,どの1辺を共有するかで場合分けして,残りの頂点の選び方を考えればよい。辺を共有しない三角形は直接数えるのは大変なので,全体の個数から,1辺だけを共有する三角形の個数と2辺を共有する三角形の個数を引けばよい。

解

正十角形の10個の頂点を図のように定める。

(1) 辺A_1A_2だけを共有する三角形は,残りの頂点をA_4〜A_9にすればよく6個ある。

辺A_2A_3だけを共有する三角形も6個あり,他の辺についても同様である。また,これらに重複もないので

$$6 \cdot 10 = \mathbf{60(個)} ー\text{答}$$

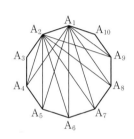

(2) 3個の頂点を結んでできる三角形の個数は

$$_{10}C_3 = \frac{10 \cdot 9 \cdot 8}{3 \cdot 2 \cdot 1} = 120(個)$$

また,正十角形と2辺を共有する三角形は,右図のように10個ある。よって,正十角形と辺を共有しない三角形の個数は

$$120 - (60 + 10) = \mathbf{50(個)} ー\text{答}$$

場合を分けて数えるときは,最後加えるときに,重複の確認をするのは重要である。

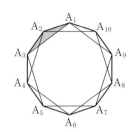

✓ SKILL UP

辺を共有する三角形を数えるほうが楽である。辺を共有しない三角形は,全体からダメなものを取り除いて求める。

（辺を共有しない三角形の個数）$= {}_nC_3 -$（辺を共有する三角形の個数）

15

Lv.∎∎┃┃

1から12までの整数から3つの異なる数を選ぶとき，その積が4の倍数になる組合せは何通りあるか。また，積が6の倍数になる組合せは何通りあるか。

navigate

4の倍数を1つ選び，他の2つを選ぶと考えて，$_3C_1 \times _{19}C_2$とするのは，
$(4, 8, 9)$などが重複するのでよくない。

解

全体は $_{12}C_3 = \dfrac{12 \cdot 11 \cdot 10}{3 \cdot 2 \cdot 1} = 220$（通り）

以下のように数字をグループ分けする。

$$A = \{4, 8, 12\}, \quad B = \{2, 6, 10\}$$
$$C = \{1, 3, 5, 7, 9, 11\}$$

このうち，積が4の倍数にならないのは
Cから3つ：$_6C_3 = 20$（通り）
Cから2個，Bから1個：$_6C_2 \cdot _3C_1 = 45$（通り）
以上より $220 - (20 + 45) = $ **155（通り）** —㊜
また，次のように数字をグループ分けする。

$$D = \{6, 12\}, \quad E = \{2, 4, 8, 10\}$$
$$F = \{3, 9\}, \quad G = \{1, 5, 7, 11\}$$

このうち，積が6の倍数にならないのは
EまたはGから3つ選ぶ：$_8C_3 = 56$（通り）
FまたはGから3つ選ぶ：$_6C_3 = 20$（通り）
この中には Gから3つ選ぶ：$_4C_3 = 4$（通り）
が重複してるので，これを除いて，

$$220 - (56 + 20 - 4) = \textbf{148（通り）} —㊜$$

重複なく分けると，

$A3$
$A2, B1$
$A2, C1$
$A1, B2$
$A1, B1, C1$ ｝積が4の倍数
$A1, C2$
$B3$
$B2, C1$
$B1, C2$ ｝積が4の倍数
$C3$ ｝にならない

6の倍数にならないのは，

$E3$ $\qquad$ $F3$
$E2, G1$ $\qquad$ $F2, G1$
$E1, G2$ $\qquad$ $F1, G2$
$G3$ ← 注意！

であるが，これは，（EまたはG）や（FまたはG）から3個選んだだけなので，まとめて数えた方が早い。ただし，これらにはGから3個選ぶ場合が重複するので注意する！

✓ **SKILL UP**

基本的には，全体からダメなものを取り除くほうが楽である。

（積が偶数の個数）＝（全体）－（積が奇数の個数）

（積が3の倍数の個数）＝（全体）－（積が3の倍数でない個数）

など。

16

Lv. ▮▮▮▮
Ⓑ

正$2n$角形の異なる3頂点を選んで三角形をつくる。このとき，直角三角形はいくつあるか。また，鋭角三角形はいくつあるか。

> navigate
>
> 直角三角形は直接数えればよいが，鋭角三角形は直接は数えにくいので，
> 鈍角三角形を数えて，全体から引けばよい。

解

$2n$個の頂点を図のように定める。

（前半）A_1が直角の直角三角形の個数は，斜辺の選び方が，

$$A_2A_{n+2}, \ A_3A_{n+3}, \cdots, \ A_nA_{2n}$$

の$(n-1)$通りある。他も同様に$(n-1)$通りあり，重複はないので

$2n(n-1)$（個）──答

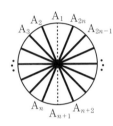

A_1を直角にするには，斜辺が円の直径となるように選べばよい

（後半）全体の三角形の個数は

$$_{2n}C_3 = \frac{2}{3}n(n-1)(2n-1)$$

A_1が鈍角の三角形の個数は，対辺の選び方が

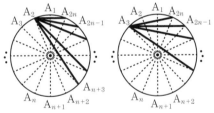

A_2A_{n+2}のとき，A_1が直角になることが基準　　A_3A_{n+3}のとき，A_1が直角になることが基準

$$A_2A_{n+3}, \ A_2A_{n+4}, \cdots, \ A_2A_{2n} \quad の(n-2)通り$$
$$A_3A_{n+4}, \ A_3A_{n+5}, \cdots, \ A_3A_{2n} \quad の(n-3)通り \quad \cdots$$
$$A_{n-1}A_{2n} \quad の1通りあるので，合計$$

$$1+2+\cdots+(n-2) = \frac{1}{2}(n-2)(n-1)（個）$$

$A_2, \cdots A_{2n}$が鈍角となる三角形も同様に$\frac{1}{2}(n-2)(n-1)$個あり，これらに重複はないので，鈍角三角形は全部で$2n \cdot \frac{1}{2}(n-2)(n-1)$（個）。以上より

$$\frac{2}{3}n(n-1)(2n-1) - 2n(n-1) - n(n-1)(n-2)$$

$$= \frac{1}{3}n(n-1)(n-2)（個）──答$$

Theme 5 | 同じものを含む順列

17
Lv. ▪▫▫
a, a, a, b, b, cから3文字選んで横一列に並べる方法は何通りあるか。

18
Lv. ▪▪▫
a, a, a, b, b, c, d, eの8文字の順列を考える。
(1) どのaも隣り合わないものはいくつあるか。
(2) c, d, eがこの順に並ぶものはいくつあるか。

19
Lv. ▪▫▫
右図において，P地点からQ地点に至る最短経路の個数はいくつあるか。

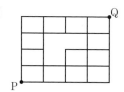

20
Lv. ▪▪▪
右図について，次の問いに答えよ。
(1) P地点からQ地点に至る最短経路の個数はいくつあるか。
(2) 直線l上の点を一度も通らないで行く経路の個数はいくつあるか。

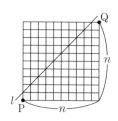

Theme分析

■ 同じもの含む順列の総数

n個のもののうちで，m_1個，m_2個，$\cdots$，m_k個がそれぞれ区別のない同じものであるとき，このn個で作られる順列の総数は

$$\frac{n!}{m_1! \cdot m_2! \cdot m_3! \cdot \cdots m_k!} \quad (\text{ただし，} n = m_1 + m_2 + \cdots + m_k)$$

a，a，a，bの順列の総数はいくつあるか考える。いったん，a3つを区別してa_1，a_2，a_3とすると，a_1，a_2，a_3，bの異なる4個の順列の総数なので全部で4!通りの並べ方がある。そのうちaの区別を取り除くと同じものが下にあるようにaの区別をつけた1，2，3の順列である3! = 6個ずつ現れる。よって，$\dfrac{4!}{3!}$となる。

$$4! \begin{pmatrix} a_1a_2a_3b,\ a_1a_3a_2b,\ a_2a_1a_3b, \\ a_2a_3a_1b,\ a_3a_1a_2b,\ a_3a_2a_1b \end{pmatrix} \xrightarrow[\text{3! ずつの重複}]{} \text{aaabという1つの並べ方}$$

$$\begin{pmatrix} a_1a_2ba_3,\ a_1a_3ba_2,\ a_2a_1ba_3, \\ a_2a_3ba_1,\ a_3a_1ba_2,\ a_3a_2ba_1 \end{pmatrix} \xrightarrow[\text{3! ずつの重複}]{} \text{aabaという1つの並べ方}$$

$$\cdots$$

$$\begin{pmatrix} ba_1a_2a_3,\ ba_1a_3a_2,\ ba_2a_1a_3, \\ ba_2a_3a_1,\ ba_3a_1a_2,\ ba_3a_2a_1 \end{pmatrix} \xrightarrow[\text{3! ずつの重複}]{} \text{baaaという1つの並べ方}$$

$$\left. \right\} \dfrac{4!}{3!}$$

次に，19，20で扱うA地点からB地点までの最短経路数について調べてみる。各最短経路は，次のような矢印の順列に対応させることができて，その順列の総数として数えるのが基本である。

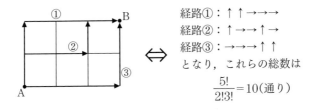

経路①：↑ ↑ → → →
経路②：↑ → → ↑ →
経路③：→ → → ↑ ↑
となり，これらの総数は

$$\frac{5!}{2!3!} = 10（通り）$$

17 a, a, a, b, b, cから3文字選んで横一列に並べる方法は何通りあるか。

Lv. ▪▫▫

▸ navigate

もし(a, a, a)を選ぶと並べ方は1通りあり，(a, b, c)を選ぶと並べ方は3!＝6通りあり，(a, a, b)を選ぶと並べ方は$\frac{3!}{2!}$＝3通りある。このように，選んだ文字の中に同じ文字がいくつ含まれるかで並べ方は変わる。よって，同じ文字をいくつ含むかで場合分けして考える。

【解】

aをいくつ選んだかで場合分けする。

aを3文字選ぶとき

　　並べ方は　1通り

aを2文字選ぶとき

　　a, a, bの並べ方は　$\frac{3!}{2!}$＝3(通り)

　　a, a, cの並べ方も同様に　3(通り)

aを1文字選ぶとき

　　a, b, bの並べ方は　$\frac{3!}{2!}$＝3(通り)

　　a, b, cの並べ方は　3!＝6(通り)

aを1文字も選ばないとき

　　b, b, cの並べ方は　$\frac{3!}{2!}$＝3(通り)

以上より

　　1＋3＋3＋3＋6＋3＝**19(通り)**　─答

異なる6文字a, b, c, d, e, fから3文字選んで並べる順列の総数は$_6P_3$通りである。本問は，a, a, a, b, b, cと同じものが含まれているので，公式一発とはいかない。このようなときは，文字通り，順に「選んで」「並べて」いけばよい。

「選び方」	「並べ方」
a, a, a ⟶	1通り
a, a, b ⟶	$\frac{3!}{2!}$通り
a, a, c ⟶	$\frac{3!}{2!}$通り
a, b, b ⟶	$\frac{3!}{2!}$通り
a, b, c ⟶	3!通り
b, b, c ⟶	$\frac{3!}{2!}$通り

✓ **SKILL UP**

n個のもののうちで，m_1個, m_2個, …, m_k個がそれぞれ区別のない同じものであるとき，このn個で作られる順列の総数は，

$$\frac{n!}{m_1! \cdot m_2! \cdot m_3! \cdot \cdots \cdot m_k!} \quad (ただし，n＝m_1＋m_2＋\cdots＋m_k)$$

18 a, a, a, b, b, c, d, eの8文字の順列を考える。

Lv.▂▃▄ (1) どのaも隣り合わないものはいくつあるか。

(2) c, d, eがこの順に並ぶものはいくつあるか。

navigate

(1)は「隣り合わない」順列なので，①隙間に入れる②ダメなものを引く，の2つの方法があるが，aが3つ以上のときは①で解く。

(2)は，あらかじめ並び順が決まっているものを○を置いて数える方法があるので，それを覚えたい。

解

(1) まず，b, b, c, d, e 5つを1列に並べて，その間または両端の6か所のうち3か所にaを並べる。

b, b, c, d, eの並び方は $\dfrac{5!}{2!}=60$（通り）

a, a, aの入る場所を①から⑥から3つ選んで

$$_6C_3=\dfrac{6\cdot5\cdot4}{3\cdot2\cdot1}=20（通り）$$

a, a, aの並べ方は1通りである。したがって，求める並び方は

$$60\cdot20=\textbf{1200（通り）}—答$$

(2) a, a, a, b, b, ○, ○, ○の8文字を1列に並べて○に左から順にc, d, eを入れる。

$$\dfrac{8!}{3!\cdot2!\cdot3!}=\textbf{560（通り）}—答$$

aba○○ba○
  c d e
○ab○baa○
  c d e
のように同じもの(○)とみなして並べればよい。

✓ **SKILL UP**

隣り合う順列の総数は，隣り合うものを1セットにして並べる。

隣り合わない順列の総数は，先に他のもの並べて隙間に入れるまたは全体からダメなものを引くを考える。

また，あるものの並び順が決まっている順列は，同じもの(○)とみなして並べる。

19

Lv. ▫▪▪▪

右図において，P地点からQ地点に至る最短経路の個数はいくつあるか。

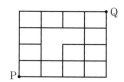

---

navigate

最短経路の問題は，→と↑の順列に対応させて求める。

解

求める最短経路を途中どこを経由するかで5通りに場合分けする。

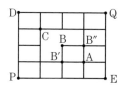

(i) Aを経由：P→A→Q　$\dfrac{4!}{3!}\cdot\dfrac{4!}{3!}=16$（通り）

(ii) Bを経由：P→B'→B→B''→Q

$\dfrac{3!}{2!}\cdot1\cdot1\cdot\dfrac{3!}{2!}=9$（通り）

(iii) Cを経由：P→C→Q　$\dfrac{4!}{3!}\cdot\dfrac{4!}{3!}=16$（通り）

(iv) Dを経由：P→D→Qは　1通り

(v) Eを経由：P→E→Qは　1通り

(i)～(v)の場合は同時には起こらないので

$16+9+16+1+1=$ **43（通り）** —答

P→Aは，→→→↑の順列，
A→Qは，↑↑↑→の順列に
対応する。

途中，A，B，C，D，Eの
どこかを必ず経由し，
A～Eのうち重複して経由す
る経路も存在しないので，こ
の場合分けにモレ・ダブリは
ない。

別解　数字を直接書き込む

交差点Xまでの経路数がYからくるものがm通り，Zからくるものがn通りであるとき，合計$m+n$通りである。これを利用すると，右図のようになる。

よって　**43通り** —答

P		1	1	1	1
1	2	3	4		5
1	3		7		12
1	4	4	11		23
1	5	9	20		43 Q

Y ─ X | m+n 通り
m 通り ↑ n 通り
Z

✓ SKILL UP

最短経路の数を求めるには，矢印の順列に対応させて数えるまたは経路数を直接書きこむ。

20 右図について，次の問いに答えよ。

Lv.▮▮▮▮

(1) P地点からQ地点に至る最短経路の個数はいくつあるか。

(2) 直線l上の点を一度も通らないで行く経路の個数はいくつあるか。

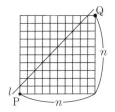

🚩 navigate

カタラン数という有名問題である。対称移動という強烈な発想を用いるが，これは経験にもとづくものである。

解

(1) →n個，↑n個の順列に対応させて　$\dfrac{(2n)!}{n!n!} = {}_{2n}\mathrm{C}_n$ **(通り)** —(答)

(2) 直線l上の点を通るものについて，初めて直線lと交わる点を点Rとおく。

このRについて，PからRまでの経路を直線lについて対称移動する。すると，P′からQに至る経路と1対1に対応するので，その個数は，→$(n+1)$個，↑$(n-1)$個の順列に対応させて　${}_{2n}\mathrm{C}_{n+1}$ 通り。

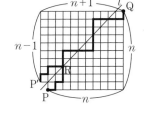

初めて直線lにぶつかった地点Rについて，それ以前の経路を直線lについて対称移動すれば，必ず直線lにぶつかってQまで進むことになる。この経路数を数えればよい。

$$
{}_{2n}\mathrm{C}_n - {}_{2n}\mathrm{C}_{n+1} = \frac{(2n)!}{n!n!} - \frac{(2n)!}{(n-1)!(n+1)!}
$$

$$
= \frac{(2n)!\{(n+1)-n\}}{(n+1)!n!} = \frac{1}{n+1}\cdot\frac{(2n)!}{n!n!}
$$

$$
= \frac{{}_{2n}\mathrm{C}_n}{n+1}\ \textbf{(通り)} —(答)
$$

☑ **SKILL UP**

a, bをn個ずつ並べた順列のうち，aよりも多くのbが先に並ばないような順列の総数をカタラン数といい，c_nと表す(aを→，bを↑に対応させると本問となる)。

$$
c_n = {}_{2n}\mathrm{C}_n - {}_{2n}\mathrm{C}_{n+1} = \frac{{}_{2n}\mathrm{C}_n}{n+1}
$$

Theme 6 | 円順列・数珠順列

21
Lv. ■■︎▮▮

互いに異なる8個の球がある。この中から6個を取り出すとき，円形に並べる方法は何通りあるか。同様に6個を取り出し，糸をつないで腕輪を作る方法は何通りあるか。

22
Lv. ■■︎▮▮

立方体を異なる6色すべてを用いて塗り分ける方法は何通りあるか。また，隣り合う面は異なる色で塗るように異なる5色で塗り分ける方法は何通りあるか。

23
Lv. ■■■︎▮

a, b, b, b, c, c, c, cを円形に並べる方法は何通りあるか。

24
Lv. ■■■︎▮

a, a, b, b, c, c, c, cを円形に並べる方法は何通りあるか。

Theme分析

このThemeでは，順列の応用として円順列・数珠順列について扱う。公式だけでなく，応用問題に向けて公式の成り立ちまでしっかり理解しておきたい。

a，b，cの円順列の総数はいくつあるかを考える。円順列においては，回転すると一致する並べ方は同じ並べ方と考える。まず，場所を区別して考えると下の①〜⑥の6通りある。

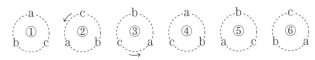

ただし，この中には回転して一致するものが含まれる。よって，次の2つの方法で重複を取り除いてみる。

【方法1】　どれか1つの文字を固定する。例えばaの場所を上に固定すると回転して考える必要がなく，①と④の2通りである。

【方法2】　回転して一致する並べ方を考えてみる。①＝②＝③，④＝⑤＝⑥となっている。すなわち，3通りずつの重複があるので6通りを3で割って，$6 \div 3 = 2$(通り)である。

これらの考え方により，異なる3個の円順列の総数は$(3-1)! = 2$通りとなる。この考え方をおさえておきたい。さらに，裏返して一致する並べ方を同一視する数珠順列では①だけの1通りとなる。

結果的に，異なるn個の円順列の総数は$(n-1)!$であり，異なる数珠順列の総数は$\dfrac{(n-1)!}{2}$であるが，この公式を丸暗記しても意味はない。「固定して考える」，「重複度で割る」といった考え方が重要である。

■　**円順列・数珠順列**

異なるn個のものの円順列の総数は　$(n-1)!$

異なるn個のものの数珠順列の総数は　$\dfrac{(n-1)!}{2}$

問題を解く際に重要なことは，

【方法1】　1つ固定して考える　　　**【方法2】**　重複度で割る

21

Lv.▮▮▯▯

互いに異なる8個の球がある。この中から6個を取り出すとき，円形に並べる方法は何通りあるか。同様に6個を取り出し，糸をつないで腕輪を作る方法は何通りあるか。

🚩 navigate

円順列と数珠順列の問題である。文字通り，まずは「球の選び方」を考え，「球の並べ方」を考えればよい。

解

まず，球の選び方を考えると，8個から6個の選び方は

$$_8C_6 = {}_8C_2$$
$$= \frac{8 \cdot 7}{2 \cdot 1} = 28 \,(通り)$$

取り出した1組に対して，6個の円順列の総数はそれぞれ

$$(6-1)!$$

よって

$$28 \cdot (6-1)! = 28 \cdot 120$$
$$= \textbf{3360\,(通り)} —(答)$$

また，6個の数珠順列の総数は

$$\frac{(6-1)!}{2}$$

よって

$$28 \cdot \frac{(6-1)!}{2} = \textbf{1680\,(通り)} —(答)$$

aの場所を固定したとき，残りの文字の並べ方は
$$(6-1)! = 5! \,(通り)$$

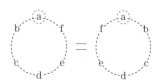

上と同様にaの場所を固定したとき，残りの文字は$(6-1)!$の並べ方があるが，左右対称な同じ腕輪が2個ずつ現れるので，これらを2で割らなければならない。

✓ SKILL UP

異なるn個のものの円順列の総数は　$(n-1)!$

異なるn個のものの数珠順列の総数は　$\dfrac{(n-1)!}{2}$

22

Lv. ▂▃▄▍ 立方体を異なる6色すべてを用いて塗り分ける方法は何通りあるか。また，隣り合う面は異なる色で塗るように異なる5色で塗り分ける方法は何通りあるか。

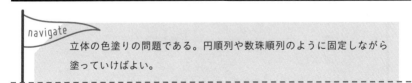

navigate

立体の色塗りの問題である。円順列や数珠順列のように固定しながら塗っていけばよい。

解

上面の色を固定すると，底面の色の塗り方は

5通り

そのおのおのに対して，側面の色の塗り方は

$(4-1)!$通り

したがって，求める場合の数は

$5 \times (4-1)! = \textbf{30（通り）}$ ─ 答

2面塗る色の選び方は5通りあり，それを底面とすると，そのおのおのに対して，側面の色の塗り方は

$$\frac{(4-1)!}{2}（通り）$$

したがって，求める場合の数は

$$5 \times \frac{(4-1)!}{2} = \textbf{15（通り）}$$ ─ 答

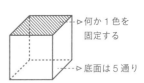

何か1色を固定する

底面は5通り

4つの側面を上から見ると
aは固定して，
b, c, dの順列
を考えて
$(4-1)!$

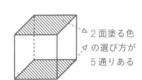

2面塗る色の選び方が5通りある

4つの側面を上から見ると

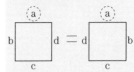

aは固定してb, c, dの順列を考えれば$(4-1)!$通りだが，上底面のひっくり返しで同じものが2つずつ現れるので，数珠順列として$\frac{(4-1)!}{2}$通り。

✓ **SKILL UP**

立体の塗り分けも固定しながら考えるとよい。

23

Lv. ∎∎∎∎

a, b, b, b, c, c, c, cを円形に並べる方法は何通りあるか。

🚩 navigate

円順列の総数は$(n-1)!$という公式を利用するが，この公式を丸暗記しているだけでは応用問題には手が出せない。公式が$(n-1)!$となる理由を知っておかないといけない。その考え方としてよくあるのは下の解答の2つである。

この問題を通して円順列の考え方をしっかり理解しておきたい。

解1 1つ固定して考える

1個しか存在しないaを固定して考えた残りの
b, b, b, c, c, c, cの順列の総数に等しい。
したがって

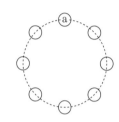

$$\frac{7!}{4!3!} = \textbf{35（通り）} —答$$

解2 重複度で割る

場所を区別して考えたときの並べ方は，a, b, b, b, c, c, c, cの順列の総

数だけあり，$\dfrac{8!}{4!3!} = 280$通りあるが，この中には回転すると一致する並べ方

が8通りずつ存在するので

$$\frac{280}{8} = \textbf{35（通り）} —答$$

✅ SKILL UP

円順列や数珠順列の問題を解く際に重要なことは，

【方法1】 1つ固定して考える

【方法2】 重複度で割る

24

a, a, b, b, c, c, c, c を円形に並べる方法は何通りあるか。

Lv. ▪▪▫

🚩 navigate

すべての種類の文字が複数個存在する場合，何か固定してもその中にまた重複があらわれる。注意すべきは点対称な並べ方である。

解1 1つ固定して考える

1個の a を固定して，a, b, b, c, c, c, c の順列を考えると $\dfrac{7!}{2!4!}=105$（通り）

このうち，<u>円の中心に関して対称なものを除いて</u>，回転によって一致するものが2個ずつある。よって，円順列の総数は

$$3+\frac{105-3}{2}=\mathbf{54（通り）}\ -\text{答}$$

参考

2個の a を対称な位置に固定して考える。左図の①，②，③には b を1個，c を2個並べる。④，⑤，⑥には残りの玉を①，②，③と対称に並べる。

よって，$\dfrac{3!}{2!}=3$ 通りだけ点対称な並べ方が存在する。

解2 重複度で割る

場所を区別して考えると a, a, b, b, c, c, c, c の順列は

$\dfrac{8!}{2!2!4!}=420$（通り）の並べ方があるが，この中には回転させると一致する並べ方が次の4パターン含まれる。

(i)

(ii)

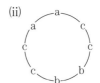

(i)のような点対称な3パターンについては4通りずつの重複があり，(ii)のような点対称でないものは8通りずつの重複がある。よって

$$\frac{3\times4}{4}+\frac{420-3\times4}{8}=\mathbf{54（通り）}\ -\text{答}$$

$\dfrac{3パターン×4重複}{4重複}$ 点対称
+
$\dfrac{420通り-3パターン×4重複}{8重複}$ 非対称

Theme 7 | 重複組合せ・整数解の個数

25 $(a+b+c)^5$ の展開式における異なる項はいくつあるか。
Lv.▪▪▫▫

26 4桁の整数を $abcd$ とするとき，次の条件をみたすものはいくつあるか。
Lv.▪▪▪▫
(1) $a>b>c>d$
(2) $a \geqq b \geqq c \geqq d$

27 $x+y+z=9$ をみたす0以上の整数解はいくつあるか。またこれらのうち，
Lv.▪▪▪▫ $x \geqq 1$，$y \geqq 2$，$z \geqq 3$ となるものはいくつあるか。

28 m を自然数とするとき，$x+y+z=6m$，$0 \leqq x \leqq y \leqq z$ をみたす整数解はいく
Lv.▪▪▪▪ つあるか。
Ⓑ

Theme分析

重複を許さず選ぶ組合せの数はすでに学習した。このThemeでは、重複を許して選ぶ組合せの数について学習する。

例1 a, b, cの3種類の文字から、重複を許して5文字選ぶ組合せは何通りあるか。

例えば、aを2個、bを2個、cを1個取った組合せを、aabbcと表すとする。

この組合せの総数を求めるのに、○(丸)5個と|(仕切り)2個を横1列に並べた順列を考える。

aabbcは○○|○○|○である。すると、abbbcは○|○○○|○であり、bbbbcは|○○○○|○である。

7個の場所から○の入る5つの場所を選べばよいので

$$_7\mathrm{C}_5 = {}_7\mathrm{C}_2 = \frac{7 \cdot 6}{2 \cdot 1} = 21 \text{(通り)}$$

このように、n種類の文字から、重複を許してr個選ぶ組合せの総数は、○(丸)r個と|(仕切り)$(n-1)$個を横1列に並べた順列を考えることで、$_{n+r-1}\mathbf{C}_r$**通り**とわかる。また、これを$_n\mathbf{H}_r$と表すこともある。

次に、方程式をみたす整数解の個数について考える。

例2 $a+b+c=5$, $a \geqq 0$, $b \geqq 0$, $c \geqq 0$をみたす整数解(a, b, c)の個数を求めよ。

次のような対応関係を考えると、(**例1**)と同じ$_3\mathrm{H}_5 = {}_7\mathrm{C}_5 = 21$(通り)となる。

整数解(a, b, c)		重複組合せ		○と|の順列
$(1, 3, 1)$	$\Longleftrightarrow$	$abbbc$	$\Longleftrightarrow$	○|○○○|○
$(0, 4, 1)$		$bbbbc$		|○○○○|○

$x+y+z=n$, $x \geqq 0$, $y \geqq 0$, $z \geqq 0$の整数解の個数が、○n個、|2個の順列に対応させれば $\dfrac{(n+2)!}{n! \cdot 2!}$

このうち、$x \geqq a$, $y \geqq b$, $z \geqq c$となるものは、$x-a=p$, $y-b=q$, $z-c=r$と置き換えれば、$p+q+r=n-(a+b+c)$, $p \geqq 0$, $q \geqq 0$, $r \geqq 0$となる。

25 $(a+b+c)^5$ の展開式における異なる項はいくつあるか。

Lv. ▮▮▮

> **navigate**
>
> まず，$(a+b+c)^5$ の展開とは，
>
> $$(a+b+c)(a+b+c)(a+b+c)(a+b+c)(a+b+c)$$
>
> の5つの（ ）から a, b, c のいずれかを選んで掛け合わせることである。例えば，すべて a を選ぶと展開により a^5 が現れる。$cbaab$ の順に選ぶと展開により a^2b^2c が現れる。本問は，a^5, a^2b^2c, $a^4b\cdots$, など異なる項がいくつあるかという問いである。a, b, c の異なる3種類の文字から重複を許して5文字選んだ組合せの総数に一致する。

解1

a, b, c の異なる3種類の文字から，重複を許して5文字選ぶ組合せを考えればよい。これを5個の○と2個の｜の順列に対応させる。例えば

a^2b^2c は　○○｜○○｜○

b^3c^2 は　｜○○○｜○○

とすると，7個の場所から○の入る5つの場所を選べばよいので

他にも

a^5 は　○○○○○｜｜

a^3c^2 は　○○○｜｜○○

ab^3c は　○｜○○○｜○

となる。

$$_7C_5 = {}_7C_2 = \frac{7 \cdot 6}{2 \cdot 1} = \mathbf{21（通り）} \text{—(答)}$$

同じものを含む順列の公式より，$\dfrac{7!}{5! \cdot 2!}$ としてもよい。

解2

a, b, c の異なる3種類の文字から，重複を許して5文字選ぶ組合せを考えればよい。

$$_3H_5 = {}_{3+5-1}C_5 = {}_7C_5 = {}_7C_2$$

$$= \frac{7 \cdot 6}{2 \cdot 1} = \mathbf{21（通り）} \text{—(答)}$$

$_nH_r = {}_{n+r-1}C_r$ である。

✓ SKILL UP

異なる n 個のものの中から，重複を許して r 個取り出す組合せの総数を $_nH_r$ と表す。この場合は，$n < r$ であっても構わない。これは，○を r 個，｜を $(n-1)$ 個，横1列に並べた順列に対応させると，$n+r-1$ 個の場所から，○の入る r 個の場所を選ぶ場合の数と考えて，$_nH_r = {}_{n+r-1}C_r$ となる。

26

Lv. ▮▮▯▯

4桁の整数を$abcd$とするとき，次の条件をみたすものはいくつあるか。

(1) $a>b>c>d$

(2) $a \geqq b \geqq c \geqq d$

---

navigate

本問は，9731や7540のように位が小さくなるにつれて位の数字も小さくなるような整数の個数を求めさせる問題である。直接書き出してみて大変な思いをした人も，下の鮮やかな解答を見れば，その衝撃とともにマスターできるはずである。本来は0〜9から4個選んで並べる問題であるが，4個選びさえすれば，並べ方は1通りに定まるのである。例えば，1，4，6，9を選べば9641で並べるし，0，3，3，6を選べば6330で並べる。後は，等号が入るのか，入らないのかで，重複を許さない（$_nC_r$）のか，許す（$_nH_r$）のかが決まるだけである。

解

(1) 0，1，2，$\cdots$，9から4個をとる組合せであるから

$$_{10}C_4 = \textbf{210個} ―\text{答}$$

(2) 0，1，2，$\cdots$，9から4個をとる重複組合せのうち，4個とも0である場合を除いたものである。よって

$$_{10}H_4 - 1 = {}_{13}C_4 - 1 = \textbf{714（個）} ―\text{答}$$

参考 ＜や≦が混在する場合の解き方

$a>b \geqq c>d$ となるものは，等号が成り立つ場合と成り立たない場合，つまり，$a>b>c>d$ の場合と $a>b=c>d$ で場合分けすると，$a>b=c>d$ の場合は，0，1，2，$\cdots$，9から3個をとる組合せであるから

$$_{10}C_3 = \frac{10 \cdot 9 \cdot 8}{3 \cdot 2 \cdot 1} = 120（通り）$$

であり，これと前半の答えを合わせて

$$210 + 120 = 330（通り）$$

✓ SKILL UP

大小関係が定められた数字の順列は，数字を選べば，並べ方は1通りに定まる。

27

Lv.∙∎∎∎

$x+y+z=9$ をみたす0以上の整数解はいくつあるか。またこれらのうち，$x \geqq 1$，$y \geqq 2$，$z \geqq 3$ となるものはいくつあるか。

> navigate
>
> $(x, y, z) = (2, 3, 4)$，$(1, 2, 6)$ などの整数解 (x, y, z) の個数を求める問題である。うまく数える方法があるのでマスターしたい。
>
> $(x, y, z) = (2, 3, 4)$ を $(xxyyyzzzz)$
>
> $(1, 2, 6)$ を $(xyyzzzzzz)$
>
> と考えると，これは3種類の文字 x, y, z から重複を許して9個選んだ組合せの総数となり，前問と同様に9個の○と2本の│の順列に対応させることができる。
>
> $(2, 3, 4)$ であれば，○○│○○○│○○○○といったように対応する。

解

$x+y+z=9$，$x \geqq 0$，$y \geqq 0$，$z \geqq 0$ をみたす整数解を9個の○と2つの│順列に対応させる。よって

$$_{11}C_9 = {}_{11}C_2 = \frac{11 \cdot 10}{2 \cdot 1} = \textbf{55（個）} —\text{答}$$

$x-1=p$，$y-2=q$，$z-3=r$ と置換すると，$p+q+r=3$，$p \geqq 0$，$q \geqq 0$，$r \geqq 0$ をみたす整数解の個数となり，さらにこれを，3個の○と2つの│順列に対応させる。よって

$$_5C_3 = {}_5C_2 = \frac{5 \cdot 4}{2 \cdot 1} = \textbf{10（個）} —\text{答}$$

3種類の文字 x, y, z から重複を許して9文字選ぶ組合せの総数に一致するので
$$_3H_9 = {}_{3+9-1}C_9 = {}_{11}C_9$$
としてもよい。

3種類の文字 p, q, r から重複を許して3文字選ぶ組合せの総数に一致するので
$$_3H_3 = {}_{3+3-1}C_3 = {}_5C_3$$
としてもよい。

✓ SKILL UP

$x+y+z=n$，$x \geqq 0$，$y \geqq 0$，$z \geqq 0$ の整数解の個数は，○ n 個，│2個の順列に対応させれば，$\dfrac{(n+2)!}{n! \cdot 2!}$ となる。

このうち，$x \geqq a, y \geqq b, z \geqq c$ となるものは $x-a=p$，$y-b=q$，$z-c=r$ と置き換えて，$p+q+r=n-(a+b+c)$，$p \geqq 0$，$q \geqq 0$，$r \geqq 0$ となる。

28

Lv. ❚❚❙❙ **ⓑ**

mを自然数とするとき，$x+y+z=6m$，$0 \leq x \leq y \leq z$ をみたす整数解はいくつあるか。

> 🚩 navigate
>
> 直接書き出していくのは困難であるため，点の個数を表す数式をつくることを目指す。

解

$$x+y+z=6m \iff z=6m-x-y$$

から，x，yを定めるとzは1通りに定まるので，$0 \leq x \leq y \leq 6m-x-y$ をみたす格子点(x, y)の個数を求める。

$$0 \leq x \leq y \leq 6m-x-y \iff x \geq 0, \ y \geq x, \ y \leq -\frac{1}{2}x+3m$$

を図示すると右図。直線$y=k$上の格子点の個数$f(k)$は

(i) $0 \leq k \leq 2m$ のとき

$x=0, \ 1, \cdots, \ k$ の$(k+1)$個から

$\quad f(k)=k+1$

(ii) $2m < k \leq 3m$ のとき

$x=0, \ 1, \cdots, \ 6m-2k$ の$(6m-2k+1)$個から $\quad f(k)=6m-2k+1$

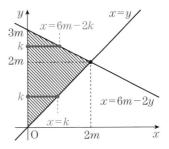

以上より

$$\begin{aligned}
\sum_{k=0}^{3m} f(k) &= \sum_{k=0}^{2m}(k+1) + \sum_{k=2m+1}^{3m}(6m-2k+1) \\
&= \{1+2+\cdots+(2m+1)\} + \{(2m-1)+(2m-3)+\cdots+1\} \\
&= \frac{\{1+(2m+1)\}(2m+1)}{2} + \frac{\{(2m-1)+1\}m}{2} \\
&= \boldsymbol{3m^2+3m+1} \ \text{—(答)}
\end{aligned}$$

> 等差数列の和の公式は
>
> $$\frac{(初項+末項) \times 項数}{2}$$

✅ SKILL UP

領域図示が可能な不定方程式または不等式の整数解の個数は，領域に図示すれば，領域内の格子点の個数を求める問題（数学B）に帰着できる。

Theme
8
分配問題

29
Lv.⏹️⏹️

(1) 12冊の異なる本を4冊ずつA, B, Cの3人に分ける方法は何通りか。

(2) 12冊の異なる本を4冊ずつ3組に分ける方法は何通りか。

30
Lv.⏹️⏹️

8人をA, B, Cの3つの組に分ける。0人の組があってもよいとすると分け方は何通りあるか。また, どの組にも少なくとも一人は入るものとすると分け方は何通りあるか。

31
Lv.⏹️⏹️⏹️

8人を3つの組に分ける分け方は何通りあるか。ただし, 0人の組があってもよい。

32
Lv.⏹️⏹️

区別のつかない8個の球をA, B, Cの3つの組に分ける分け方は何通りあるか。また, 区別のつかない8個の球を3つの組に分ける分け方は何通りあるか。ただし, 0個の組があってもよい。

Theme分析

分配問題については，分けるときに個数を指定するか，指定しないかで大きく解法が変わる。

個数指定型の分配では，分けようとする組に区別が有るか無いかが重要である。

例1 6人を2人ずつA，B，Cの3組に分ける方法は何通りあるか。

A B C

①② ③④ ⑤⑥

③④ ①② ⑤⑥

①③ ②⑥ ④⑤

⋮

2人ずつA，B，Cの順に選んでいけばよく

$$_6C_2 \cdot {}_4C_2 = \frac{6 \cdot 5}{2 \cdot 1} \cdot \frac{4 \cdot 3}{2 \cdot 1} = 90 (通り)$$

例2 6人を2人ずつ3組に分ける方法は何通りあるか。

①② ③④ ⑤⑥

A B C

A C B

⋮

C B A

例1の分け方に対してA，B，Cの順列である3!通りの重複があり

$$\frac{90}{3!} = 15 (通り)$$

個数無指定型の分配では，解法選択が重要となる。

例3 ①～⑥の6個の異なる球を異なる3組A，B，Cに分ける方法は何通りあるか。

①～⑥を異なる3組A，B，Cに分配する方法は右図のように考えて重複順列の公式より　$3^6 = 729 (通り)$

①	②	③	④	⑤	⑥
A	C	A	B	B	B

例4 同じ6個の球を異なる3組A，B，Cに分ける方法は何通りあるか。

A，B，Cに分配した球の個数を(a, b, c)とおく。

$(a, b, c) = (1, 2, 3)$はa, b, b, c, c, cの組合せ，

$(a, b, c) = (5, 1, 0)$はa, a, a, a, a, bの組合せに対応し，

a, b, c 3種類の文字から，重複を許して5文字選んだ組合せに対応し

$$_3H_5 = {}_7C_5 = {}_7C_2 = 21 (通り)$$

例5 6個の球を3組に分ける方法は何通りあるか。

(i) $(6, 0, 0)$　　(ii) $(5, 1, 0)$　　(iii) $(4, 2, 0)$　　(iv) $(4, 1, 1)$

(v) $(3, 3, 0)$　　(vi) $(3, 2, 1)$　　(vii) $(2, 2, 2)$　　の合計7通り

29

Lv.▮▮▯▯

(1) 12冊の異なる本を4冊ずつA，B，Cの3人に分ける方法は何通りか。

(2) 12冊の異なる本を4冊ずつ3組に分ける方法は何通りか。

🚩 navigate

個数指定型の分配問題である。分ける組に区別があるかないかをしっかり見極めて解法をおさえたい。

解

(1) $_{12}C_4 \times {_8}C_4 \times {_4}C_4 = 495 \times 70$

$$= \mathbf{34650（通り）} —答$$

(2) (1)でA，B，Cの区別をなくすと，
同じ分け方が3!通りずつできる。
よって，分け方の総数は

$$\frac{_{12}C_4 \times {_8}C_4 \times {_4}C_4}{3!} = \mathbf{5775（通り）} —答$$

A	B	C
①②③④	⑤⑥⑦⑧	⑨⑩⑪⑫

のように，Aから順に4冊ずつ選んでいけばよい。

①②③④	⑤⑥⑦⑧	⑨⑩⑪⑫
A	B	C
A	C	B
⋮		
C	B	A

のように，(ABC)の順列である3!ずつ重複する。

参考 一部の組に区別がないパターン

12冊の異なる本を6冊，3冊，3冊の3組に分ける方法は何通りあるか考えると，
A(6冊)，B(3冊)，C(3冊)と区別された3組に分ける方法は

$$_{12}C_6 \times {_6}C_3 \times {_3}C_3 = 924 \times 20（通り）$$

ここで，B，Cの区別をなくすと，同じ分け方が2!通りずつできる。よって，分け方の総数は

$$_{12}C_6 \times {_6}C_3 \times {_3}C_3 \div 2! = 924 \times 20 \div 2 = 9240（通り）$$

✓ SKILL UP

個数指定型の分配問題は分ける組自体に区別があるかの見極めが重要。

組に区別が有るパターン

$$_nC_{\bullet} \times {_{n-\bullet}}C_{\blacktriangle} \times \cdots \times 1$$

組に区別が無いパターン

$$_nC_{\bullet} \times {_{n-\bullet}}C_{\blacktriangle} \times \cdots \times 1 \div r! \quad \leftarrow 組の区別がつかない数の階乗で割る$$

30

Lv.▪▫▫▫

8人をA, B, Cの3つの組に分ける。0人の組があってもよいとすると分け方は何通りあるか。また, どの組にも少なくとも1人は入るものとすると分け方は何通りあるか。

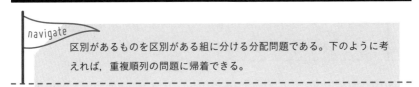

navigate

区別があるものを区別がある組に分ける分配問題である。下のように考えれば, 重複順列の問題に帰着できる。

解

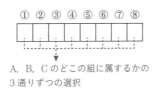

A, B, Cのどこの組に属するかの
3通りずつの選択

A, B, C 3種類を8文字重複を許して並べればよく

$$3^8 = 6561 (通り) — 答$$

どの組にも少なくとも1人が入るので, A, B, Cの3種類揃う順列の総数を数えるために余事象を考える。

1種類は, すべてA, すべてB, すべてCの3通り。

2種類は, どの2種類を用いるかで $_3C_2$ 通りある。例えば, A, Bの2種類を用いるときの並べ方は, 2^8 から, すべてA, すべてBのときを除いた

$$2^8 - 2 通り$$

どの2種類を用いるかで $_3C_2$ 通りあるので,

$$_3C_2(2^8 - 2) 通り$$

以上より

$$3^8 - _3C_2(2^8 - 2) - 3 = 5796 (通り) — 答$$

✓ SKILL UP

「区別ある」ものを「区別ある」ものに分けるときは, 重複順列で考える。

31

8人を3つの組に分ける分け方は何通りあるか。ただし，0人の組があっても

Lv.▪▫▫ よい。

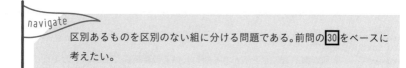

navigate

区別あるものを区別のない組に分ける問題である。前問の 30 をベースに
考えたい。

解

組をA，B，Cと区別すると，$3^8 = 6561$ 通りある。

ここで，組の区別を取り除くことを考える。例えば，8人の人を1，2，3，…，
8として，（12345678, ●, ●）のように1組に分けたものは3通りの重複があ
る。

それ以外は，ABCの順列である3!通りずつの
重複があるので

$$\frac{3^8 - 3}{3!} + \frac{3}{3} = \mathbf{1094（通り）} -（答）$$

（12345, 67, 8）も（123456,
78, ●）も（1234, 5678, ●）も
組に区別をつけると，3!ずつ
の重複がある。
（12345678, ●, ●）だけが他
と重複が異なる。

$$\underbrace{\frac{3^8 通り - 3 通り}{3! 重複}}_{それ以外} + \underbrace{\frac{3 通り}{3 重複}}_{1組}$$

参考 人の区別を考えないとき

人の区別を考えず単に人数だけ考えると

(8, 0, 0), (7, 1, 0), (6, 2, 0), (6, 1, 1), (5, 3, 0), (5, 2, 1),

(4, 4, 0), (4, 3, 1), (4, 2, 2), (3, 3, 2)

の10パターンだけあり，これらに8人の人を分配する方法は，前問と同様に考えれば

$$_8C_8 + {}_8C_7 \cdot {}_1C_1 + {}_8C_6 \cdot {}_2C_2 + \frac{{}_8C_6 \cdot {}_2C_1 \cdot {}_1C_1}{2!} + {}_8C_5 \cdot {}_3C_3 + {}_8C_5 \cdot {}_3C_2 \cdot {}_1C_1 + \frac{{}_8C_4 \cdot {}_4C_4}{2!}$$

$$+ {}_8C_4 \cdot {}_4C_3 \cdot {}_1C_1 + \frac{{}_8C_4 \cdot {}_4C_2 \cdot {}_2C_2}{2!} + \frac{{}_8C_3 \cdot {}_5C_3 \cdot {}_2C_2}{2!} = 1094（通り）$$

となり同様に解くこともできる。

✓ SKILL UP

「区別ある」ものを「区別無い」ものに分けるときは，組を区別して数えて，
その区別を取り除く。

32

Lv. ▪▫▫▫

区別のつかない8個の球をA，B，Cの3つの組に分ける分け方は何通りある
か。また，区別のつかない8個の球を3つの組に分ける分け方は何通りある
か。ただし，0個の組があってもよい。

navigate

区別ないものを分ける分配問題であり，前半は区別ある組に，後半は区
別ない組に分ける問題である。

解

A，B，Cに入る球の個数をそれぞれx，y，zとすると

$$x+y+z=8,\ x\geqq0,\ y\geqq0,\ z\geqq0$$

をみたす整数解を求めればよい。すなわち，8個の○と2つの仕切り|の順列
を作り，仕切りで分けられた3か所の○の個数を，左から順にx，y，zとす
ると得られる。

よって，その順列の総数は

$$\frac{10!}{8!\cdot2!}=\textbf{45（通り）}\ \text{—（答）}$$

○○|○○○○○|○は，
　$(x,\ y,\ z)=(2,\ 5,\ 1)$
○○○○|○○○○||は，
　$(x,\ y,\ z)=(4,\ 4,\ 0)$
に対応する。

組に区別がないときは，直接書き出して考えて

$(8,\ 0,\ 0),\ (7,\ 1,\ 0),\ (6,\ 2,\ 0),\ (6,\ 1,\ 1),$
$(5,\ 3,\ 0),\ (5,\ 2,\ 1),\ (4,\ 4,\ 0),\ (4,\ 3,\ 1),$
$(4,\ 2,\ 2),\ (3,\ 3,\ 2)$の**10通り** —（答）

参考 重複について

（●，●，▲）のような分け方が，$(0,\ 0,\ 8),\ (1,\ 1,\ 6),\ \cdots,\ (4,\ 4,\ 0)$のように5通
りあり，これらは組の区別をつけると$\frac{3!}{2!}=3$通りの重複がある。

それ以外は，（●，▲，■）型であり，3!通りの重複がある。したがって

$$\frac{5\times3}{3}+\frac{45-5\times3}{3!}$$
$$=10（通り）\ \leftarrow\ \underbrace{\frac{5パターン\times3重複}{3重複}}_{（●,●,▲）}+\underbrace{\frac{残り(45通り-5パターン\times3重複)}{3!重複}}_{（●,▲,■）}$$

✓ SKILL UP

「区別無い」ものを「区別ある」ものに分けるときは，重複組合せとして数
える。

Theme 9 | 二項定理

33

Lv. ■■┃┃

Ⅱ

$\left(x-\dfrac{5}{x^2}\right)^6$ の展開式における定数項を求めよ。

34

Lv. ■■┃┃

Ⅱ

$(x^2+3x-1)^6$ の展開式における x^5 の係数を求めよ。

35

Lv. ■■┃┃

Ⅱ

$_pC_k$ は p の倍数であることを証明せよ（p は素数，k は $1 \leqq k \leqq p-1$ をみたす自然数）。また，2^p-2 は素数 p の倍数であることを証明せよ。

36

Lv. ■■┃┃

Ⅱ

(1) $1 \cdot {}_nC_1 + 2 \cdot {}_nC_2 + \cdots + (n-1) \cdot {}_nC_{n-1} + n \cdot {}_nC_n$ を計算せよ。

(2) $_{2n+1}C_0 + {}_{2n+1}C_1 + {}_{2n+1}C_2 + \cdots + {}_{2n+1}C_{n-1} + {}_{2n+1}C_n$ を計算せよ。

Theme分析

このThemeで扱う二項定理とは，下の展開式のことである。

■ 二項定理

$$(a+b)^n = {}_nC_0a^n + {}_nC_1a^{n-1}b + {}_nC_2a^{n-2}b^2 + \cdots + {}_nC_{n-1}ab^{n-1} + {}_nC_nb^n$$

${}_nC_ra^{n-r}b^r$ を $(a+b)^n$ の展開式における**一般項**といい，${}_nC_r$ を**二項係数**という。

$(a+b)^5$ の展開式のイメージは，$(a+b)(a+b)(a+b)(a+b)(a+b)$ の5個の因数のそれぞれから，a または b どちらかをとって掛け合わせた積の和である。ここで，

a^4b の係数は，⑤つのうち1個から b をとる選び方で　　${}_5C_1$

a^3b^2 の係数は，5つのうち2個から b をとる選び方で　　${}_5C_2$

こうして

$$(a+b)^5 = {}_5C_0a^5 + {}_5C_1a^4b + {}_5C_2a^3b^2 + {}_5C_3a^2b^3 + {}_5C_4ab^4 + {}_5C_5b^5$$

となる。

■ 二項係数の和

二項係数の和に対しては，二項定理を用いる。

(1)　${}_nC_0 + {}_nC_1 + {}_nC_2 + \cdots + {}_nC_{n-1} + {}_nC_n$ の和を求めよ。

(2)　${}_nC_0 + {}_nC_1 \cdot 2^1 + {}_nC_2 \cdot 2^2 + \cdots + {}_nC_{n-1} \cdot 2^{n-1} + {}_nC_n2^n$ の和を求めよ。

(1)であれば，二項定理に $a=b=1$ を代入して

$$(1+1)^n = 2^n$$

(2)であれば，二項定理に $a=1$，$b=2$ を代入して

$$(1+2)^n = 3^n$$

■ 二項係数の性質

二項係数 ${}_nC_r$ には次のような性質がある。

①　${}_nC_r = {}_nC_{n-r}$ 　　　　　$(0 \leq r \leq n)$

②　${}_nC_r = {}_{n-1}C_{r-1} + {}_{n-1}C_r$ 　$(n \geq 2, \ 1 \leq r \leq n-1)$

③　$r \cdot {}_nC_r = n \cdot {}_{n-1}C_{r-1}$ 　　　$(n \geq 2, \ 1 \leq r \leq n)$

■ 多項定理

二項定理を拡張したものとして，多項定理がある。$(a+b+c)^n$ の展開式における $a^pb^qc^r$ の一般項は

$$\frac{n!}{p! \cdot q! \cdot r!}a^pb^qc^r \quad (ただし，p+q+r=n)$$

33

Lv. ▮▯▯▯

Ⅱ

$\left(x - \dfrac{5}{x^2}\right)^6$ の展開式における定数項を求めよ。

navigate

$(a+b)^n$ の展開式についての問題では，二項定理を利用する。今回は定数項を求めるので，一般項のうち x の次数が 0 になればよい。

解

$\left(x - \dfrac{5}{x^2}\right)^6$ の展開式における一般項は

$$_6\mathrm{C}_r x^{6-r}\left(-\frac{5}{x^2}\right)^r = {}_6\mathrm{C}_r(-5)^r \cdot \frac{x^{6-r}}{x^{2r}}$$

$$= {}_6\mathrm{C}_r(-5)^r \cdot x^{6-3r}$$

$6 - 3r = 0$ のとき，定数項となるから $r = 2$ で，求める定数項は

$$_6\mathrm{C}_2(-5)^2 = \mathbf{375} \ \text{—} \boxed{\text{答}}$$

> 展開式における何番目の項が定数項になるか考えるときは，一般項を用いるのが定石である。

参考 **パスカルの三角形**

二項係数

$$_n\mathrm{C}_0, \ {}_n\mathrm{C}_1, \ {}_n\mathrm{C}_2, \cdots\cdots, \ {}_n\mathrm{C}_{n-1}, \ {}_n\mathrm{C}_n$$

の値を，$n = 1, \ 2, \ 3, \ 4, \ 5, \cdots$ の各場合を上から順に三角形状に並べると，次のような図になる。これをパスカルの三角形という。

パスカルの三角形を用いると，$(a+b)^6$ の係数は次のようになる。

> パスカルの三角形の性質
> ① 各行の両端の数は 1 である。
> ② 左右対称である。
> ③ 両端以外の各数は，その左上の数と右上の数の和に等しい。

$n=1$						1		1				
$n=2$					1		2		1			
$n=3$				1		3		3		1		
$n=4$			1		4		6		4		1	
$n=5$		1		5		10		10		5		1
$n=6$	1		6		⟨15⟩		20		15		6		1

本問の定数項は $15(x)^4\left(-\dfrac{5}{x^2}\right)^2 = 375$

✓ SKILL UP

$(a+b)^n$ の展開式の係数は二項定理を活用する。

34

$(x^2+3x-1)^6$ の展開式における x^5 の係数を求めよ。

Lv. ▫▫▪▪

Ⅱ

navigate

$(a+b+c)^n$ の展開式についての問題では，多項定理を利用する。今回は x^5 の係数を求めるので，x の次数を5にすればよい。

解

$(x^2+3x-1)^6$ の展開式における一般項は

$$\frac{6!}{p!q!r!}(x^2)^p(3x)^q(-1)^r=\frac{6!\cdot3^q\cdot(-1)^r}{p!q!r!}x^{2p+q}$$

（ただし，$p+q+r=6$）

> 展開式における何番目の項が x^5 の項になるか考えるときは，一般項を用いるのが定石。

$2p+q=5$ とすると，p, q, r は0以上6以下の整数であるから

$$(p,\ q,\ r)=(0,\ 5,\ 1),\ (1,\ 3,\ 2),\ (2,\ 1,\ 3)$$

よって，x^5 の係数は

$$\frac{6!\cdot3^5\cdot(-1)^1}{0!5!1!}+\frac{6!\cdot3^3\cdot(-1)^2}{1!3!2!}+\frac{6!\cdot3^1\cdot(-1)^3}{2!1!3!}$$

$$=-1458+1620-180=\boldsymbol{-18}\ \text{—(答)}$$

参考 **多項定理が成り立つ理由**

$$(a+b+c)^n=(a+b+c)(a+b+c)(a+b+c)\cdots\cdots(a+b+c)(a+b+c)$$

の右辺の n 個の因数から，a, b, c を選ぶときに，例えば，

第1の因数から a，第2の因数から c，第3の因数から a，

第4の因数から b，…，第 n の因数から a

を選んで，掛け合わせた積を，$acab\cdots a$　と書くことにする。

これが，$a^pb^qc^r$ になるとき，選び方は，p 個の a，q 個の b，r 個の c の全部を横1列に並べて作られる順列の総数に等しくなる。それは同じものを含む順列の公式から，

$$\frac{n!}{p!\cdot q!\cdot r!} \text{となる。}$$

✓ SKILL UP

多項定理

$(a+b+c)^n$ の展開式における $a^pb^qc^r$ の一般項は

$$\frac{n!}{p!\cdot q!\cdot r!}a^pb^qc^r \quad （ただし，p+q+r=n）$$

35

$_p\mathrm{C}_k$ は p の倍数であることを証明せよ（p は素数，k は $1 \leqq k \leqq p-1$ をみたす自然数）。また，2^p-2 は素数 p の倍数であることを証明せよ。

Lv.▮▮▮▮
Ⅱ

navigate

二項係数の性質を利用した整数問題である。後半は前半の結果を利用したい。

解

$$p \cdot {}_{p-1}\mathrm{C}_{k-1} = k \cdot {}_p\mathrm{C}_k \quad \cdots ①$$

が成り立つ。①の左辺は p の倍数である。

p は素数であるから，①の右辺も p の倍数である。

> 整数 a, b, x, y について，$ax=by$ かつ a, b が互いに素ならば，x は b の倍数かつ y は a の倍数である。

ここで，素数 p と $1 \leqq k \leqq p-1$ をみたす自然数 k は互いに素である。したがって，①から，$_p\mathrm{C}_k$ は p の倍数である。──（証明終）

$$\begin{aligned}2^p - 2 &= (1+1)^p - 2 \\ &= {}_p\mathrm{C}_0 + {}_p\mathrm{C}_1 + {}_p\mathrm{C}_2 + \cdots + {}_p\mathrm{C}_{p-1} + {}_p\mathrm{C}_p - 2 \\ &= {}_p\mathrm{C}_1 + {}_p\mathrm{C}_2 + \cdots + {}_p\mathrm{C}_{p-1} \qquad {}_p\mathrm{C}_0 = {}_p\mathrm{C}_p = 1 \text{である。}\end{aligned}$$

前半より，$_p\mathrm{C}_k (k=1, 2, \cdots, p-1)$ は p の倍数であるから，2^p-2 は p の倍数である。──（証明終）

✓ SKILL UP

二項係数の性質

$$r\,{}_n\mathrm{C}_r = n\,{}_{n-1}\mathrm{C}_{r-1} \quad (n \geqq 2, \ 1 \leqq r \leqq n)$$

36

Lv. ❚❚❙❙❙
Ⅱ

(1) $1 \cdot {}_nC_1 + 2 \cdot {}_nC_2 + \cdots + (n-1) \cdot {}_nC_{n-1} + n \cdot {}_nC_n$ を計算せよ。

(2) ${}_{2n+1}C_0 + {}_{2n+1}C_1 + {}_{2n+1}C_2 + \cdots + {}_{2n+1}C_{n-1} + {}_{2n+1}C_n$ を計算せよ。

navigate

二項係数の和は二項定理を利用する。ただし，ともに工夫が必要な問題である。

解

(1) 求める和を S_1 とすると，二項係数の性質 $k\,{}_nC_k = n\,{}_{n-1}C_{k-1}$ から

$$S_1 = n \cdot {}_{n-1}C_0 + n \cdot {}_{n-1}C_1 + \cdots$$
$$+ n \cdot {}_{n-1}C_{n-2} + n \cdot {}_{n-1}C_{n-1}$$
$$= n({}_{n-1}C_0 + {}_{n-1}C_1 + \cdots + {}_{n-1}C_{n-2} + {}_{n-1}C_{n-1})$$
$$= n(1+1)^{n-1} = \boldsymbol{n \cdot 2^{n-1}} \text{—(答)}$$

> 1, 2, 3, …と1ずつ増える係数を二項係数の性質 $k\,{}_nC_k = n\,{}_{n-1}C_{k-1}$ から，すべて n にできるのが重要。

別解 両辺微分することで，求める和が登場する

$$(1+x)^n = {}_nC_0 + {}_nC_1 x + {}_nC_2 x^2 + \cdots + {}_nC_{n-1}x^{n-1} + {}_nC_n x^n \quad \cdots ①$$

両辺 x で微分すると

$$n(1+x)^{n-1} = 1 \cdot {}_nC_1 + 2 \cdot {}_nC_2 x + \cdots + (n-1) \cdot {}_nC_{n-1}x^{n-2} + n \cdot {}_nC_n x^{n-1}$$

$x = 1$ を代入して

$$n \cdot 2^{n-1} = 1 \cdot {}_nC_1 + 2 \cdot {}_nC_2 + 3 \cdot {}_nC_3 + \cdots + (n-1) \cdot {}_nC_{n-1} + n \cdot {}_nC_n$$

(2) 求める和を S_2 とする。二項定理より

$${}_{2n+1}C_0 + {}_{2n+1}C_1 + \cdots + {}_{2n+1}C_n + {}_{2n+1}C_{n+1} + \cdots + {}_{2n+1}C_{2n} + {}_{2n+1}C_{2n+1}$$
$$= (1+1)^{2n+1}$$

ここで，二項係数の性質 ${}_nC_r = {}_nC_{n-r}$ から

$${}_{2n+1}C_0 + {}_{2n+1}C_1 + \cdots + {}_{2n+1}C_n + {}_{2n+1}C_n + \cdots + {}_{2n+1}C_1 + {}_{2n+1}C_0 = (1+1)^{2n+1}$$
$$2S_2 = 2^{2n+1}$$
$$S_2 = \boldsymbol{2^{2n}} \text{—(答)}$$

✓ SKILL UP

二項係数の和を求めるときは，二項定理を利用する。また，問題によっては，与えられた和に対して二項係数の性質を利用するときもある。

Theme 10 | 場合の数と漸化式

37
Lv. ▪▫▫
Ⓑ

平面上にどの2本も平行でなく，また，どの3本も同じ点を通らないn本の直線を引くとき，平面がa_n個の部分に分かれるとする。a_{n+1}をa_nで表し，a_nを求めよ。

38
Lv. ▪▫▫
Ⓑ

数字1，2，3を重複を許してn個並べた順列のうち，1が奇数個含まれるものはいくつあるか。

39
Lv. ▪▫▫
Ⓑ

1歩で1段または2段のいずれかでn段の階段を昇る。ただし，1歩で2段昇ることは連続しない。この昇り方をa_n通りとする。a_nについて漸化式を立て，a_{15}を求めよ。

40
Lv. ▪▫▫
Ⓑ

1からnまでの番号が1つずつ書かれたn枚のカードを左から順に並べる。左からk番目に番号kのカードがこない並べ方をa_n通りとする。a_{n+2}をa_{n+1}，a_nで表せ。

■ 場合の数のn問題

題意がつかみにくいときは，**具体化して状況把握**する。立式は3パターンある。

（方法1）直接求める （方法2）ダメなものを取り除く （方法3）漸化式を立てる

例 A，Bを重複を許して5個並べた順列で，Bが連続しない並べ方は何通りか。

【方法1】 直接求める A，Bの個数で場合分けして考える。

Aが5個のとき，並べ方は 1通り

Aが4個，Bが1個のとき，並べ方は $\dfrac{5!}{4!}=5$（通り）

Aが3個，Bが2個のとき，先にAを並べて両端とすき間4か所からBの入る場所を選んで $_4C_2=6$（通り）

Aが2個，Bが3個のとき，BABABと並べるものだけで 1通り

以上より $1+5+6+1=13$（通り）

【方法2】 全体からダメなものを取り除く

全体として2^5通りある。このうち，Bが連続するものを**何番目からBが連続するかで場合分けして**考える。ただし，CはAでもBでもどちらでもよいとする。

1番目から連続するのは，BBCCCと並べて $2^3=8$（通り）

2番目から連続するのは，ABBCCと並べて $2^2=4$（通り）

3番目から連続するのは，CABBCと並べて $2^2=4$（通り）

4番目から連続するのは，CCABBと並べるものから，BBABBを除いて
$2^2-1=3$（通り）

以上より $2^5-(8+4+4+3)=13$（通り）

【方法3】 漸化式を立てる

「はじめの文字がどちらかで場合分けして」考えてみると

(i) $\boxed{\text{A}}-\boxed{\text{残り4文字をBが連続しないように並べる}}$

(ii) $\boxed{\text{B}}\,\boxed{\text{A}}-\boxed{\text{残り3文字をBが連続しないように並べる}}$

求める場合の数をa_5とすると，$a_5=a_4+a_3$という関係式が立つ。同様にして

$$a_5=a_4+a_3=(a_3+a_2)+a_3=2a_3+a_2$$
$$=2(a_2+a_1)+a_2=3a_2+2a_1=3\cdot3+2\cdot2=13$$

37

Lv. ▮▮▮▮
Ⓑ

平面上にどの2本も平行でなく，また，どの3本も同じ点を通らないn本の直線を引くとき，平面がa_n個の部分に分かれるとする。a_{n+1}をa_nで表し，a_nを求めよ。

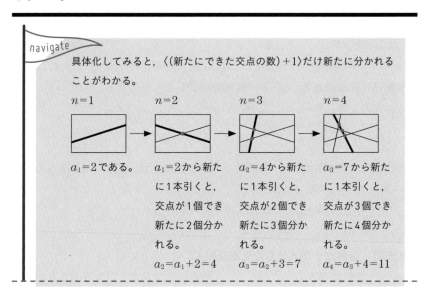

navigate

具体化してみると，〈(新たにできた交点の数)＋1〉だけ新たに分かれることがわかる。

$n=1$

$a_1=2$である。

$n=2$

$a_1=2$から新たに1本引くと，交点が1個でき新たに2個分かれる。

$a_2=a_1+2=4$

$n=3$

$a_2=4$から新たに1本引くと，交点が2個でき新たに3個分かれる。

$a_3=a_2+3=7$

$n=4$

$a_3=7$から新たに1本引くと，交点が3個でき新たに4個分かれる。

$a_4=a_3+4=11$

解

n本の直線によってa_n個の部分に分かれているとする。ここで，新たに1本の直線を引くと，どの2本も平行でなく，どの3本も同じ点を通らないように引くので，新たにn個の交点ができ，$(n+1)$個の部分が増加する。よって

$$a_{n+1}=a_n+(n+1) \text{—(答)}$$

$n \geqq 2$のとき

$$a_n=a_1+\sum_{k=1}^{n-1}(k+1)=2+\frac{n(n-1)}{2}+(n-1)=\frac{n^2+n+2}{2}$$

これは$n=1$のときも成り立つので

$$a_n=\frac{n^2+n+2}{2} \text{—(答)}$$

☑ SKILL UP

場合の数と漸化式立式のポイントは，N番目の状態と，$N+1$番目の状態の関係式を考えること。

38

Lv. ■■■ **B**

数字1，2，3を重複を許してn個並べた順列のうち，1が奇数個含まれるものはいくつあるか。

navigate

本問は「はじめ」または「終わり」の数字が何かで場合分けすると漸化式が立てやすい。

解1 漸化式を立てて解く。

1が奇数個のものがa_n通りあるとする。このとき，順列全体としては3^n通りあるので，1が偶数個のものは3^n-a_n通りある。

$n+1$個の順列のうち1が奇数個含まれるものは

(i) 最初のn個の並びに1が奇数個，最後の$n+1$個目に2か3　$2a_n$通り

(ii) 最初のn個の並びに1が偶数個，最後の$n+1$個目に1　(3^n-a_n)通り

(i)，(ii)は同時には起こらないので　$a_{n+1}=2a_n+(3^n-a_n)=a_n+3^n$

$n\geqq2$のとき　$a_n=a_1+\sum_{k=1}^{n-1}3^k=1+\dfrac{3(3^{n-1}-1)}{3-1}=\dfrac{3^n-1}{2}$

これは$n=1$のときも成り立つので　$a_n=\dfrac{3^n-1}{2}$ —(答)

解2 直接求める（発展）。

1が1個のもの，3個のもの，5個のもの…と場合分けして順に加えると

$$a_n={}_nC_1\cdot2^{n-1}+{}_nC_3\cdot2^{n-3}+{}_nC_5\cdot2^{n-5}+\cdots$$

1つ飛ばしの二項係数の和は＋－逆の二項定理を辺々足したり引いたりすればよい。

例えば，1が3個のものは

1	2	3	…	$n-1$	n

のマスでどの3個のマスに1を入れるかが${}_nC_3$通り。残った$n-3$個のマスに2か3を入れるのが2^{n-3}通りあるので，${}_nC_3\cdot2^{n-3}$通り。

$(2+1)^n={}_nC_0\cdot2^n+{}_nC_1\cdot2^{n-1}+{}_nC_2\cdot2^{n-2}+{}_nC_3\cdot2^{n-3}+\cdots$

$-)\quad(2-1)^n={}_nC_0\cdot2^n-{}_nC_1\cdot2^{n-1}+{}_nC_2\cdot2^{n-2}-{}_nC_3\cdot2^{n-3}+\cdots$

$3^n-1=2({}_nC_1\cdot2^{n-1}+{}_nC_3\cdot2^{n-3}+{}_nC_5\cdot2^{n-5}+\cdots)$

よって　$a_n=\dfrac{3^n-1}{2}$ —(答)

✓ **SKILL UP**

場合の数と漸化式立式のポイントは，はじめまたは終わりの状態をすべて場合分けして，立式しやすくすること。

39

Lv.▮▮▮
Ⓑ

1歩で1段または2段のいずれかでn段の階段を昇る。ただし，1歩で2段昇ることは連続しない。この昇り方をa_n通りとする。a_nについて漸化式を立て，a_{15}を求めよ。

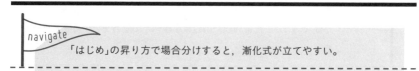

navigate

「はじめ」の昇り方で場合分けすると，漸化式が立てやすい。

解

はじめの昇り方に着目して，場合分けすると

(i) 最初の1歩で1段昇るとき，残りの$n-1$段の昇り方は a_{n-1}通り

(ii) 最初の1歩で2段昇るとき，次の1歩は必ず1段昇ることになるから，残りの$n-3$段の昇り方は a_{n-3}通り

(i)，(ii)は同時に起こらないので $\boldsymbol{a_n = a_{n-1} + a_{n-3}} \quad (\boldsymbol{n \geq 4})$ —答

この漸化式を用いて，a_{15}まで順に求めて表にすると，次のようになる。

n	1	2	3	4	5	6	7	8	9	10	11	12	13	14	15
a_n	1	2	3	4	6	9	13	19	28	41	60	88	129	189	277

よって，求める昇り方は **277通り** —答

別解 **直接求める**

1段でm回，2段でn回昇るとすると $m+2n=15$ （m, nは0以上の整数）

ここで，$n \leq 7$であり，$(m, n) = (15, 0), (13, 1), (11, 2), \cdots, (3, 6),$ $(1, 7)$となるが，$n \geq 6$のものは，2段が連続するので除いて考える。

1歩で1段昇ることを①，1歩で2段昇ることを②とする。

$(m, n) = (5, 5)$となる昇り方は，①が5個，②が5個の順列で②が隣り合わないものを数えて，${}_6C_5$通りある。

（先に①を5個並べ，両端と間6か所から②が入る5か所選ぶのが${}_6C_5$通り）

$(m, n) = (7, 4)$となる昇り方は，①が7個，②が4個の順列で②が隣り合わないものを数えて，${}_8C_4$通りある。

同様にして $a_n = {}_6C_5 + {}_8C_4 + {}_{10}C_3 + {}_{12}C_2 + {}_{14}C_1 + 1 = \boldsymbol{277(通り)}$ —答

✓ SKILL UP

場合の数と漸化式立式のポイントは，はじめまたは終わりの状態をすべて場合分けして，立式しやすくすること。

40

Lv. **B**

1からnまでの番号が1つずつ書かれたn枚のカードを左から順に並べる。左からk番目に番号kのカードがこない並べ方をa_n通りとする。a_{n+2}をa_{n+1}, a_nで表せ。

> navigate
>
> 具体化して考える。$n=5$としてみる。このとき，求める並べ方は，
>
> | 1以外 | 2以外 | 3以外 | 4以外 | 5以外 | となるような | 1 |～| 5 |の並べ
>
> 方である。左端が| 2 |のときを考える。
>
> (i) | 2 | 1 | | | |のとき
>
> 残りの3枚のカードの並べ方は，| 3以外 | 4以外 | 5以外 |の条件に対して，
>
> | 3 |，| 4 |，| 5 |を並べればよく，a_3通りある。
>
> (ii) | 2 | 1以外 | | | |のとき
>
> 2番目を含めて残り4枚のカードの並べ方は，
>
> ↓2以外の条件もあるが，| 2 |は1番目にあるのでこの条件は不要
>
> | 1以外 | 3以外 | 4以外 | 5以外 |の条件に対して，| 1 |，| 3 |，| 4 |，| 5 |を並べ
>
> ればよく，a_4通りある。
>
> (i)，(ii)は同時には起こらないので，左端が| 2 |のときは，a_3+a_4通りある。
>
> このように考えて，左端が| 3 |，| 4 |，| 5 |のときも同様にa_3+a_4通りある
>
> ので全部で$4(a_3+a_4)$通りある。これを一般化すれば答えは求められる。

解

左端がkのときを考える。ただし，$k=2, 3, \cdots, n+2$

(i) 左からk番目のカードが1のとき，残りのカードの並べ方はa_n通りある。

(ii) 左からk番目のカードが1以外のとき，k番目を含めて残り$(n+1)$枚の
カードの並べ方は，a_{n+1}通りある（参考）。

(i)，(ii)は同時には起こらないから，$a_{n+1}+a_n$通りある。kは$k=2, 3, \cdots,$
$n+2$の$(n+1)$通りあるので $\boldsymbol{a_{n+2}=(n+1)(a_{n+1}+a_n)}$ —(答)

参考

　$1\ 2\ \cdots\ k\ \cdots n+2$ 　　　　　　　$2\ \ \ 3\ \cdots\ k\ \cdots\ \ \ n+2$

| k | | 1以外 | | |のとき，残りの並べ方は，| 2以外 | 3以外 | $\cdots$ | 1以外 | $\cdots$ | $(n+2)$以外 |

の条件に対して，| 1 |，| 2 |，$\cdots$，| $k-1$ |，| $k+1$ |，$\cdots$，| $n+2$ |の$(n+1)$枚を並べればよく，

a_{n+1}通りである。

確率の基本

1
Lv. ▮▮▮▮

2個のサイコロを投げるとき目の和が素数になる確率を求めよ。

2
Lv. ▮▮▮▮

赤球2個，青球2個，黄球2個全部で6個の球を円形に並べる。このとき，同じ色の球が隣り合わない確率を求めよ。

3
Lv. ▮▮▮▮

15個の製品の中に3個の不良品が入っている。その中から同時に3個の製品を取り出すとき，少なくとも1個の不良品が含まれる確率を求めよ。

4
Lv. ▮▮▮▮

50から100までの番号札から1枚取り出すとき，5の倍数または6の倍数の札が出る確率を求めよ。

Theme分析

サイコロを投げるときのように,同じ条件のもとで何回もくり返すことができ,しかも,その結果が偶然に左右されて決まるような実験や観察などを**試行**という。また,試行の結果として起こる事柄を**事象**という。

例えば,1個のサイコロを投げる試行について考える。

この試行の結果の全体は次のようになる。

$$U = \{1,\ 2,\ 3,\ 4,\ 5,\ 6\}$$

1の目が出る事象をA,奇数の目が出る事象をBとすると,A,Bは,Uの部分集合であり,次のようになる。

$$A = \{1\},\quad B = \{1,\ 3,\ 5\}$$

一般に,ある試行において,起こりうる結果の全体を集合Uで表し,Uで表される事象を**全事象**という。また,特に,Uの1個の要素だけからなる部分集合で表される事象を**根元事象**という。すべての根元事象がどれも同じ程度に起こると期待できるとき,これらの根元事象は**同様に確からしい**という。

■　確率の定義

各根元事象が同様に確からしいとき,事象Aが起こる確率$P(A)$は

$$P(A) = \frac{（事象Aの起こる場合の数）}{（起こりうるすべての場合の数）}$$

確率を求めるときに重要なことは,各根元事象を同様に確からしく考えることである。簡単に言えば,同程度で起こるものを各事象として考えることである。

例えば,コインを2枚投げるとする。この根元事象を{表2枚},{表裏1枚ずつ},{裏2枚}の3通りで考えると各事象の確率が$\frac{1}{3}$となって誤答となる。

正しくは,(表表),(表裏),(裏表),(裏裏)の4通りと考えて各事象の確率は$\frac{1}{4}$とする。

また,求める事象を直接求めることが面倒なときに,反対にAが起こらない事象(余事象)を求めた方が早い問題もある。余事象の確率の公式は 3 で扱う。また,和事象の確率については 4 で扱う。

1

2個のサイコロを投げるとき目の和が素数になる確率を求めよ。

Lv. ∎∎∎∎

navigate

2個のサイコロの目の組合せを区別しない目の出方は

(6, 6), (6, 5), (6, 4), (6, 3),
(6, 2), (6, 1), (5, 5), (5, 4),
(5, 3), (5, 2), (5, 1), (4, 4),
(4, 3), (4, 2), (4, 1), (3, 3),
(3, 2), (3, 1), (2, 2), (2, 1),
(1, 1)

y＼x	1	2	3	4	5	6
1						
2						
3						
4						
5						
6						

の21通り，求める場合の数は8通りな

ので，$\dfrac{8}{21}$とするのは**間違い**である。なぜならば，$(2, 1)$と$(1, 1)$の起

こりやすさは異なるからである。$(2, 1)$は$(1, 2)$の場合もあり，1通り

の$(1, 1)$より起こりやすい。

したがって，2個の目を**区別して**

$$6^2 = 36（通り）$$

の目で考えるのが**正しい**。そのため，右の表の36マスで考えればよい。

解

2つのサイコロの目をx, yとする。

右の表において，各x, yの目に対して，

$x+y$が素数になるのは全部で15通りある。

よって，求める確率は

$$\dfrac{15}{36} = \dfrac{\mathbf{5}}{\mathbf{12}} \ \text{－答}$$

y＼x	1	2	3	4	5	6
1	②	③	4	⑤	6	⑦
2	③	4	⑤	6	⑦	8
3	4	⑤	6	⑦	8	9
4	⑤	6	⑦	8	9	10
5	6	⑦	8	9	10	⑪
6	⑦	8	9	10	⑪	12

✓ SKILL UP

2個のサイコロによる確率では，2個のサイコロを区別して考える。

2
Lv.■❙❙❙

赤球2個，青球2個，黄球2個全部で6個の球を円形に並べる。このとき，同じ色の球が隣り合わない確率を求めよ。

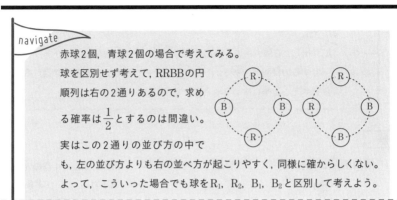

navigate

赤球2個，青球2個の場合で考えてみる。

球を区別せず考えて，RRBBの円順列は右の2通りあるので，求める確率を $\dfrac{1}{2}$ とするのは間違い。

実はこの2通りの並び方の中でも，左の並び方よりも右の並べ方が起こりやすく，同様に確からしくない。

よって，こういった場合でも球をR_1, R_2, B_1, B_2と区別して考えよう。

解

R_1, R_2, B_1, B_2, Y_1, Y_2 と区別する。R_1の位置を固定すると，全部で5!通りある。このうち，同じ色の球が隣り合わないのは，Rの位置に着目して3つに場合分けする。

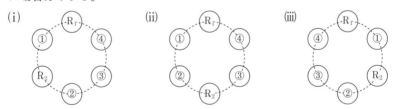

(i) ②の選び方が4通り，③の選び方が②と異なる色で2通り。すると，①，④は自動的に1通りに定まる。よって　4・2＝8(通り)

(ii) ①の選び方が4通り，②の選び方が①と異なる色で2通り。③の選び方が2通り。残ったものが④に入る。よって　4・2・2＝16(通り)

(iii) (i)と同様に8通り。

以上から　$\dfrac{8+16+8}{5!}=\dfrac{\mathbf{4}}{\mathbf{15}}$ —答

✓ SKILL UP

同じ色の球を含む確率では，同じ色の球でも区別して考える。

3

Lv.∎∎∎∎ 15個の製品の中に3個の不良品が入っている。その中から同時に3個の製品を取り出すとき，少なくとも1個の不良品が含まれる確率を求めよ。

🚩 navigate

取り出した3個の中の不良品の数は，3個，2個，1個の場合があり場合分けするのは面倒である。「少なくとも〜」の確率を求めるときは，余事象を考えると楽に求められることが多い。

解

15個の製品から，同時に3個を取り出す方法は

$$_{15}C_3 通り$$

3個とも良品である確率は $\dfrac{_{12}C_3}{_{15}C_3}=\dfrac{44}{91}$

よって，求める確率は $1-\dfrac{44}{91}=\dfrac{\mathbf{47}}{\mathbf{91}}$ —(答)

> 「少なくとも1個の不良品が含まれる」という事象は，「3個とも良品である」という事象の余事象である。

参考 いつも余事象を利用すべき？

袋の中に赤球3個，黄球3個，青球3個の9個の球が入っており，それぞれの色の球には1から3までの数字が1つずつ書かれている。この袋から一度に3個の球を取り出すとき，同じ色の球を含む確率で考えてみよう。

(R_1, R_3, Y_1)や，(B_1, B_2, B_3)などを取り出せばよく，これを直接求めるには，同じ色の球が3個の場合と2個だけの場合に分けて考えないといけない。

これを求めるよりは，余事象を考えて，3個の色がすべて異なる場合を考える方が早い。このように場合の数，確率を求めるときは，常に全体を意識して求めたい方，または求めたくない方，どちらが楽かを考えたい。

9個の球から3個を取り出す場合の総数は $_9C_3$ 通り

3個の球の色がすべて異なるのは，3個の球の色が赤，黄，青のようになる場合である。また，それぞれの球の番号の決め方が3・3・3通りあり，その確率は

$$\dfrac{3^3}{_9C_3}=\dfrac{9}{28}$$

よって，求める確率は $1-\dfrac{9}{28}=\dfrac{19}{28}$

✓ SKILL UP

事象Aに対し，Aが起こらない確率（余事象の確率）$P(\overline{A})$は

$$P(\overline{A})=1-P(A)$$

4

Lv.▪▪▫▫ 50から100までの番号札から1枚取り出すとき，5の倍数または6の倍数の札が出る確率を求めよ。

navigate

$A \cup B$の確率を求めるときは，$A \cap B$の存在に注意する。$A \cap B$が存在するときは，ダブリとして引く。

解

番号札の取り出し方は全部で

$$100 - 50 + 1 = 51 (通り)$$

取り出した札の番号が5の倍数という事象をA，6の倍数という事象をBとすると，5の倍数または6の倍数の札が出るという事象は$A \cup B$である。

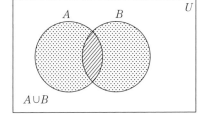

$n(A) = \left[\dfrac{100}{5}\right] - \left[\dfrac{49}{5}\right] = 11$ から，$P(A) = \dfrac{11}{51}$

$n(B) = \left[\dfrac{100}{6}\right] - \left[\dfrac{49}{6}\right] = 8$ から，$P(B) = \dfrac{8}{51}$

$n(A \cap B) = \left[\dfrac{100}{30}\right] - \left[\dfrac{49}{30}\right] = 2$ から，

$$P(A \cap B) = \dfrac{2}{51}$$

1からnまでのpの倍数の個数は，$[●]$を●を超えない最大の整数として$\left[\dfrac{n}{p}\right]$である。

今回のA，Bは互いに排反でなく，$A \cap B$は30の倍数の札が出るという事象である。

よって，求める確率は

$$P(A \cup B) = P(A) + P(B) - P(A \cap B)$$
$$= \dfrac{11}{51} + \dfrac{8}{51} - \dfrac{2}{51} = \dfrac{17}{51} = \boldsymbol{\dfrac{1}{3}} \text{—(答)}$$

✓ SKILL UP

2つの事象A，Bに対し，和事象の確率$P(A \cup B)$は

$$P(A \cup B) = P(A) + P(B) - P(A \cap B)$$

(和事象の確率)

また，$A \cap B = \varnothing$（空事象）のとき，AとBは互いに排反であるといい

$$P(A \cup B) = P(A) + P(B)$$

(加法定理)

Theme 2 | 条件付き確率

5
Lv. ◼◻◻

血液型がA型，B型である100人を調べると，男子64人，女子36人で，A型は男子40人，女子13人であった。選ばれた1人が女子のとき，その人がA型である確率を求めよ。

6
Lv. ◼◻◻

A工場からの製品200個，B工場からの製品200個，C工場からの製品100個を混ぜて出荷した。A工場の製品には3%，B工場の製品には2%，C工場の製品には1%の不良品が混ざっている。出荷された製品500個から取り出した1個の製品について，その製品が不良品であったとき，それがC工場で作られたものである確率を求めよ。

7
Lv. ◼◻◻

Aの箱には赤球2個，白球3個，Bの箱には赤球3個，白球3個，Cの箱には赤球4個，白球3個が入っている。無作為に1箱選んで1個の球を取り出したところ赤球であったとき，選んだ箱がAの箱である確率を求めよ。

8
Lv. ◼◼◼
B

1から100までの整数が1つずつ書かれた100枚のカードがある。この中から1枚取り出すとき，カードの数字が2の倍数，3の倍数，5の倍数である事象をそれぞれA，B，Cとする。このとき，事象AとBは独立か従属か調べよ。また，事象AとCは独立か従属か調べよ。

Theme分析

■ 条件付き確率

2つの事象A, Bにおいて，Aが起こったときのBの条件付き確率$P_A(B)$は

$$P_A(B) = \frac{P(A \cap B)}{P(A)}$$

となる。

$P_A(B)$とは，事象Aを新しい標本空間とした場合の事象$A \cap B$の起こる確率と考えられ，右のようなカルノー図を用いて求めると整理しやすいときが多いので，試すとよい。

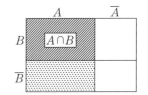

$$P_A(B) = \frac{n(A \cap B)}{n(A)} \quad \cdots ①$$

両辺を$n(U)$で割って

$$P_A(B) = \frac{\dfrac{n(A \cap B)}{n(U)}}{\dfrac{n(A)}{n(U)}}$$

$$= \frac{P(A \cap B)}{P(A)} \quad \cdots ②$$

また，$P_A(B) = \dfrac{P(A \cap B)}{P(A)}$の分母を払うと

$$P(A \cap B) = P(A) \cdot P_A(B)$$

となり，これを確率の乗法定理という。

■ 積事象の確率

2つの事象A, Bに対し，積事象の確率$P(A \cap B)$は

$$P(A \cap B) = P(A) \cdot P_A(B) \quad \text{（乗法定理）} \quad \leftarrow \text{条件付き確率の定義より}$$

AとBが独立なときは

$$P_A(B) = \frac{P(A \cap B)}{P(A)}$$

$$P(A \cap B) = P(A) \cdot P(B)$$

となる。

5 血液型がA型，B型である100人を調べると，男子64人，女子36人で，A型
Lv.▪▪❙❙ は男子40人，女子13人であった。選ばれた1人が女子のとき，その人がA型
である確率を求めよ。

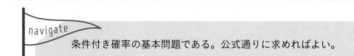

navigate
　　　条件付き確率の基本問題である。公式通りに求めればよい。

解

選ばれた1人が，血液型がA型であるという事象をA，女子であるという事
象をWとする。求める確率は$P_W(A)$で，条件から

$$P(A) = \frac{53}{100}, \quad P(W) = \frac{36}{100},$$

$$P(A \cap W) = \frac{13}{100}$$

	$A(53)$	$\overline{A}(47)$
$W(36)$	13	23
$\overline{W}(64)$	40	24

よって

$$P_W(A) = \frac{P(A \cap W)}{P(W)} = \frac{\dfrac{13}{100}}{\dfrac{36}{100}}$$

$$= \frac{13}{36} \quad \text{—答}$$

参考 「ベン図」と「カルノー図」

ベン図とカルノー図には，次のような対応関係がある。

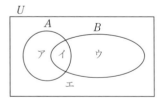

	A	$\overline{A}$
B	イ	ウ
$\overline{B}$	ア	エ

✓ SKILL UP

2つの事象A，Bにおいて，Aが起こったときのBの条件付き確率$P_A(B)$
は

$$P_A(B) = \frac{P(A \cap B)}{P(A)}$$

6 A工場からの製品200個，B工場からの製品200個，C工場からの製品100個を混ぜて出荷した。A工場の製品には3％，B工場の製品には2％，C工場の製品には1％の不良品が混ざっている。出荷された製品500個から取り出した1個の製品について，その製品が不良品であったとき，それがC工場で作られたものである確率を求めよ。

Lv. ∎∎∎∎

navigate
それぞれの不良品の個数を求めて，条件付き確率の定義を利用すれば求められる。

解

A工場，B工場，C工場の製品であるという事象をそれぞれ A, B, C とし，不良であるという事象を E とする。求める確率は $P_E(C)$ で条件から

$$n(A \cap E) = 200 \times \frac{3}{100} = 6$$

$$n(B \cap E) = 200 \times \frac{2}{100} = 4$$

$$n(C \cap E) = 100 \times \frac{1}{100} = 1$$

	$A(200)$	$B(200)$	$C(100)$
E	6	4	1
$\overline{E}$	194	196	99

よって

$$P_E(C) = \frac{P(C \cap E)}{P(E)}$$

$$= \frac{\dfrac{1}{500}}{\dfrac{11}{500}} = \mathbf{\frac{1}{11}} \ -\text{答}$$

✓ SKILL UP

2つの事象 A, B において，A が起こったときの B の条件付き確率 $P_A(B)$ は

$$P_A(B) = \frac{P(A \cap B)}{P(A)}$$

7 Aの箱には赤球2個，白球3個，Bの箱には赤球3個，白球3個，Cの箱には
Lv.●●●● 赤球4個，白球3個が入っている。無作為に1箱選んで1個の球を取り出した
ところ赤球であったとき，選んだ箱がAの箱である確率を求めよ。

navigate

箱Aから赤球をとるためには，まずAの箱を選んで赤球を取らないといけないので，$\dfrac{2}{5}$という確率は$P_A(R)$という条件付き確率である。Aを選ぶ確率は$\dfrac{1}{3}$なので，$P(A \cap R)$が求められる。

解

箱A，B，Cを選ぶという事象をそれぞれA，B，Cとし，赤球を取り出すという事象をR，白球を取り出すという事象をWとすると，条件より

$$P_A(R) = \frac{2}{5}, \ P_B(R) = \frac{1}{2}, \ P_C(R) = \frac{4}{7}$$

箱Aを選んで赤球を取り出す確率$P(A \cap R)$は

$$P(A \cap R) = P(A) \cdot P_A(R) = \frac{1}{3} \cdot \frac{2}{5} = \frac{2}{15}$$

同様に　$P(B \cap R) = \frac{1}{3} \cdot \frac{1}{2} = \frac{1}{6}, \ P(C \cap R) = \frac{1}{3} \cdot \frac{4}{7} = \frac{4}{21}$

$A \cap R$，$B \cap R$，$C \cap R$は互いに排反であるから

$$P(R) = P(A \cap R) + P(B \cap R) + P(C \cap R)$$

よって，求める確率は

$$P_R(A) = \frac{P(R \cap A)}{P(R)} = \frac{P(A \cap R)}{P(A \cap R) + P(B \cap R) + P(C \cap R)}$$

$$= \frac{\dfrac{2}{15}}{\dfrac{2}{15} + \dfrac{1}{6} + \dfrac{4}{21}} = \mathbf{\frac{28}{103}} \ -\text{(答)}$$

```
─A─────
R, R
W, W, W
─B─────
R, R, R
W, W, W
─C─────
R, R, R, R
W, W, W
```

✓ **SKILL UP**

2つの事象A，Bに対し，積事象の確率$P(A \cap B)$は

$$P(A \cap B) = P(A) \cdot P_A(B) \textbf{(乗法定理)} \ \leftarrow 条件付き確率の定義より$$

$$P_A(B) = \frac{P(A \cap B)}{P(A)}$$

8

Lv.〓〓〓 Ⓑ

1から100までの整数が1つずつ書かれた100枚のカードがある。この中から1枚取り出すとき，カードの数字が2の倍数，3の倍数，5の倍数である事象をそれぞれA，B，Cとする。このとき，事象AとBは独立か従属か調べよ。また，事象AとCは独立か従属か調べよ。

navigate

独立・従属の判定は$P(A \cap B) = P(A) \cdot P(B)$が成り立つかどうかで調べる。

解

番号札の取り出し方は全部で100通り。

$A \cap B$は取り出した数字が6の倍数，

$A \cap C$は取り出した数字が10の倍数である。

1からnまでのpの倍数の個数は，$[\bullet]$を$\bullet$を超えない最大の整数として$\left[\dfrac{n}{p}\right]$である。

$$n(A) = \left[\frac{100}{2}\right] = 50 \text{ から} \quad P(A) = \frac{50}{100} = \frac{1}{2}$$

$$n(B) = \left[\frac{100}{3}\right] = 33 \text{ から} \quad P(B) = \frac{33}{100}$$

$$n(C) = \left[\frac{100}{5}\right] = 20 \text{ から} \quad P(C) = \frac{20}{100} = \frac{1}{5}$$

$$n(A \cap B) = \left[\frac{100}{6}\right] = 16 \text{ から} \quad P(A \cap B) = \frac{16}{100} = \frac{4}{25}$$

$$n(A \cap C) = \left[\frac{100}{10}\right] = 10 \text{ から} \quad P(A \cap C) = \frac{10}{100} = \frac{1}{10}$$

よって，$P(A) \cdot P(B) = \dfrac{1}{2} \cdot \dfrac{33}{100} = \dfrac{33}{200}$ より，$P(A) \cdot P(B) \neq P(A \cap B)$ となり，

事象AとBは従属である。—㈎

$P(A) \cdot P(C) = \dfrac{1}{2} \cdot \dfrac{1}{5} = \dfrac{1}{10}$ より，$P(A) \cdot P(C) = P(A \cap C)$ となり，**事象AとC**

は独立である。—㈎

✓ SKILL UP

2つの事象A，Bに対し，次の関係式で事象の独立・従属を判定する。

$$A \text{と} B \text{は独立} \Longleftrightarrow P(A \cap B) = P(A) \cdot P(B)$$

$$A \text{と} B \text{は従属} \Longleftrightarrow P(A \cap B) \neq P(A) \cdot P(B)$$

Theme 3 | 反復試行の確率

9
Lv. ∎∎∎∎

1個のサイコロを5回続けて投げるとき，1の目が2回，2の目が2回，6の目が1回出る確率を求めよ。

10
Lv. ∎∎∎∎

野球チームA, Bが試合をする。7試合制とし，先に4勝した方が優勝とする。毎回の試合で，Aが勝つ確率は $\dfrac{2}{3}$，Bが勝つ確率は $\dfrac{1}{3}$ であるとき，Aが第6試合で優勝を決める確率を求めよ。ただし，引き分けはないものとする。

11
Lv. ∎∎∎∎

xy 平面上を動く点Pがある。点Pは原点を出発し，サイコロを振り，1または2の目が出れば x 軸の正の向きに1だけ，3の目が出れば x 軸の負の向きに1だけ，4または5の目が出れば y 軸の正の向きに1だけ，6の目が出れば y 軸の負の向きに1だけ動く。サイコロを4回投げるとき，点Pが原点にいる確率を求めよ。

12
Lv. ∎∎∎∎

n を3以上の自然数とする。サイコロを n 回投げるとき，1の目がちょうど3回出る確率を p_n とするとき，p_n が最大となるときの n をすべて求めよ。

Theme分析

同じ試行を何回か繰り返し行う試行を反復試行という。反復試行の確率の公式について確認する。このThemeでは，反復試行の確率について扱う。

例　表裏が同じ確率で出るコインを5回投げて，表が3回出る確率を求めよう。

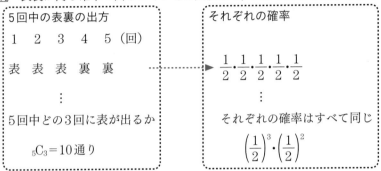

$$(求める確率) = {}_5C_3 \cdot \left(\frac{1}{2}\right)^3 \cdot \left(\frac{1}{2}\right)^2$$

これを一般化する。1回の試行で，事象Aの起こる確率がpであるとする。この試行をn回繰り返して行うとき，事象Aがちょうどr回起こる確率を求める。事象Aが起こるのをA(確率p)，起こらないのを×(確率$1-p$)とする。

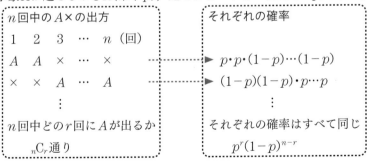

$$(求める確率) = {}_nC_r\, p^r(1-p)^{n-r}$$

■　反復試行の確率

1回の試行で，事象Aの起こる確率がpであるとする。この試行をn回繰り返して行うとき，事象Aがちょうどr回起こる確率は

$$_nC_r\, p^r(1-p)^{n-r}$$

9

Lv.∎∎❘❘❘

1個のサイコロを5回続けて投げるとき，1の目が2回，2の目が2回，6の目が1回出る確率を求めよ。

navigate

1, 1, 2, 2, 6と順に出る確率は$\left(\dfrac{1}{6}\right)^5$であり，1, 2, 1, 2, 6と順に出る確率も同じ$\left(\dfrac{1}{6}\right)^5$である。これらから，あとは目の出る順を考えればよく，それは$\dfrac{5!}{2!2!}$通りである。

解

1, 1, 2, 2, 6の順列は$\dfrac{5!}{2!2!}$通りあるから

$$\frac{5!}{2!2!} \times \left(\frac{1}{6}\right)^5 = \frac{5}{1296} \text{—答}$$

✓ SKILL UP

1回の試行で，事象Aの起こる確率がpであるとする。この試行をn回繰り返して行うとき，事象Aがちょうどr回起こる確率は

$$_n\mathrm{C}_r p^r (1-p)^{n-r}$$

事象が3つ以上あるときも，上記の公式は

（起こる場合の数）×（それぞれの起こる確率）

となっていることを理解してれば同様につくれる。

10 野球チーム A, B が試合をする。7試合制とし, 先に4勝した方が優勝とする。

Lv.∎∎∎∎ 毎回の試合で, A が勝つ確率は $\dfrac{2}{3}$, B が勝つ確率は $\dfrac{1}{3}$ であるとき, A が第6

試合で優勝を決める確率を求めよ。ただし, 引き分けはないものとする。

---

navigate

A が第6試合で優勝を決めるには, A が4勝2敗であればよいので,

$_6C_2\left(\dfrac{2}{3}\right)^4\left(\dfrac{1}{3}\right)^2$ とするのは間違いである。

勝ちを○, 負けを×とするとき, 順に○○○×○×となるような, 第5
試合で優勝が決まる場合も含んでいるからである。

したがって, 第1試合から第5試合までに A が3勝2敗で第6試合に A が
勝つというように, 最後だけ分けて考えなくてはならない。

解

A が第6試合で優勝を決めるのは, 第5試合までに A が3勝, B が2勝し, 第
6試合で A が勝つ場合である。よって, 第5試合までに A が3勝, B が2勝す
る確率は

$$_5C_3\left(\dfrac{2}{3}\right)^3\left(\dfrac{1}{3}\right)^2 = {}_5C_2\left(\dfrac{2}{3}\right)^3\left(\dfrac{1}{3}\right)^2 = \dfrac{5\cdot4}{2\cdot1}\cdot\dfrac{2^3}{3^3}\cdot\dfrac{1}{3^2} = \dfrac{80}{243}$$

第6試合で A が勝つ確率は $\dfrac{2}{3}$ であるから, 求める確率は

$$\dfrac{80}{243}\times\dfrac{2}{3} = \dfrac{\mathbf{160}}{\mathbf{729}} —答$$

✓ SKILL UP

1回の試行で, 事象 A の起こる確率が p であるとする。この試行を n 回繰
り返して行うとき, 事象 A がちょうど r 回起こる確率は

$$_nC_r\, p^r(1-p)^{n-r}$$

試行の終了条件に事象の起こる回数が含まれるようなときは, n 回目で
終了する確率は

$$(n-1\text{回目までであと一歩となる確率})\times(n\text{回目で終了する確率})$$

となり, 最後の n 回目を別にして求めるときがある。

11

Lv. ▮▮▯▯

xy平面上を動く点Pがある。点Pは原点を出発し，サイコロを振り，1または2の目が出ればx軸の正の向きに1だけ，3の目が出ればx軸の負の向きに1だけ，4または5の目が出ればy軸の正の向きに1だけ，6の目が出ればy軸の負の向きに1だけ動く。サイコロを4回投げるとき，点Pが原点にいる確率を求めよ。

navigate

事象は→，←，↑，↓の4通りで考える。原点に戻るための各事象の回数を調べれば，反復試行の公式から求められる。

解

x軸正方向，負方向，y軸正方向，負方向に1進むことをそれぞれA，B，C，Dとし，各事象の起こる回数をa，b，c，dとする。各事象の確率は

$$P(A)=\frac{1}{3}, \ P(B)=\frac{1}{6}, \ P(C)=\frac{1}{3}, \ P(D)=\frac{1}{6}$$

① 事象を決める

4回後に動点Pが原点にいるのは，次のいずれかの場合である。

(i) A2回，B2回

(ii) C2回，D2回

(iii) A，B，C，Dが1回ずつ

よって，求める確率は

$$_4\mathrm{C}_2\left(\frac{1}{3}\right)^2\left(\frac{1}{6}\right)^2 + {}_4\mathrm{C}_2\left(\frac{1}{3}\right)^2\left(\frac{1}{6}\right)^2 + 4!\cdot\frac{1}{3}\cdot\frac{1}{6}\cdot\frac{1}{3}\cdot\frac{1}{6}$$

$$=\frac{1}{9} \ —(答)$$

② 各事象の起こる回数を調べる

$a+b+c+d=4,$
$a-b=0, \ c-d=0$

を解くと

$(a,b,c,d)=(2,2,0,0),$
$(0,0,2,2),$
$(1,1,1,1)$

③ 立式する

(iii)の確率は，例えば，$ABCD$の順に出る確率が$\frac{1}{3}\cdot\frac{1}{6}\cdot\frac{1}{3}\cdot\frac{1}{6}$であり，$A$，$B$，$C$，$D$の順列が4!なので，$4!\cdot\frac{1}{3}\cdot\frac{1}{6}\cdot\frac{1}{3}\cdot\frac{1}{6}$となる。

✓ SKILL UP

サイコロ・コインなどによって点を移動させる問題では，次のような順に考えればよい。

① 事象を決める　② 各事象の起こる回数を調べる　③ 立式する

12

Lv.■■❙❙❙

nを3以上の自然数とする。サイコロをn回投げるとき，1の目がちょうど3回出る確率をp_nとするとき，p_nが最大となるときのnをすべて求めよ。

navigate

p_nは公式からすぐ求められる。最大値は下の解答のように求める。有名な解法であり，経験の差が出る問題である。

解

反復試行の確率の公式より $\quad p_n = {}_n\mathrm{C}_3 \left(\dfrac{1}{6}\right)^3 \left(\dfrac{5}{6}\right)^{n-3}$

p_n と p_{n+1} の大小を比べると

$$\dfrac{p_{n+1}}{p_n} = \dfrac{(n+1)n(n-1)\cdot 5^{n-2}}{3\cdot 2\cdot 1\cdot 6^{n+1}} \times \dfrac{3\cdot 2\cdot 1\cdot 6^n}{n(n-1)(n-2)\cdot 5^{n-3}}$$

$$= \dfrac{5(n+1)}{6(n-2)}$$

$n \geqq 3$ より，$n-2>0$ であり，$\dfrac{p_{n+1}}{p_n} > 1$ から

$$\dfrac{5(n+1)}{6(n-2)} > 1 \iff 5(n+1) > 6(n-2) \iff n < 17$$

$\dfrac{p_{n+1}}{p_n} = 1$ のとき，$n=17$

$\dfrac{p_{n+1}}{p_n} < 1$ のとき，$n > 17$

$\quad p_3 < p_4 < \cdots\cdots < p_{16} < p_{17} = p_{18} > p_{19} > p_{20} > \cdots\cdots$

したがって，p_n が最大となる自然数nは

$\quad\quad n = \mathbf{17},\ \mathbf{18}$ ―答

> $\dfrac{p_{n+1}}{p_n} > 1$ は $p_n < p_{n+1}$ となり，確率が増加するnの範囲，
>
> $\dfrac{p_{n+1}}{p_n} < 1$ は $p_n > p_{n+1}$ となり，確率が減少するnの範囲を表す。

✓ SKILL UP

確率の最大値・最小値は，次の順で考える。

① 隣の項との大小を調べる $\left(\dfrac{p_{n+1}}{p_n} \gtreqless 1,\ \text{または } p_{n+1} - p_n \gtreqless 0\right)$

② 増減をすべて書き出す $(p_1 < \cdots < p_● > \cdots > p_n)$

13
Lv. ∎∎∎∎

1個のサイコロを4回投げ，出た目を順にx_1, x_2, x_3, x_4とする。

(1) $x_1 > x_2 > x_3 > x_4$となる確率を求めよ。

(2) $x_1 \geqq x_2 \geqq x_3 \geqq x_4$となる確率を求めよ。

14
Lv. ∎∎∎∎

3個のサイコロを投げるとき，最大の目が5となる確率を求めよ。

15
Lv. ∎∎∎∎

n個のサイコロを投げるとき，最大の目が5，最小の目が2となる確率を求めよ。ただし，$n \geqq 2$とする。

16
Lv. ∎∎∎∎

1個のサイコロをn回投げるとき，次の条件をみたす確率を求めよ。

(1) 目の積が4の倍数　　　(2) 目の積が6の倍数

Theme分析

このThemeでは，確率でよく用いられる題材として，サイコロ・コインの確率について扱う。サイコロ・コインをn回繰り返し投げたり，n個を一度に投げたりする問題においては，以下の2つの式がよく利用される。

■ サイコロ・コインの確率

（方法1） 反復試行：$_n\mathrm{C}_r p^r (1-p)^{n-r}$

（方法2） 重複順列 の比で求める：$\dfrac{求める場合の数}{2^n}$，$\dfrac{求める場合の数}{6^n}$

たいていn個を一度に投げるときは重複順列の比で求め，繰り返しn回投げるときは反復試行の公式を利用するが，下の例題を見ればわかるように繰り返し投げるときも重複順列の比で考えることもできる。問題に応じて，扱いやすい式を選択すればよい。

例 表裏が同じ確率で出るコインを5回投げて，表が3回出る確率を求めよう。

前Themeでは，$_5\mathrm{C}_3 \cdot \left(\dfrac{1}{2}\right)^3 \cdot \left(\dfrac{1}{2}\right)^2$ と求めたが，次のように考えてもよい。

表裏の5回分の出方を， 表表裏裏表

などのように入れる入れ方は，2^5通りあり，これらは同様に確からしい。

このうち，表が3回でるのは，表表表裏裏の順列を考えて，$\dfrac{5!}{3! \cdot 2!}$ 通りある。

よって，求める確率は $\dfrac{\dfrac{5!}{3! \cdot 2!}}{2^5}$

このように考えると，次の2通りの立式の方法がある。

①コインをn回投げる反復試行 —— ▶ 反復試行 （起こる場合の数）$\times \left(\dfrac{1}{2}\right)^n$

　　　　　　　　　　　　　　 ▶ 場合の数の比 $\dfrac{（求める場合の数）}{2^n}$

②サイコロをn回投げる反復試行 —— ▶ 反復試行 （起こる場合の数）$\times \left(\dfrac{1}{6}\right)^n$

　　　　　　　　　　　　　　 ▶ 場合の数の比 $\dfrac{（求める場合の数）}{6^n}$

13

1個のサイコロを4回投げ，出た目を順にx_1, x_2, x_3, x_4とする。

Lv.▪▪❘❘

(1) $x_1 > x_2 > x_3 > x_4$となる確率を求めよ。

(2) $x_1 \geqq x_2 \geqq x_3 \geqq x_4$となる確率を求めよ。

navigate

全体は，1〜6のうちから4個重複を許して並べる順列の総数を考える。すべての場合の数は6^4通りあり，$\boxed{x_1}\boxed{x_2}\boxed{x_3}\boxed{x_4}$のように考える。求める場合の数は，大小関係が定められた数字の順列になるので，数字の組合せを考えれば並べ方は1通りに定まる。等号が入らない(1)は単なる組合せの公式，等号が入る(2)は重複組合せの公式を利用する。

解

1〜6のうちから4個重複を許して並べる順列の総数を考える。すべての場合の数は6^4通りあり，$\boxed{x_1}\boxed{x_2}\boxed{x_3}\boxed{x_4}$のように考える。

(1) 1〜6の6個の目から異なる4個を選び，大きさの順にx_1, x_2, x_3, x_4として，求める確率は $\dfrac{{}_6C_4}{6^4} = \dfrac{\mathbf{5}}{\mathbf{432}}$ —(答)

> 1から6までの目から目を4個選びさえすれば，並べ方は1通りに定まる。
> 1, 3, 4, 6を選べば，$\boxed{6}\boxed{4}\boxed{3}\boxed{1}$
> 2, 3, 5, 6を選べば，$\boxed{6}\boxed{5}\boxed{3}\boxed{2}$
> である。よって，組合せの公式で一発で求められる。

(2) 1〜6の6個の目から重複を許して4個を選び，大きさの順にx_1, x_2, x_3, x_4とする。この組合せの総数を求めるのに，○(丸)4個と|(仕切り)5個を横1列に並べた順列を考える。例えば，(6, 6, 3, 1)は，○○|||○||○である。

この順列の総数は$\dfrac{9!}{4!5!}$である。

> 公式利用するなら，${}_6H_4 = {}_9C_4$である。

よって，求める確率は $\dfrac{\dfrac{9!}{4!5!}}{6^4} = \dfrac{126}{6^4} = \dfrac{\mathbf{7}}{\mathbf{72}}$ —(答)

✓ SKILL UP

サイコロの出た目の順序が定められているときは，目の組合せだけ考える。等号を含まないときは${}_nC_r$で，等号を含むときは${}_nH_r$

14

3個のサイコロを投げるとき，最大の目が5となる確率を求めよ。

Lv. ▆▁▊▊

> navigate
>
> 本問ではまず，重複順列の比で求めるとよい。すなわち，1〜6のうちから3個重複を許して並べる順列の総数を考える。すべての場合の数は6^3通りあり，□□□のように考える。最大の目が5となるには，3個とも5以下の目となればよい。ただし，5の目が少なくとも1つ出なければならない。よって，5が出ない場合，すなわち3個とも4以下の目となるものを引けばよい。

解

3個のサイコロを区別して考える。このとき，1〜6のうちから3個重複を許して並べる順列の総数は6^3通りあり，□□□のように考える。

最大の目が5となるのは，3個とも5以下で，5が少なくとも1つ出る場合である。このことから，3個とも5以下になる事象Aから，3個とも4以下になる事象Bを取り除けば求められる。

よって，求める確率は

$$\frac{5^3 - 4^3}{6^3} = \frac{61}{216} \text{ —答}$$

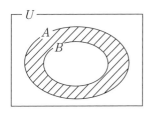

事象A：[1〜5][1〜5][1〜5]
事象B：[1〜4][1〜4][1〜4]

✓ SKILL UP

n個のサイコロを投げて，出た目の最大がMとなる確率は

$$\frac{M^n - (M-1)^n}{6^n}$$

n個のサイコロを投げて，出た目の最小がmとなる確率は

$$\frac{(7-m)^n - (6-m)^n}{6^n}$$

15 n個のサイコロを投げるとき，最大の目が5，最小の目が2となる確率を求め
Lv.▮▮▯▯ よ。ただし，$n \geqq 2$ とする。

> _{navigate}
>
> 前問の応用である。最大の目が5，最小の目が2なので，全体を「n個と
> も2～5の目が出る」ものとして，ダメなものを取り除く。

解

n個のサイコロを区別して考える。このとき，1～6のうちからn個重複を許
して並べる順列の総数は6^n通りある。

最大の目が5，最小の目が2となるのは，

「n個とも2～5の目が出る。

　　ただし，少なくとも1個ずつは2と5の目が出る。」

事象A：n個とも2～5の目が出る。

事象B：n個とも3～5の目が出る。（2の目が出ない）

事象C：n個とも2～4の目が出る。（5の目が出ない）

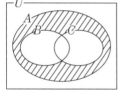

$$P(A) = \frac{4^n}{6^n}$$

$$P(B) = \frac{3^n}{6^n}$$

$$P(C) = \frac{3^n}{6^n}$$

$$P(B \cap C) = \frac{2^n}{6^n}$$

$B \cap C$はn個とも3～4の目が
出る。

よって，求める確率は

$$\frac{4^n}{6^n} - \left(\frac{3^n}{6^n} + \frac{3^n}{6^n} - \frac{2^n}{6^n} \right) = \frac{4^n - 2 \cdot 3^n + 2^n}{6^n} \quad \text{—(答)}$$

✓ SKILL UP

n個のサイコロを投げて出た目の最大がM，最小がmとなる確率は

$$\frac{(M - m + 1)^n - 2 \cdot (M - m)^n + (M - m - 1)^n}{6^n} \quad （ただし，M - m \geqq 1）$$

16

1個のサイコロをn回投げるとき，次の条件をみたす確率を求めよ。

Lv. (1) 目の積が4の倍数　　　(2) 目の積が6の倍数

navigate

本問はサイコロをくり返し投げる問題であり，反復試行の公式を利用すればよい。全体からダメなものを取り除いて考える。

解

(1) サイコロを1回投げたとき，4が出る（4の倍数の目）事象をA，2または6が出る（4の倍数でない偶数の目）事象をB，1または3または5が出る（奇数の目）事象をCとする。積が4の倍数にならないのは，次の場合である。

(ⅰ) 目の積が奇数（事象W）：n回とも奇数が出る

(ⅱ) 目の積が4の倍数でない偶数（事象X）：n回中Cが$n-1$回，Bが1回出る $P(W \cap X)=0$であるから，$P(W \cup X)=P(W)+P(X)$であり，目の積が4の倍数になる確率は

$$1-\left\{\left(\frac{3}{6}\right)^{n}+{}_{n}C_{n-1}\left(\frac{3}{6}\right)^{n-1} \cdot \frac{2}{6}\right\}=\boldsymbol{1-\left(\frac{1}{2}\right)^{n}-\frac{n}{3}\left(\frac{1}{2}\right)^{n-1}}—\text{答}$$

(2) サイコロを1回投げたとき，6が出る事象をD，3が出る事象をE，2または4が出る（6の倍数でない偶数の目）事象をF，1または5が出る事象をGとする。積が6の倍数にならないのは，

(ⅰ) 目の積が偶数でない（事象Y）：n回ともEまたはGが起こる

(ⅱ) 目の積が3の倍数でない（事象Z）：n回ともFまたはGが起こる

ここで，$P(Y)=\left(\frac{1+2}{6}\right)^{n}$，$P(Z)=\left(\frac{2+2}{6}\right)^{n}$，

> 事象E, Gをまとめるのがポイント！
> ダブリに注意する。

$P(Y \cap Z)=\left(\frac{2}{6}\right)^{n}$であるから，

$P(Y \cup Z)=P(Y)+P(Z)-P(Y \cap Z)$となり，求める確率は

$$1-\left\{\left(\frac{1+2}{6}\right)^{n}+\left(\frac{2+2}{6}\right)^{n}-\left(\frac{2}{6}\right)^{n}\right\}=\boldsymbol{1-\left(\frac{1}{2}\right)^{n}-\left(\frac{2}{3}\right)^{n}+\left(\frac{1}{3}\right)^{n}}—\text{答}$$

 SKILL UP

目の積が●の倍数ときたら，●を素因数分解して，1つ1つの事象を決めて考える。

Theme 5 | 球・くじ・カードの確率

17 Lv. ∎∎∎

赤，青，黄，緑の4色のカードが5枚ずつ計20枚ある。各色のカードには，それぞれ1から5までの番号が1つずつ書いてある。この20枚から3枚を一度に取り出すとき，3枚の色がすべて異なる確率を求めよ。また，色も番号もすべて異なる確率を求めよ。

18 Lv. ∎∎∎

10枚のカードに0から9までの数字が1つずつ記入してある。この中から1枚のカードを取り出し，その数字を記録してもとに戻す。この試行を4回繰り返すとき，記録された4つの数字が2種類の数字からなる確率を求めよ。

19 Lv. ∎∎∎

当たりくじを2本含むn本のくじがあり，このくじをA，B，Cの3人がこの順に1本ずつ戻さずに引くとき，A，B，Cのそれぞれが当たる確率を求めよ。ただし，$n \geqq 3$とする。

20 Lv. ∎∎∎

1つの袋に赤い球，白い球，青い球がそれぞれ3個ずつ入っている。赤い球には1，1，2，白い球には1，2，2，青い球には2，2，2という数字がそれぞれ1つずつ書いてある。この袋の中から球を1個ずつ3回取り出すことを考える。ただし，赤い球を取り出したときは袋の中に戻し，白い球と青い球のときには戻さないことにする。このとき，取り出した球に書いてある数字が3回とも1である確率を求めよ。

Theme分析

このThemeでは，球・くじ・カードの確率について扱う。

例 赤球3個，白球2個，計5個の球が入った袋がある。

(1) 同時に3個取るとき，赤球2個，白球1個取る確率を求めよ。

(2) 1個取って戻すことを3回繰り返したとき，赤球を2回取る確率を求めよ。

(3) 戻さずに1個ずつ3回取るとき，赤赤白の順番となる確率を求めよ。

(1) **同時抽出** 球を $R_1 \sim R_3$，$W_1 \sim W_2$ と区別する。

全事象は $_5C_3$ 通りあり，これらは同様に確からしい。

求める確率は $\dfrac{_3C_2 \cdot _2C_1}{_5C_3} = \dfrac{3}{5}$

← 球を区別せずに考えると，全事象は①(R, R, R)，②(R, R, W)，③(R, W, W)の3通りなので，求める確率は $\dfrac{1}{3}$ とするのは間違いである。①よりも③の方が起こりやすく，これらは同様に確からしくない。

(2) **復元抽出**は**反復試行**（もしくは，**重複順列**）

1回で赤を取る確率は $\dfrac{3}{5}$，白を取る確率は $\dfrac{2}{5}$ であり，各回の試行は独立である。

求める確率は $_3C_2\left(\dfrac{3}{5}\right)^2\left(\dfrac{2}{5}\right)^1 = \dfrac{54}{125}$

(3) **非復元抽出** 5個の球を $R_1 \sim R_3$，$W_1 \sim W_2$ と区別する。

取り出した球を ▢▢▢ のマスの中に書くと，全事象は異なる5つの球をマスの中に重複を許さずに並べる順列の総数で，$_5P_3$ 通りとなり，これらは同様に確からしい。求めるのは $\boxed{R_\bullet}\,\boxed{R_\blacktriangle}\,\boxed{W_\blacksquare}$ の色の並べ方に対して，●▲■の番号を振り分けたものであり，求める確率は $\dfrac{_3P_2 \cdot 2}{_5P_3} = \dfrac{1}{5}$

■ 球・くじ・カードの確率

箱や袋に入った球・くじ・カードを取り出す問題では，取り出したものをどう処理するのかで，様々な立式方法がある。

```
┌→元に戻す(復元抽出)──→反復試行　か　重複順列
└→元に戻さない
      ├→順序関係有り(非復元抽出)──→並べる(ₙPᵣ など)
      └→順序関係無し(同時抽出)──→組合せ(ₙCᵣ など)
```

それ以外のパターンは，状況を把握してどう立式するかを考える。

17

Lv. ∎∎⦙⦙

赤，青，黄，緑の4色のカードが5枚ずつ計20枚ある。各色のカードには，それぞれ1から5までの番号が1つずつ書いてある。この20枚から3枚を一度に取り出すとき，3枚の色がすべて異なる確率を求めよ。また，色も番号もすべて異なる確率を求めよ。

navigate

取り出し方において，「一度に」や「同時に」などのキーワードがあれば，同時抽出で取り出した球・くじ・カードの組合せのみを考えればよい。このとき，$_nC_r$ が全体となる。あとは球・くじ・カードの求める組合せを調べればよい。

解

$R_1 \sim R_5$，$B_1 \sim B_5$，$Y_1 \sim Y_5$，$G_1 \sim G_5$ の20枚の札から3枚の札を取り出す方法は $_{20}C_3$ 通りあり，これらは同様に確からしい。

まず，色の選び方は，$_4C_3$ 通りあり，そのそれぞれの色に対して，番号の選び方は，$5^3 = 5 \times 5 \times 5$（通り）ある。

よって，3枚の色がすべて異なる確率は

$$\frac{_4C_3 \cdot 5^3}{_{20}C_3} = \frac{25}{57} \quad -\text{(答)}$$

色も番号も異なるとき，色の選び方は，$_4C_3$ 通りあり，そのそれぞれの色に対して，番号の選び方は，$_5P_3 = 5 \times 4 \times 3$（通り）ある。

よって，色も番号もすべて異なる確率は

$$\frac{_4C_3 \cdot {_5P_3}}{_{20}C_3} = \frac{4}{19} \quad -\text{(答)}$$

同時抽出であり，全体の場合の数は，$_{20}C_3$ 通り

例えば，（赤青緑）を選んだとすると，

赤	青	緑

番号の決め方は，$5 \times 5 \times 5$ 通り

例えば，（赤青緑）を選んだとすると，

赤	青	緑

番号の決め方は，$5 \times 4 \times 3$ 通り

✓ SKILL UP

同時抽出では，全体の場合の数を $_nC_r$ として考える。

18
Lv. ∎∎▮▮

10枚のカードに0から9までの数字が1つずつ記入してある。この中から1枚のカードを取り出し，その数字を記録してもとに戻す。この試行を4回繰り返すとき，記録された4つの数字が2種類の数字からなる確率を求めよ。

navigate

取り出した球・くじ・カードを元に戻す場合は復元抽出であり，各回の確率は同じになる。それはTheme4のサイコロ・コイン型と同様にして，反復試行の公式か重複順列として考えるとよい。

解

記録した4つの数字を1列に並べると考えると，並べ方の総数は10^4通りあり，これらは同様に確からしい。

2種類の数字の選び方は$_{10}C_2$通りある。2種類の数字を選んだパターンについて，

（●，●，▲，▲）となる場合は，並べ方は

$$\frac{4!}{2! \cdot 2!}通り$$

（●，●，●，▲）となる場合は，●の選び方が$_2C_1$通りあり，並べ方は

$$\frac{4!}{3!}通り$$

求める確率は

$$\frac{_{10}C_2}{10^4}\left(_2C_1 \cdot \frac{4!}{3!} + \frac{4!}{2!2!}\right) = \frac{63}{1000}　\text{（答）}$$

$\boxed{3}\boxed{5}\boxed{5}\boxed{0}$，$\boxed{2}\boxed{4}\boxed{6}\boxed{1}$
のように，0から9までの数字を重複を許して，4個並べる場合の数を全体とする。

例えば，1と4の2種類の場合，(1, 1, 1, 4)と(1, 4, 4, 4)の場合がある。

✓ SKILL UP

復元抽出では，反復試行の式または全体を重複順列として考える。

19

Lv.∎∎∎∎

当たりくじを2本含むn本のくじがあり，このくじをA，B，Cの3人がこの順に1本ずつ戻さずに引くとき，A，B，Cのそれぞれが当たる確率を求めよ。ただし，$n \geqq 3$とする。

navigate

取り出した球・くじ・カードを戻さずに順序も影響する状態で引くときは，非復元抽出といい，前回引いたくじが当たりかはずれかによって次の確率が変わるので，$\boxed{A}\boxed{B}\boxed{C}$のように引いたくじを並べればよい。

解

n本のくじを区別して考え，当たりを○，はずれを×で表す。

Aが当たる確率は

$$\frac{2}{n} \text{—答}$$

Bが当たるのは，くじの並べ方が${}_n P_2$通りあり，これらは同様に確からしい。
$(A, B) = (○, ○)，(×, ○)$の2通りあり，求める確率は

$$\frac{2 \cdot 1 + (n-2) \cdot 2}{n(n-1)} = \frac{2}{n} \text{—答}$$

Cが当たるのは，$(A, B, C) = (○, ×, ○)，(×, ○, ○)，(×, ×, ○)$の3通りあり，求める確率は

$$\frac{2(n-2) \cdot 1 + (n-2) \cdot 2 \cdot 1 + (n-2) \cdot (n-3) \cdot 2}{n(n-1)(n-2)} = \frac{2}{n} \text{—答}$$

参考 別の求め方

$(A, B) = (○, ○)$となる確率を上の解答では，$\dfrac{2 \cdot 1}{n(n-1)}$として求めたが，各回の確率の積を考えて，$\dfrac{2}{n} \cdot \dfrac{1}{n-1}$と立式してもよい。この場合は，積事象の確率

$$P(A \cap B) = P(A) \cdot P_A(B) \quad \text{（乗法定理）}$$

を用いたことになる。

✓ SKILL UP

非復元抽出では，全体の場合の数を${}_n P_r$として考える。

20

Lv. ∎∎∎∎

1つの袋に赤い球，白い球，青い球がそれぞれ3個ずつ入っている。赤い球には1，1，2，白い球には1，2，2，青い球には2，2，2という数字がそれぞれ1つずつ書いてある。この袋の中から球を1個ずつ3回取り出すことを考える。ただし，赤い球を取り出したときは袋の中に戻し，白い球と青い球のときには戻さないことにする。このとき，取り出した球に書いてある数字が3回とも1である確率を求めよ。

navigate

取り出した球の色に応じて戻し方が変わる問題である。赤い球を取り出すパターンを網羅するように，各回の球の色で場合分けする。赤い球は最低2回は取り出さなければならないことに注意する。

解

9個の球をR_{1a}，R_{1b}，R_2，W_1，W_{2a}，W_{2b}，B_{2a}，B_{2b}，B_{2c}と区別して考える。取り出した球を□□□のマス目の中にかくと，数字1が書いてある球はRが2つで，Wが1つあり，一度Wをとったら戻さないので，Rは2回以上取り出す必要がある。

よって，取り出し方は

(i) $\boxed{R_1 \mid R_1 \mid R_1}$　　(ii) $\boxed{R_1 \mid R_1 \mid W_1}$　　(iii) $\boxed{R_1 \mid W_1 \mid R_1}$　　(iv) $\boxed{W_1 \mid R_1 \mid R_1}$

の4通りある。Wは戻さないことに注意してそれぞれの確率を求めると

(i) $\dfrac{2}{9} \cdot \dfrac{2}{9} \cdot \dfrac{2}{9}$　　(ii) $\dfrac{2}{9} \cdot \dfrac{2}{9} \cdot \dfrac{1}{9}$　　(iii) $\dfrac{2}{9} \cdot \dfrac{1}{9} \cdot \dfrac{2}{8}$　　(iv) $\dfrac{1}{9} \cdot \dfrac{2}{8} \cdot \dfrac{2}{8}$

これらはすべて互いに排反だから

$$\frac{8}{9^3} + \frac{4}{9^3} + \frac{4}{8 \cdot 9^2} + \frac{4}{8^2 \cdot 9} = \frac{115}{2^4 \cdot 3^5}$$

$$= \frac{\mathbf{115}}{\mathbf{3888}} \text{—(答)}$$

✓ SKILL UP

変則的な抽出では，状況を把握した後，臨機応変に立式する。

Theme 6 | ジャンケンの確率

21
Lv. ▮▯▯

4人でジャンケンを1回したとき，1人勝つ確率 p_1，2人勝つ確率 p_2，3人勝つ確率 p_3，あいこになる確率 p_4 をそれぞれ求めよ。

22
Lv. ▮▯▯

n 人でジャンケンを1回したとき，あいこになる確率 p_n を求めよ。

23
Lv. ▮▮▯

n 人でジャンケンをする。手が1種類，2種類のときは通常のルールとする。手が3種類のときは人数が最も少ない手の人を勝者とし，人数が少ない組が2組のときは手の強い方を勝者とし，人数がどの手も同数のときはあいことする。このルールで1回だけジャンケンをして，1人だけが勝つ確率を求めよ。ただし，$n \geq 4$ とする。

24
Lv. ▮▮▯

3人でジャンケンをして，負けた人は以後のジャンケンから抜ける。1人ずつ順に負けて抜けていき，n 回目に初めて1人だけ勝ち残る確率を求めよ。ただし，$n \geq 4$ とし，あいこの場合も1回のジャンケンを行ったと数える。

Theme分析

このThemeでは，確率でたまに用いられる題材として，ジャンケンの確率について扱う。

例 3人でジャンケンを1回したとき，2人勝つ確率を求める。

ジャンケンの立式は，重複順列で考えるとよい。

例えば，A，B，Cの3人でジャンケンをするとき，人は区別し，それぞれの手の出し方も区別すると，全事象は，3^3通りあり，これらは同様に確からしい。

A	B	C
グー	パー	チョキ

などのような重複順列で考える。

例えば，このうち，2人勝つ確率は，「誰が？」「どの手で？」勝つか決めれば，手の出し方は負けた人も含めて決まる。「A，Bが」「グーで」勝つならば，

A	B	C
グー	グー	チョキ

というように負けた人も決まる。このように考えると，求める確率は，

$$\frac{{}_3C_2 \cdot {}_3C_1}{3^3} = \frac{1}{3}$$

となる。同様に考えると，

$$(3人でジャンケンして1人勝つ確率) = \frac{{}_3C_1 \cdot {}_3C_1}{3^3}$$

$$= \frac{1}{3}$$

$$(3人でジャンケンしてあいこになる確率) = 1 - \left(\frac{1}{3} + \frac{1}{3}\right)$$

$$= \frac{1}{3}$$

■ ジャンケンの確率

n人でジャンケンしてk人勝つ確率：$\dfrac{{}_nC_k \cdot {}_3C_1}{3^n}$ ← 全事象は重複順列から$3^{人数}$で，誰が勝つかが${}_nC_k$通り，どの手で勝つかが${}_3C_1$通り，負けた人の手は自動的に決まるので考えなくてよい。

あいこになる確率：余事象

21

4人でジャンケンを1回したとき，1人勝つ確率p_1，2人勝つ確率p_2，3人勝つ確率p_3，あいこになる確率p_4をそれぞれ求めよ。

Lv.▮▮▯▯

> **navigate**
>
> 例えば，A，B，C，Dの4人でジャンケンをするとき，人は区別し，それぞれの手の出し方も区別すると，全事象は，3^4通りあり，これらは同様に確からしい。あとは，各人の手の出し方を考える。

解

全事象は，4人それぞれ3通りの手の出し方があるので，3^4通りあり，これらは同様に確からしい。

そのうち，1人勝つ確率p_1は，誰が勝つかが${}_4C_1$通り，その人がどの手を出して勝つかが${}_3C_1$通りあるので

$$p_1 = \frac{{}_4C_1 \cdot {}_3C_1}{3^4} = \frac{4}{27} \text{—(答)}$$

> 結局，分母は，$3^{人数}$で，分子は「誰が」「どの手で」勝つかが，${}_4C_1 \cdot {}_3C_1$通りである。

同様に考えると

$$p_2 = \frac{{}_4C_2 \cdot {}_3C_1}{3^4} = \frac{2}{9} \text{—(答)}, \qquad p_3 = \frac{{}_4C_3 \cdot {}_3C_1}{3^4} = \frac{4}{27} \text{—(答)}$$

また，あいこになる確率はこれらの余事象を考えて

$$p_4 = 1 - (p_1 + p_2 + p_3) = 1 - \frac{4+6+4}{27} = \frac{13}{27} \text{—(答)}$$

別解 p_4の求め方

4人でジャンケンしてあいこになるのは，手の出し方が，**1種類**または**3種類**のときであり，その余事象は，**2種類**のときである。したがって，どの2種類かを選ぶのが${}_3C_2$通り。

4人の手の出し方は，4人とも同じ手を除いて，$2^4 - 2$通りある。

よって $\quad 1 - \frac{{}_3C_2(2^4-2)}{3^4} = \frac{13}{27} \text{—(答)}$

> 解答のやり方では，人数が増えたときに面倒になるので，そのための別解である。

✓ SKILL UP

n人でジャンケンしてk人勝つ確率：$\dfrac{{}_nC_k \cdot {}_3C_1}{3^n}$

あいこになる確率：余事象

22

n 人でジャンケンを1回したとき，あいこになる確率 p_n を求めよ。

Lv.■■▮▮

> navigate
>
> あいこになる確率は余事象で求めればよいが，何に着目した余事象で考えるかで以下の2通りの解答が考えられる。

解

n 人でジャンケンしてあいこになるのは，手の出し方が，1種類または3種類のときであり，その余事象は，2種類のときである。

したがって，どの2種類かを選ぶのが，${}_3C_2$ 通り，n 人の手の出し方は，n 人とも同じ手を除いて，2^n-2 通りある。

よって

$$p_n = 1 - \frac{{}_3C_2(2^n-2)}{3^n} = \frac{3^n - 3 \cdot 2^n + 6}{3^n} \ \text{—(答)}$$

例えば，${}_3C_2$ で，グーとチョキを選ぶと，

| グ | チ | チ | … | グ | グ | チ |

であれば勝敗が決まる。
ただし，全てグーやすべてチョキの2通りだけは除く。

別解

n 人でジャンケンして，各人が勝つ確率は

$$\frac{{}_nC_k \cdot {}_3C_1}{3^n} = \frac{{}_nC_k}{3^{n-1}}$$

分子については「誰が」，「どの手で」勝つかが ${}_nC_k \cdot {}_3C_1$ 通り。

となるので，$k = 1, 2, \cdots, n-1$ としてこれらを1から引けばよい。

$$p_n = 1 - \frac{{}_nC_1 + {}_nC_2 + \cdots + {}_nC_{n-1}}{3^{n-1}}$$

${}_nC_k$ の和は二項定理を考える。

ここで，二項定理から

$$(1+1)^n = {}_nC_0 + {}_nC_1 + \cdots + {}_nC_{n-1} + {}_nC_n$$

$${}_nC_1 + \cdots + {}_nC_{n-1} = 2^n - {}_nC_0 - {}_nC_n = 2^n - 2$$

したがって $$p_n = 1 - \frac{2^n - 2}{3^{n-1}} \ \text{—(答)}$$

✓ SKILL UP

ジャンケンのあいこになる確率は余事象であるが，何に着目した余事象かで大きく2パターンある。

【方法1】手の出し方の種類数の余事象

【方法2】勝敗が決まる人数の余事象

23

Lv.∎∎∎∎

n人でジャンケンをする。手が1種類，2種類のときは通常のルールとする。手が3種類のときは人数が最も少ない手の人を勝者とし，人数が少ない組が2組のときは手の強い方を勝者とし，人数がどの手も同数のときはあいことする。このルールで1回だけジャンケンをして，1人だけが勝つ確率を求めよ。ただし，$n \geqq 4$とする。

> **navigate**
>
> 変則的なジャンケンの問題である。具体例を通した題意の把握を丁寧に行いたい。5人の手の出し方を①②③④⑤とし，ここにグー，チョキ，パーを並べることを考える。①がグーで1人だけ勝つときを考えると，残り②〜⑤はチョキかパーを出している。このうち
>
> 求めるもの：| グ | チ | チ | チ | チ |， | グ | チ | チ | パ | パ |， | グ | チ | パ | パ | パ |
>
> ダメなもの：| グ | パ | パ | パ | パ |， | グ | パ | チ | チ | チ |， | グ | チ | パ | チ | チ |
>
> などとなり，ダメなものを引くほうが早い。

解

全事象は，3^n通りありこれらは同様に確からしい。

勝つ人の選び方が 　${}_nC_1 = n$（通り）

その人の手の選び方が 　${}_3C_1 = 3$（通り）

例えば，その手がグーを出すときを考える。他の$(n-1)$人の手の出し方は2^{n-1}通りある。このうち勝者がグーの1人だけにならないのは，

(i) 他の$(n-1)$人が全員パーのときで1通り 　　通常ルールの負けである。

(ii) 他の$(n-1)$人のうちの1人だけがパーを出し，

残りがチョキの場合で ${}_{n-1}C_1 = (n-1)$（通り） 　　変則ルールの負けである。

以上の2パターンだけであり，求める確率は

$$\frac{n \cdot 3\{2^{n-1} - 1 - (n-1)\}}{3^n} = \frac{3n(2^{n-1} - n)}{3^n} = \boldsymbol{\frac{n(2^{n-1} - n)}{3^{n-1}}} \text{──⊛}$$

✓ SKILL UP

変則的なジャンケンの確率は，通常の立式と同様に全体を(手の種類数)^{人数}で考え，ルールを丁寧に把握して，求める場合の数を計算する。

24
Lv.▮▮▯▯

3人でジャンケンをして，負けた人は以後のジャンケンから抜ける。1人ずつ順に負けて抜けていき，n回目に初めて1人だけ勝ち残る確率を求めよ。ただし，$n \geqq 4$ とし，あいこの場合も1回のジャンケンを行ったと数える。

> ⚑ navigate
>
> 初め3人でスタートして，途中で2人になり，最後のn回目に1人だけ勝ち残る確率を求める問題である。途中どこで2人になるかで場合分けすればよい。最後これらを加えるのが一見大変そうだが，トリックがあって $(q_3 = p_2)$，簡単に足すことができる。

解

2人で1回ジャンケンしたとき，1人勝つ確率 p_1，あいこになる確率 p_2 は

$$p_1 = \frac{{}_2C_1 \cdot {}_3C_1}{3^2} = \frac{2}{3}, \quad p_2 = 1 - p_1 = \frac{1}{3}$$

3人で1回ジャンケンしたとき，1人勝つ確率 q_1，2人勝つ確率 q_2，あいこになる確率 q_3 は

$$q_1 = \frac{{}_3C_1 \cdot {}_3C_1}{3^3} = \frac{1}{3}, \quad q_2 = \frac{{}_3C_2 \cdot {}_3C_1}{3^3} = \frac{1}{3}, \quad q_3 = 1 - q_1 - q_2 = \frac{1}{3}$$

である。ここで，k回目に3人から2人($1 \leqq k \leqq n-1$)になるとすると，

回数	初め	1	2	…	$k-1$	k	$k+1$	…	$n-1$	n
人数	3	3	3	…	3	2	2	…	2	1
確率		q_3	q_3	…	q_3	q_2	p_2	…	p_2	p_1

上の表のようになるので，このときの確率は

（右注）$q_3 = p_2$ であるので，簡単な式になる。

$$q_3{}^{k-1} \cdot q_2 \cdot p_2{}^{n-k-1} \cdot p_1 = \left(\frac{1}{3}\right)^{k-1} \cdot \frac{1}{3} \cdot \left(\frac{1}{3}\right)^{n-k-1} \cdot \frac{2}{3}$$

$$= \frac{2}{3^n} \quad \cdots ①$$

①はkによらないので，結局

$$（求める確率）= (n-1) \times \frac{2}{3^n} = \frac{2(n-1)}{3^n} \quad —（答）$$

（右注）本来ならkによって確率は変化しそうであるが，①式の中にkが入ってないので，kの値によらず一定である。

☑ **SKILL UP**

ジャンケンの反復は，反復試行の式を立てる。ただし，一般的には人数の推移に注意する。

Theme 7 | 期待値

25
Lv. ▪▪▮▮

赤，青，黄，緑の4色のカードが5枚ずつ計20枚ある。この20枚の中から3枚を一度に取り出す。3枚の中にある赤いカードの枚数の期待値を求めよ。

26
Lv. ▪▪▮▮

袋の中に赤，青，黄，緑の4色の球が1個ずつ合計4個入っている。袋から球を1個取り出してその色を記録し袋に戻す試行を，繰り返し4回行う。こうして記録された相異なる色の数をXとするとき，Xの期待値Eを求めよ。

27
Lv. ▪▪▮▮
Ⓑ

n人$(n \geq 3)$でジャンケンを1回行うとき，勝つ人数Xの期待値Eを求めよ。ただし，「あいこ」とは，勝つ人数が0人の場合として考える。

28
Lv. ▪▪▮▮
Ⓑ

サイコロをn回$(n \geq 3)$振って，出た目を小さい方から順に並べ，第i番目を$X_i(i=1, 2, \cdots, n)$とする。期待値$E(X_1+X_n)$を求めよ。

Theme分析

1等が10000円のくじが5本，2等が500円のくじが20本，3等が0円のくじが75本の合計100本のくじから1本だけ引く。この試行において，どれだけの賞金が期待されるかを考える。

賞金	10000円	500円	0円
本数	5本	20本	75本

賞金の総額は

$$10000 \times 5 + 500 \times 20 + 0 \times 75 = 60000$$

であるから，くじ1本あたりの賞金額の平均を求めると

X(円)	10000	500	0
P	$\dfrac{5}{100}$	$\dfrac{20}{100}$	$\dfrac{75}{100}$

$$\frac{1}{100}(10000 \times 5 + 500 \times 20 + 0 \times 75) = 600$$

となる。さらに変形すると

$$10000 \times \frac{5}{100} + 500 \times \frac{20}{100} + 0 \times \frac{75}{100} = 600$$

この式において，値(賞金)Xに確率Pを掛けて加えたものが期待されることがわかり，この値を**期待値**と呼ぶ。

■ 期待値

変量Xがとりうる値をx_1, x_2, …, x_nとし，Xがこれらの値をとる確率Pを，それぞれp_1, p_2, …, p_nとすると，Xの期待値Eは

$$E = x_1 p_1 + x_2 p_2 + \cdots + x_n p_n$$

$$(ただし，\ p_1 + p_2 + \cdots + p_n = 1)$$

X	x_1	x_2	$\cdots$	x_n	計
P	p_1	p_2	$\cdots$	p_n	1

例 サイコロを1個投げたとき，出た目Xの期待値E_1を求めよ。

X	1	2	3	4	5	6
P	$\dfrac{1}{6}$	$\dfrac{1}{6}$	$\dfrac{1}{6}$	$\dfrac{1}{6}$	$\dfrac{1}{6}$	$\dfrac{1}{6}$

←この表を確率分布表と呼び，期待値を求めるときはこれで整理するとよい

$$E_1 = 1 \cdot \frac{1}{6} + 2 \cdot \frac{1}{6} + 3 \cdot \frac{1}{6} + 4 \cdot \frac{1}{6} + 5 \cdot \frac{1}{6} + 6 \cdot \frac{1}{6}$$

$$= \frac{7}{2}$$

25
Lv. ▮▮▮▮

赤，青，黄，緑の4色のカードが5枚ずつ計20枚ある。この20枚の中から3枚を一度に取り出す。3枚の中にある赤いカードの枚数の期待値を求めよ。

navigate

期待値を求めるには，3枚に含まれる赤いカードの枚数について，すべての場合の確率が必要になる。その確率を求める際，赤以外の色のカードについては，「残りの15枚」としてまとめて考えるとよい。

解

3枚の中に含まれる赤の枚数を X とする。

$$P(X=0) = \frac{{}_{15}C_3}{{}_{20}C_3} = \frac{91}{228}$$

$$P(X=1) = \frac{{}_5C_1 \cdot {}_{15}C_2}{{}_{20}C_3} = \frac{35}{76}$$

$$P(X=2) = \frac{{}_5C_2 \cdot {}_{15}C_1}{{}_{20}C_3} = \frac{5}{38}$$

$$P(X=3) = \frac{{}_5C_3}{{}_{20}C_3} = \frac{1}{114}$$

$P(X=0)$ は，結局0を掛けることになり，求めなくてもよい。

これらを表にまとめると

X	0	1	2	3
確率	$\frac{91}{228}$	$\frac{35}{76}$	$\frac{5}{38}$	$\frac{1}{114}$

よって，求める期待値は

$$0 \times \frac{91}{228} + 1 \times \frac{35}{76} + 2 \times \frac{5}{38} + 3 \times \frac{1}{114} = \boldsymbol{\frac{3}{4}} \quad \text{—(答)}$$

☑ SKILL UP

期待値は確率分布表で求める。

$$E = x_1 p_1 + x_2 p_2 + \cdots + x_n p_n$$

（ただし，$p_1 + p_2 + \cdots + p_n = 1$）

X	x_1	x_2	$\cdots$	x_n	計
P	p_1	p_2	$\cdots$	p_n	1

26

袋の中に赤，青，黄，緑の4色の球が1個ずつ合計4個入っている。袋から球を1個取り出してその色を記録し袋に戻す試行を，繰り返し4回行う。こうして記録された相異なる色の数をXとするとき，Xの期待値Eを求めよ。

> navigate
> Xの取りうる値は$X=1$，2，3，4の4通りである。面倒な$X=2$については，余事象で求めよう。

解

球の取り出し方は全部で　4^4通り

$X=1$のときは，1色となる色の選び方から

$$P(X=1)=\frac{{}_4C_1}{4^4}=\frac{1}{64}$$

$X=3$のときは，選ばない色を考えて

$$P(X=3)=\frac{{}_4C_3\cdot3\cdot\frac{4!}{2!}}{4^4}=\frac{9}{16}$$

$X=4$のときは，異なる4色の並び方から

$$P(X=4)=\frac{4!}{4^4}=\frac{3}{32}$$

また，$X=2$となる確率は，余事象を考えて

$$P(X=2)=1-\left(\frac{1}{64}+\frac{36}{64}+\frac{6}{64}\right)=\frac{21}{64}$$

よって，Xの期待値Eは

$$E=1\times P_1+2\times P_2+3\times P_3+4\times P_4$$

$$=1\times\frac{1}{64}+2\times\frac{21}{64}+3\times\frac{36}{64}+4\times\frac{6}{64}$$

$$=\boldsymbol{\frac{175}{64}}　—答$$

$X=2$となるとき，どの2色を取り出すかで${}_4C_2$通りで，例えば，RとBを色の名前とすると，

RRRBに対して順番は　$\frac{4!}{3!}$

RBBBに対して順番は　$\frac{4!}{3!}$

RRBBに対して順番は　$\frac{4!}{2!2!}$

よって

$$P(X=2)$$

$$=\frac{{}_4C_2\left(\frac{4!}{3!}+\frac{4!}{3!}+\frac{4!}{2!2!}\right)}{4^4}$$

$$=\frac{21}{64}$$

と直接求めることもできる。

X	1	2	3	4
確率	$\frac{1}{64}$	$\frac{21}{64}$	$\frac{36}{64}$	$\frac{6}{64}$

✓ SKILL UP

期待値を求める際，すべての確率が必要になるので，最も面倒なものは余事象を利用してもよい。

27

Lv. ⬛ ⬛ ⬛
Ⓑ

n人$(n \geqq 3)$でジャンケンを1回行うとき，勝つ人数Xの期待値Eを求めよ。ただし，「あいこ」とは，勝つ人数が0人の場合として考える。

> 🚩 navigate
>
> ジャンケンの確率については，Theme6で扱った。そのことをふまえて期待値を求めればよい。勝つ人数としては0，1，…，$(n-1)$まで取りうるので，最終的にはこれらに確率を掛けたものを加える必要がある。

解

勝つ人数Xがk人$(1 \leqq k \leqq n-1)$となる確率は，手の出し方が3^n通りあり，勝つ人の選び方が${}_nC_k$通り，どの手で勝つかが${}_3C_1$通りであるから

$$P(X=k) = \frac{{}_nC_k \cdot 3}{3^n}$$

$$= \frac{{}_nC_k}{3^{n-1}}$$

分母は，$3^{人数} = 3^n$で，分子は「誰が」「どの手で」勝つかが，${}_nC_k \cdot {}_3C_1$通りである。

X	0	1	2	$\cdots$	$n-2$	$n-1$
確率	$P(X=0)$	$\frac{{}_nC_1}{3^{n-1}}$	$\frac{{}_nC_2}{3^{n-1}}$	$\cdots$	$\frac{{}_nC_{n-2}}{3^{n-1}}$	$\frac{{}_nC_{n-1}}{3^{n-1}}$

よって，期待値Eは

$$E = 0 \cdot P(X=0) + 1 \cdot \frac{{}_nC_1}{3^{n-1}} + 2 \cdot \frac{{}_nC_2}{3^{n-1}} +$$

$$3 \cdot \frac{{}_nC_3}{3^{n-1}} + \cdots + (n-1)\frac{{}_nC_{n-1}}{3^{n-1}}$$

$$= \frac{1 \cdot {}_nC_1 + 2 \cdot {}_nC_2 + 3 \cdot {}_nC_3 + \cdots + (n-1) \cdot {}_nC_{n-1}}{3^{n-1}}$$

$$= \frac{n \cdot {}_{n-1}C_0 + n \cdot {}_{n-1}C_1 + n \cdot {}_{n-1}C_2 + \cdots + n \cdot {}_{n-1}C_{n-2}}{3^{n-1}}$$

$$= \frac{n({}_{n-1}C_0 + {}_{n-1}C_1 + {}_{n-1}C_2 + \cdots + {}_{n-1}C_{n-2})}{3^{n-1}}$$

$$= \frac{n\{(1+1)^{n-1} - {}_{n-1}C_{n-1}\}}{3^{n-1}} = \frac{\boldsymbol{n(2^{n-1}-1)}}{\boldsymbol{3^{n-1}}} \quad \text{—(答)}$$

あいこの確率は，22 より
$$\frac{3^n - 3 \cdot 2^n + 6}{3^n}$$
だが，後で0を掛けるので，$P(X=0)$と表している。

$k \cdot {}_nC_k = n \cdot {}_{n-1}C_{k-1}$

${}_nC_k$の和は二項定理を考える。

✓ **SKILL UP**

$$E = x_1 p_1 + x_2 p_2 + \cdots + x_n p_n$$
（ただし，$p_1 + p_2 + \cdots + p_n = 1$）

X	x_1	x_2	$\cdots$	x_n	計
P	p_1	p_2	$\cdots$	p_n	1

28

Lv. ▪▪▫▫
B

サイコロをn回$(n \geqq 3)$振って，出た目を小さい方から順に並べ，第i番目を
$X_i (i = 1, 2, \cdots, n)$とする。期待値$E(X_1 + X_n)$を求めよ。

navigate

(X_1, X_n)のとりうる値として，$(1, 1)$，$(1, 2)$，$\cdots$，$(6, 6)$としてたく
さんあるので，それぞれの確率を求めるのは大変である。そこで，
$E(X_1 + X_n) = E(X_1) + E(X_n)$を利用する。

解

X_1のとり得る値の範囲は　$X_1 = 1, 2, 3, \cdots, 6$

X_1	1	2	3	4	5	6
P	$\dfrac{6^n - 5^n}{6^n}$	$\dfrac{5^n - 4^n}{6^n}$	$\dfrac{4^n - 3^n}{6^n}$	$\dfrac{3^n - 2^n}{6^n}$	$\dfrac{2^n - 1}{6^n}$	$\dfrac{1}{6^n}$

$$E(X_1) = 1 \cdot P(X_1 = 1) + 2 \cdot P(X_1 = 2) +$$
$$\cdots\cdots + 6 \cdot P(X_1 = 6)$$
$$= \frac{6^n + 5^n + 4^n + 3^n + 2^n + 1}{6^n}$$

右注：
$X_1 = 1$である確率は，サイコロの目を小さい順に並び変えたときに一番小さいものが1であることであるから，サイコロをn回投げたとき，最小値が1である確率を求めればよい。

X_nのとり得る値の範囲は　$X_n = 1, 2, 3, \cdots, 6$

X_n	1	2	3	4	5	6
P	$\dfrac{1}{6^n}$	$\dfrac{2^n - 1}{6^n}$	$\dfrac{3^n - 2^n}{6^n}$	$\dfrac{4^n - 3^n}{6^n}$	$\dfrac{5^n - 4^n}{6^n}$	$\dfrac{6^n - 5^n}{6^n}$

$$E(X_n) = 1 \cdot P(X_n = 1) + 2 \cdot P(X_n = 2) +$$
$$\cdots\cdots + 6 \cdot P(X_n = 6)$$
$$= \frac{-1 - 2^n - 3^n - 4^n - 5^n + 6^{n+1}}{6^n}$$

右注：
$X_n = 1$である確率は，サイコロの目を小さい順に並び変えたときに一番大きいものが1であることであるから，サイコロをn回投げたとき，最大値が1である確率を求めればよい。

$$E(X_1 + X_n) = E(X_1) + E(X_n) = \frac{6^n + 6^{n+1}}{6^n} = \frac{7 \cdot 6^n}{6^n} = \boxed{7} \ ー 答$$

✓ SKILL UP

変量X，Yと定数a，bに対して
$$E(X + Y) = E(X) + E(Y), \quad E(aX + bY) = aE(X) + bE(Y)$$
変量X，Y，Zに対して
$$E(X + Y + Z) = E(X) + E(Y) + E(Z)$$

Theme 8 | 確率と漸化式

29
Lv. B

線分ABの端点を移動する点Pがある。点PははじめAにあり，1秒後に同じ点に留まる確率が$\frac{1}{3}$，隣の頂点に移動する確率が$\frac{2}{3}$である。n秒後に点Aにいる確率をp_nとし，p_nについての漸化式を立てよ。

A———B

30
Lv. B

四面体ABCDの頂点を移動する点Pがある。点PははじめAにあり，1秒後に他の3つの頂点のいずれかに確率$\frac{1}{3}$で移動する。n秒後に頂点Aにいる確率をp_nとし，p_nについての漸化式を立てよ。

31
Lv. B

正方形ABCDの頂点を移動する点Pがある。点PははじめAにあり，1秒後に反時計まわりの隣の点に移動する確率が$\frac{2}{3}$，時計まわりの隣の点に移動する確率が$\frac{1}{3}$である。n秒後に頂点Aにいる確率をp_nとし，p_nについての漸化式を立てよ。

32
Lv. B

数直線上を移動する点Pがある。点Pははじめ原点にあり，コインを投げ表が出れば正の向きに1移動し，裏が出れば正の向きに2移動する。コインを投げることを繰り返したとき，点Pがちょうど点nに到達する確率をp_nとし，p_nについての漸化式を立てよ。

Theme分析

確率と漸化式について扱う。一般的には確率のn問題の解法は3つある。

■ 確率のn問題

（方法1） 直接求める　　　　**（方法2）** 余事象　　　　**（方法3）** 漸化式を立てる

漸化式立式のポイントは「n番目のすべての状態を場合分けして，$n+1$番目の状態への推移を考える」，「はじめや終わりの状態で場合分けする」

例　1つのサイコロをくり返しn回投げるとき，目の積が3の倍数になる確率p_nを求めよ。

（方法1）　直接求める

事象A，Bを以下のように定義する。

$$A\cdots 3\text{または}6\text{の目が出る，}\quad B\cdots 1,\ 2,\ 4,\ 5\text{の目が出る}$$

積が3の倍数になるには，n回中Aが1回以上出ればいいので

$$p_n = {}_n\mathrm{C}_1\left(\frac{2}{6}\right)^1\left(\frac{4}{6}\right)^{n-1} + {}_n\mathrm{C}_2\left(\frac{2}{6}\right)^2\left(\frac{4}{6}\right)^{n-2} + \cdots + {}_n\mathrm{C}_{n-1}\left(\frac{2}{6}\right)^{n-1}\left(\frac{4}{6}\right) + {}_n\mathrm{C}_n\left(\frac{2}{6}\right)^n$$

$$= \left(\frac{4}{6}+\frac{2}{6}\right)^n - {}_n\mathrm{C}_0\left(\frac{4}{6}\right)^n$$

$$= 1 - \left(\frac{2}{3}\right)^n$$

（方法2）　余事象

積が3の倍数にならないのは，n回中Bがn回出るときなので

$$p_n = 1 - \left(\frac{4}{6}\right)^n = 1 - \left(\frac{2}{3}\right)^n$$

（方法3）　漸化式を立てる

n回投げて，目の積が3の倍数なら，$(n+1)$回目に何が出ても積が3の倍数になる。また，n回投げて，積が3の倍数でないなら，$(n+1)$回目に，3または6が出ればよいので

$$p_{n+1} = p_n + \frac{1}{3}(1-p_n) \iff p_{n+1} = \frac{2}{3}p_n + \frac{1}{3} \iff p_{n+1}-1 = \frac{2}{3}(p_n-1)$$

を解いて　$p_n = 1 - \left(\frac{2}{3}\right)^n$

29

線分ABの端点を移動する点Pがある。点PははじめAに

あり，1秒後に同じ点に留まる確率が$\frac{1}{3}$，隣の頂点に移

動する確率が$\frac{2}{3}$である。n秒後に点Aにいる確率をp_nとし，p_nについての

漸化式を立てよ。

navigate

途中どの経路をとるかによってn秒後に点Aにいる確率は変わるので，
直接p_nを求めることはできない。

解

n秒後に点A，Bにいる確率をそれぞれp_n，q_n
とおくと

$$p_n + q_n = 1$$

n秒後に点Aにいるとき，$(n+1)$秒後に点A

にいる確率は$\frac{1}{3}$，n秒後に点Bにいるとき，

$(n+1)$秒後に点Aにいる確率は$\frac{2}{3}$なので

$$p_{n+1} = p_n \times \frac{1}{3} + q_n \times \frac{2}{3}$$

ここで，$p_n + q_n = 1$より

$$p_{n+1} = p_n \times \frac{1}{3} + (1 - p_n) \times \frac{2}{3}$$

$$\boldsymbol{p_{n+1} = -\frac{1}{3}\,p_n + \frac{2}{3}}\ \text{—(答)}$$

n秒後にはAかBにいる。

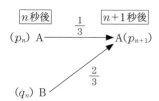

詳しくは数列で学習するが，
$p_{n+1} = p_n = x$とすると，

$x = -\dfrac{1}{3}x + \dfrac{2}{3}$を解いて，

$x = \dfrac{1}{2}$であるから，

$$p_{n+1} = -\frac{1}{3}p_n + \frac{2}{3}$$

$$-)\quad \frac{1}{2} = -\frac{1}{3}\cdot\frac{1}{2} + \frac{2}{3}$$

$$\overline{\quad p_{n+1} - \frac{1}{2} = -\frac{1}{3}\left(p_n - \frac{1}{2}\right)}$$

と変形できる。

✓ SKILL UP

N番目の状態をすべて場合分けし，$N+1$番目の状態への遷移を考える。

30 四面体ABCDの頂点を移動する点Pがある。点Pははじ

Lv. ∎∎∎
Ⓑ　めAにあり，1秒後に他の3つの頂点のいずれかに確率

$\dfrac{1}{3}$ で移動する。n秒後に頂点Aにいる確率をp_nとし，p_n

についての漸化式を立てよ。

navigate

本問はn秒後の状態が4つあるので，文字を4つ設定したが，$n+1$秒後
にAに移動する確率は等しく，またそれぞれの確率の和も1であるから，
これで1変数として考えられる。

解

n秒後に点A，B，C，Dにいる確率をそれぞ
れp_n，q_n，r_n，s_nとおく。
n秒後に点Aにいるとき，$(n+1)$秒後に点A
にいる確率は　0
n秒後に点B，C，Dにいるとき，$(n+1)$秒後
に点Aにいる確率は　$\dfrac{1}{3}$

なので

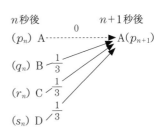

$$p_{n+1}=p_n\times 0+q_n\times\dfrac{1}{3}+r_n\times\dfrac{1}{3}+s_n\times\dfrac{1}{3}$$

$$=\dfrac{1}{3}(q_n+r_n+s_n)$$

ここで，$p_n+q_n+r_n+s_n=1$より

$$p_{n+1}=\dfrac{1}{3}(1-p_n)$$

$$\boldsymbol{p_{n+1}=-\dfrac{1}{3}p_n+\dfrac{1}{3}}　\text{—(答)}$$

詳しくは数列で学習するが，
この漸化式を解くと

$$p_n=\dfrac{1}{4}\left\{1-\left(-\dfrac{1}{3}\right)^{n-1}\right\}$$

と求めることができる。

✓ SKILL UP

対称性を利用して，変数を減らす。

31

Lv. ⚫⚫⚫
B

正方形ABCDの頂点を移動する点Pがある。点PははじめAにあり，1秒後に反時計まわりの隣の点に移動する確率が$\frac{2}{3}$，時計まわりの隣の点に移動する確率が$\frac{1}{3}$である。n秒後に頂点Aにいる確率をp_nとし，p_nについての漸化式を立てよ。

⚑ navigate

右のように点は推移する。これから，奇数秒後には点PはB，Dにいて，

	1秒後	2秒後	3秒後	4秒後
A	→ B	↘ C	D	A
	↘ D	→ A	B	C

偶数秒後にはA，Cにいることから，偶数秒における漸化式を立てる。

解

nが奇数のとき点PはB，Dにいて，nが偶数のとき点PはA，Cにいるので，nが奇数のとき$p_n=0$である。よって，$n=2m$のときを考える（mは自然数）。

$2m$秒後に点A，Cにいる確率をそれぞれp_{2m}，q_{2m}とおくと　$p_{2m}+q_{2m}=1$

$2m$秒後に点Aにいるとき，

$(2m+2)$秒後に点Aにいる確率は$\frac{4}{9}$，

$2m$秒後に点Cにいるとき，

$(2m+2)$秒後に点Aにいる確率は$\frac{5}{9}$なので

$$p_{2m+2}=p_{2m}\times\frac{4}{9}+q_{2m}\times\frac{5}{9}$$

ここで，$p_{2m}+q_{2m}=1$より

$$p_{2m+2}=p_{2m}\times\frac{4}{9}+(1-p_{2m})\times\frac{5}{9}$$

したがって　$\boxed{p_{2m+2}=-\dfrac{1}{9}p_{2m}+\dfrac{5}{9}}$ —（答）

2秒後にはAかCにいる。

$2m$秒後　$\xrightarrow{\frac{4}{9}}$　$(2m+2)$秒後
(p_{2m})A $\longrightarrow$ A(p_{2m+2})

(q_{2m})C $\xrightarrow{\frac{5}{9}}$

2秒でA⇒Aとなるのは

A⇒B⇒A：$\frac{2}{3}\cdot\frac{1}{3}=\frac{2}{9}$ ⎫
A⇒D⇒A：$\frac{2}{3}\cdot\frac{1}{3}=\frac{2}{9}$ ⎬ $\frac{4}{9}$

2秒でC⇒Aとなるのは

C⇒B⇒A：$\frac{1}{3}\cdot\frac{1}{3}=\frac{1}{9}$ ⎫
C⇒D⇒A：$\frac{2}{3}\cdot\frac{2}{3}=\frac{4}{9}$ ⎬ $\frac{5}{9}$

✓ SKILL UP

$2m$番目の状態から$2m+2$番目の状態への遷移を考える。

32 数直線上を移動する点Pがある。点Pははじめ原点にあり，コインを投げ表が出れば正の向きに1移動し，裏が出れば正の向きに2移動する。コインを投げることを繰り返したとき，点Pがちょうど点nに到達する確率をp_nとし，p_nについての漸化式を立てよ。

Lv. ▪▪▫▫
Ⓑ

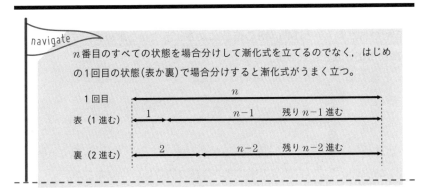

navigate

n番目のすべての状態を場合分けして漸化式を立てるのでなく，はじめの1回目の状態(表か裏)で場合分けすると漸化式がうまく立つ。

1回目	n
表 (1進む)	1　n−1　残り n−1 進む
裏 (2進む)	2　n−2　残り n−2 進む

解

点Pがちょうどnに到達するのは，1回目に表が出て，残りちょうどn−1進む。または，1回目に裏が出て，残りちょうどn−2進む。

以上のいずれかであるので，(ただし，$n \geqq 3$)

$$p_n = \frac{1}{2}p_{n-1} + \frac{1}{2}p_{n-2} \quad (n \geqq 3) \ ー 答$$

参考 答えの漸化式は，以下のように求めることができる。

$p_{n+2} - \frac{1}{2}p_{n+1} - \frac{1}{2}p_n = 0 \quad (n \geqq 1)$から

$p_{n+2} + \frac{1}{2}p_{n+1} = p_{n+1} + \frac{1}{2}p_n$

$p_{n+1} + \frac{1}{2}p_n = p_2 + \frac{1}{2}p_1$

$p_1 = \frac{1}{2}, \ p_2 = \frac{3}{4}$より，

$p_{n+1} = -\frac{1}{2}p_n + 1 \quad \cdots ①$

また　$p_{n+2} - p_{n+1} = -\frac{1}{2}(p_{n+1} - p_n)$

$p_{n+1} - p_n = (p_2 - p_1)\left(-\frac{1}{2}\right)^{n-1}$

$p_1 = \frac{1}{2}, \ p_2 = \frac{3}{4}$より，

$p_{n+1} = p_n - \frac{1}{2}\left(-\frac{1}{2}\right)^n \quad \cdots ②$

①，②からp_{n+1}を消去して

$$p_n = \frac{2}{3}\left\{1 + \frac{1}{2}\left(-\frac{1}{2}\right)^n\right\}$$

✓ **SKILL UP**

はじめか終わりの状態をすべて場合分けすると立式しやすいものもある。

Theme 1 | 倍数と約数・素数

1 Lv.∎∎❙❙
5桁の自然数 $n=2314a$ が8の倍数になるような a を求めよ。また，6の倍数になるような a を求めよ。

2 Lv.∎∎❙❙
31から160までの自然数の中に3の倍数の個数はいくつあるか。

3 Lv.∎∎❙❙
$n^2-8n+15$ が素数となるような自然数 n をすべて求めよ。また，$n^3+1=p^2$ をみたす自然数 n と素数 p の組をすべて求めよ。

4 Lv.∎∎❙❙
p を素数，a, b を自然数とする。$a+b$ と ab がともに p の倍数であるとき，a と b はともに p の倍数であることを示せ。

Theme分析

約数と倍数・素数について学ぶ前に，まずは，整数の基礎用語の確認をする。

自然数：1, 2, 3, 4, …

整数：…, -2, -1, 0, 1, 2, …

■ 倍数と約数

2つの整数 a, b について，ある整数 k を用いて $a=bk$ と表されるとき，b は a の約数であるといい，a は b の倍数であるという。約数のことを因数ともいい，因数が素数であるとき，これを素因数という。

$a=1 \times a=(-1) \times (-a)$ であるから，1と-1はすべての整数の約数である。また，$0=0 \times a$ であるから，0はすべての整数の倍数である。

■ 倍数の判定方法

2の倍数：下1桁が0, 2, 4, 6, 8のいずれか

5の倍数：下1桁が0, 5のいずれか　　　　6の倍数：「2の倍数」かつ「3の倍数」

4の倍数：下2桁が4の倍数　　　　　　　8の倍数：下3桁が8の倍数

3の倍数：各位の数の和が3の倍数　　　　9の倍数：各位の和が9の倍数

次に，倍数の個数をカウントする下の公式も基本公式として覚えておきたい。

■ 倍数の個数

1から n までに含まれる p の倍数の個数は，$\left[\dfrac{n}{p}\right]$ である。

$$([x]はxを超えない最大の整数)$$

■ 素数と合成数

2以上の自然数で，1とそれ自身以外に正の約数をもたない数を素数という。また，2以上の自然数で，素数でない数を合成数という。例えば，2, 3, 5, 7, 11, 13, …は素数であり，4, 6, 8, 9, 10, …は合成数である。1は素数でも合成数でもない。

素数については，まず次の事実を押さえておいてほしい。

■ 素数の性質

整数の積 ab が素数 p の倍数ならば，a または b は p の倍数である。特に，$ab=p$ ならば，$(a, b)=(\pm 1, \pm p), (\pm p, \pm 1)$ の4通り。（複号同順）

1

Lv.∎▮▮▮

5桁の自然数 $n=2314a$ が8の倍数になるような a を求めよ。また，6の倍数になるような a を求めよ。

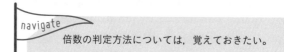

navigate

倍数の判定方法については，覚えておきたい。

解

n が8の倍数になるのは，下3桁が8の倍数になるときである。

n の下3桁は $14a$ だから，$a=4$ のときの144のときだけ8の倍数になる。

よって　$a=\mathbf{4}$ ―答

n が6の倍数になるのは，各位の和が3の倍数かつ1の位が偶数のときである。各位の和 $a+10$ が3の倍数になるのは，

$$a=2,\ 5,\ 8$$

のときである。このうち，a が偶数のものは

$$a=\mathbf{2,\ 8}$$ ―答

参考　**11の倍数の判定方法**

Theme 5で学習する合同式の考えを用いると，11の倍数の判定方法も理解できる。

$10\equiv-1\ (\mathrm{mod}\ 11)$ より

$$N=a_n\cdot10^n+a_{n-1}\cdot10^{n-1}+\cdots+a_4\cdot10^4+a_3\cdot10^3+a_2\cdot10^2+a_1\cdot10+a_0$$
$$\equiv a_0+a_1\cdot(-1)+a_2\cdot(-1)^2+a_3\cdot(-1)^3+a_4\cdot(-1)^4+\cdots\cdots+a_n\cdot(-1)^n$$
$$=(a_0+a_2+a_4+\cdots\cdots)-(a_1+a_3+a_5+\cdots\cdots)$$

すなわち，下1桁から左へ向かって奇数番目のものの和から，偶数番目のものの和を引いた残りが11の倍数のときである。

✓ **SKILL UP**

倍数の判定方法

2の倍数：下1桁が0，2，4，6，8のいずれか

5の倍数：下1桁が0，5のいずれか

4の倍数：下2桁が4の倍数

8の倍数：下3桁が8の倍数

3の倍数：各位の数の和が3の倍数

9の倍数：各位の数の和が9の倍数

6の倍数：「2の倍数」かつ「3の倍数」

2

31から160までの自然数の中に3の倍数の個数はいくつあるか。

Lv. ▮▮▮▮

navigate

1から始める倍数の個数は，場合の数で学習したように余りの周期性から理解できる。ただし，本問は1からではなく，31から始まる倍数の個数なので，注意して求める必要がある。

解

1から160までの3の倍数の個数は

$$\left[\frac{160}{3}\right]=53 \qquad\qquad [53.333\cdots]=53$$

1から30までの3の倍数の個数は

$$\left[\frac{30}{3}\right]=10$$

よって，31から160までの3の倍数の個数は

$$53-10=\mathbf{43(個)} \,-\,(答)$$

✓ SKILL UP

1からnまでに含まれるpの倍数の個数は，$\left[\dfrac{n}{p}\right]$である。

（$[x]$はxを超えない最大の整数）

例えば，1から20までに含まれる3の倍数の個数は，余りの周期性に着目して，

1, 2, ③ ⋮ 4, 5, ⑥ ⋮ 7, 8, ⑨ ⋮ 10, 11, ⑫ ⋮ 13, 14, ⑮ ⋮ 16, 17, ⑱ ⋮ 19, 20

☐☐☐が何セットを考えて　20÷3＝6余り2

であり，余りは無視して考えればよく，6個である。

これを「ガウス記号[●]：●を超えない最大の整数」を用いて表すと

$$\left[\frac{20}{3}\right]=\left[6+\frac{2}{3}\right]=6(個)$$

3

Lv.∎∎❙❙

$n^2-8n+15$ が素数となるような自然数 n をすべて求めよ。また，$n^3+1=p^2$ をみたす自然数 n と素数 p の組をすべて求めよ。

> navigate
>
> 素数の性質に関する問題である。本問はともに因数分解できることがポイントである。

解

$$n^2-8n+15=(n-3)(n-5)$$

ここで，素数は1とその数自身しか正の約数をもたないから

> 因数分解できることがポイントである。

$$n-3=\pm1 \quad \text{または} \quad n-5=\pm1$$

これより $n=2,\ 4,\ 6$

$n=2$ のとき，$(2-3)(2-5)=3$ となり素数である。

$n=4$ のとき，$(4-3)(4-5)=-1$ となり素数ではない。

$n=6$ のとき，$(6-3)(6-5)=3$ となり素数である。

よって $n=\mathbf{2,\ 6}$ ─㊜

次に $n^3+1=p^2 \iff (n+1)(n^2-n+1)=p^2$ この式も因数分解できる。

n は自然数なので，$n+1\geqq2$ となり

(i) $(n+1,\ n^2-n+1)=(p^2,\ 1)$

(ii) $(n+1,\ n^2-n+1)=(p,\ p)$

(i)のとき $n^2-n+1=1 \iff n(n-1)=0$

で，$n\geqq1$ から $n=1,\ n^3+1=2$

このとき，$p^2=2$ をみたす素数 p は存在しない。

(ii)のとき，$n+1=p,\ n^2-n+1=p$ の2式から p を消去して

$$n(n-2)=0 \quad \text{より} \quad n=2$$

このとき $p=3$ よって $(\boldsymbol{n,\ p})=(\mathbf{2,\ 3})$ ─㊜

✓ **SKILL UP**

2以上の自然数で1とそれ自身以外に正の約数をもたない数を素数という。特に，$ab=p$（p は素数）ならば，$(a,\ b)=(\pm1,\ \pm p),\ (\pm p,\ \pm1)$ の4通りである。（複号同順）

4

Lv.∎∎∥∥ p を素数，a，b を自然数とする。$a+b$ と ab がともに p の倍数であるとき，a と b はともに p の倍数であることを示せ。

> navigate
>
> 「整数の積 ab が素数 p の倍数ならば，a または b が p の倍数である」という素数の性質を用いる問題である。例えば，ab が5の倍数であれば，a または b が5の倍数であるという一見当たり前に思える性質である。

解

「$a+b$ が p の倍数」なので

$$a+b=pk \quad \cdots ①$$

とおく（k は整数）。「ab が p の倍数」なので，「a または b は p の倍数」である。

(ⅰ) a が p の倍数のとき

$a=pa'$ とおく（a' は整数）。

①から，$b=p(k-a')$ となり，b も p の倍数。

(ⅱ) b が p の倍数のとき

$b=pb'$ とおく（b' は整数）。

①から，$a=p(k-b')$ となり，a も p の倍数。

以上から，「a と b はともに p の倍数」である。―証明終

参考 素数が無限個あることの証明

背理法で示す。素数が有限個であると仮定し，その個数が n 個であると仮定する。それを，p_1, p_2, $\cdots$, p_n とする。

ここで，$p'=p_1 p_2 \cdots p_n +1$ とおけば，p' は1より大きく，どの $p_k(k=1, 2, \cdots, n)$ でも割り切れない。したがって，p' は素数であり，どの $p_k(k=1, 2, \cdots, n)$ とも異なる。よって，素数が n 個とした仮定に反する。ゆえに，素数は無限個である。

✓ SKILL UP

素数の性質

整数の積 ab が素数 p の倍数ならば，a または b が p の倍数である。

Theme 2 | 素因数分解

5
Lv. ∎∎▮▮

$\sqrt{360n}$ が整数となる自然数 n のうちで最小のものを求めよ。

また, $\dfrac{n}{175}$, $\dfrac{n^2}{1323}$, $\dfrac{n^3}{5832}$ がすべて整数となる自然数 n のうちで最小のもの

を求めよ。

6
Lv. ∎∎∎▮

16! に含まれる素因数 2 の個数を求めよ。

7
Lv. ∎∎∎▮

2160 の正の約数は全部で何個あるか。また, それらの総和を求めよ。

8
Lv. ∎∎∎▮

正の約数の個数が 18 個である最小の自然数 n を求めよ。

Theme 分析

■ 素因数分解

1とその数以外に正の約数をもたない数を素数といった。素数でない自然数を合成数という(ただし,1は素数でも合成数でもない)。

また,約数のことを因数ともいい,因数が素数のとき素因数という。

すべての合成数は素数の積の形にただ1通りの方法で表される。合成数を素数の積の形で表すことを素因数分解という。合成数を素因数分解して,整数の性質を調べることは基本である。

$$72 = 2^3 \cdot 3^2$$
$$420 = 2^2 \cdot 3 \cdot 5 \cdot 7$$
$$437 = 19 \cdot 23$$
$$9991 = 100^2 - 3^2 = (100+3)(100-3) = 97 \cdot 103$$

素因数分解を用いて考える有名問題として,次の例のような「約数の個数,総和」がある。

例 72の正の約数の個数,総和を求める。

72を素因数分解すると

$$72 = 2^3 \cdot 3^2$$

であり,72の正の約数は

$$2^a \cdot 3^b \quad (a=0,\ 1,\ 2,\ 3,\ b=0,\ 1,\ 2)$$

となる。72の正の約数の個数は

$$(3+1)(2+1) = 12(個)$$

72の正の約数の総和は

$$1+3+3^2+2+2\cdot3+2\cdot3^2+2^2+2^2\cdot3+2^2\cdot3^2+2^3$$
$$+2^3\cdot3+2^3\cdot3^2$$
$$= (1+3+3^2)+2(1+3+3^2)+2^2(1+3+3^2)+2^3(1+3+3^2)$$
$$= (1+2+2^2+2^3)(1+3+3^2)$$
$$= 15 \cdot 13$$
$$= 195$$

```
        ┌ 1   →  1
   1 ───┼ 3   →  3
        └ 3²  →  3²
        ┌ 1   →  2
   2 ───┼ 3   →  2·3
        └ 3²  →  2·3²
        ┌ 1   →  2²
   2² ──┼ 3   →  2²·3
        └ 3²  →  2²·3²
        ┌ 1   →  2³
   2³ ──┼ 3   →  2³·3
        └ 3²  →  2³·3²
```

5 $\sqrt{360n}$ が整数となる自然数 n のうちで最小のものを求めよ。

Lv. ▫▪▪▪

また，$\dfrac{n}{175}$, $\dfrac{n^2}{1323}$, $\dfrac{n^3}{5832}$ がすべて整数となる自然数 n のうちで最小のものを求めよ。

---

navigate

$\sqrt{\bullet}$ が整数になるには，$\sqrt{9}=\sqrt{3^2}=3$, $\sqrt{144}=\sqrt{2^4 \cdot 3^2}=2^2 \cdot 3=12$ のように，$\sqrt{\bullet}$ の中の $\bullet$ が平方数であればよい。$\bullet$ が平方数であるとは，$\bullet$ を素因数分解したときに $\bullet=3^2$, $2^4 \cdot 3^2$ のように各指数が偶数になることである。また，$\dfrac{n}{\bullet}$ が整数になるには，$\bullet$ を素因数分解したときの素因数を整数 n がすべてもつ必要がある。

解

$$360 = 2^3 \cdot 3^2 \cdot 5$$

各素因数の指数が偶数であればよく，そのような最小の n は

$$n = 2 \cdot 5 = \mathbf{10} \ \text{答}$$

$\dfrac{n}{175} = \dfrac{n}{5^2 \cdot 7}$ が整数となるから，n は $5^2 \cdot 7$ の倍数である。

$\dfrac{n^2}{1323} = \dfrac{n^2}{3^3 \cdot 7^2}$ が整数となるから，n は $3^2 \cdot 7$ の倍数である。

$\dfrac{n^3}{5832} = \dfrac{n^3}{2^3 \cdot 3^6}$ が整数となるから，n は $2 \cdot 3^2$ の倍数である。

> n^2 が $3^3 \cdot 7^2$ で割り切れるには，n が $3^2 \cdot 7$ で割り切れればよい。

> n^3 が $2^3 \cdot 3^6$ で割り切れるには，n が $2 \cdot 3^2$ で割り切れればよい。

n は，$5^2 \cdot 7$, $3^2 \cdot 7$, $2 \cdot 3^2$ の倍数だから，そのような最小の n は

$$n = 2 \cdot 3^2 \cdot 5^2 \cdot 7 = \mathbf{3150} \ \text{答}$$

✓ **SKILL UP**

$\sqrt{\bullet}$ が整数になるには，$\sqrt{}$ の中が平方数（$\blacktriangle^2$）になればよく，$\bullet$ を素因数分解したときの各指数が偶数となればよい。

$\dfrac{n}{\bullet}$ が整数になるには，$\bullet$ を素因数分解したときの素因数を整数 n がすべてもっていればよい（n が $\bullet$ の倍数）。

6

16! に含まれる素因数2の個数を求めよ。

Lv. ∎∎❙❙

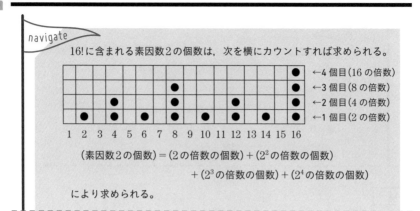

navigate

16! に含まれる素因数2の個数は，次を横にカウントすれば求められる。

←4個目（16の倍数）
←3個目（8の倍数）
←2個目（4の倍数）
←1個目（2の倍数）

1 2 3 4 5 6 7 8 9 10 11 12 13 14 15 16

$$（素因数2の個数）=（2の倍数の個数）+（2^2 の倍数の個数）$$
$$+（2^3 の倍数の個数）+（2^4 の倍数の個数）$$

により求められる。

解

$$\left[\frac{16}{2}\right]+\left[\frac{16}{2^2}\right]+\left[\frac{16}{2^3}\right]+\left[\frac{16}{2^4}\right]=8+4+2+1$$

$$=\mathbf{15 個}\ \text{—(答)}$$

参考 25! の末尾に 0 が何個現れるか調べたいとき

25! を素因数分解（$25!=2^p\cdot3^q\cdot5^r\cdot7^s\cdots$）したときに素因数2の個数 p と素因数5の値の
うち小さい方の値，すなわち 25! に含まれる素因数5の個数を求めればよい。

$$\left[\frac{25}{5}\right]+\left[\frac{25}{5^2}\right]=5+1=6$$

ゆえに，2と5のペアが6個できるから，25! は $2^6\cdot5^6=10^6$ で割り切れる。
したがって，0は6個連続して現れる。

✓ SKILL UP

$n!(=n(n-1)(n-2)\cdots3\cdot2\cdot1)$ に含まれる素因数 p の個数は，

$$\left[\frac{n}{p}\right]+\left[\frac{n}{p^2}\right]+\left[\frac{n}{p^3}\right]+\cdots \quad （ただし，[●] は ● を超えない最大の整数）$$

7 2160 の正の約数は全部で何個あるか。また，それらの総和を求めよ。

Lv.▮▮▮▯

> navigate
>
> $2160 = 2^4 \cdot 3^3 \cdot 5$ の正の約数を素因数分解して考えてみる。
>
> $1 = 2^0 \cdot 3^0 \cdot 5^0$, $2 = 2^1 \cdot 3^0 \cdot 5^0$, $3 = 2^0 \cdot 3^1 \cdot 5^0$, $4 = 2^2 \cdot 3^0 \cdot 5^0$, …,
>
> $1080 = 2^3 \cdot 3^3 \cdot 5^1$, $2160 = 2^4 \cdot 3^3 \cdot 5^1$
>
> のように，$2^{\bullet} \cdot 3^{\blacktriangle} \cdot 5^{\blacksquare}$ の各指数 $\bullet \blacktriangle \blacksquare$ について 0 も含めて，
>
> 「$\bullet = 0,\ 1,\ 2,\ 3,\ 4$」，「$\blacktriangle = 0,\ 1,\ 2,\ 3$」，「$\blacksquare = 0,\ 1$」から選んだ組合
>
> せの総数が正の約数の個数となる。

解

2160 を素因数分解すると

$$2160 = 2^4 \cdot 3^3 \cdot 5$$

正の約数の個数は

$$(4+1)(3+1)(1+1) = \textbf{40(個)} \ \text{答}$$

また，それらの総和は

$$(1 + 2 + 2^2 + 2^3 + 2^4)(1 + 3 + 3^2 + 3^3)(1 + 5) = 31 \cdot 40 \cdot 6 = \textbf{7440} \ \text{答}$$

参考 **正の約数すべての積**

2160 の正の約数のすべての積を求めてみる。掛けて 2160 になるようなペアを作りな

がら，正の約数を書き出してみると，

$$\binom{1}{2160} \ \binom{2}{1080} \ \binom{3}{720} \ \binom{4}{540} \ \binom{5}{432} \ \binom{6}{360} \ \binom{8}{270} \ \cdots$$

となる。2160 の正の約数は本問より，全部で 40 個あるので，このようなペアが 20 ペ

アできることになる。これらのペアの積はいずれも 2160 なので，すべての積は

2160^{20} となる。

一般に，

$$(N \text{の正の約数すべての積}) = N^{\frac{N \text{の正の約数の個数}}{2}}$$

となる。

✓ SKILL UP

$N = p_1{}^{a_1} \cdot p_2{}^{a_2} \cdot p_3{}^{a_3} \cdot \cdots \cdot p_m{}^{a_m}$ と素因数分解されたとき

$(N \text{の正の約数の個数}) = (a_1 + 1)(a_2 + 1)(a_3 + 1) \cdots (a_m + 1)$

$(N \text{の正の約数の総和}) = (1 + p_1 + p_1{}^2 + \cdots + p_1{}^{a_1})(1 + p_2 + p_2{}^2 + \cdots$
$\qquad\qquad\qquad\qquad\qquad + p_2{}^{a_2}) \cdots (1 + p_m + p_m{}^2 + \cdots + p_m{}^{a_m})$

8

正の約数の個数が18個である最小の自然数nを求めよ。

Lv. ▪▫▫▫

navigate

正の約数の個数の問題なので，素因数分解して公式を利用すればよい。
個数が18個になる素因数分解のパターンを1つずつ書き出して考えればよい。

解

$n = p_1{}^{a_1} \cdot p_2{}^{a_2} \cdot p_3{}^{a_3} \cdot \cdots \cdot p_m{}^{a_m}$ と素因数分解されたとする。

このとき，nの正の約数の個数が18個なので，

$$(a_1+1)(a_2+1)(a_3+1)\cdots(a_m+1) = 18$$

ここで，各$a_k(k=1, 2, \cdots, m)$は1以上なので，a_k+1は2以上である。
$18 = 2 \times 3^2$ から，18は

$$18, \quad 9 \times 2, \quad 6 \times 3, \quad 3 \times 3 \times 2$$

と分解できる。よって，正の約数の個数が18個となるのは

$$p_1{}^{17}, \quad p_1{}^8 \cdot p_2{}^1, \quad p_1{}^5 \cdot p_2{}^2, \quad p_1{}^2 \cdot p_2{}^2 \cdot p_3{}^1$$

の4通りしかない。

$p_1{}^{17}$のとき，最小の自然数は $n = 2^{17} = 131072$

$p_1{}^8 \cdot p_2{}^1$のとき，最小の自然数は $n = 2^8 \times 3 = 768$

$p_1{}^5 \cdot p_2{}^2$のとき，最小の自然数は $n = 2^5 \times 3^2 = 288$

$p_1{}^2 \cdot p_2{}^2 \cdot p_3{}^1$のとき，最小の自然数は $n = 2^2 \times 3^2 \times 5 = 180$

よって，求める最小の自然数は **180** —答

✓ SKILL UP

$N = p_1{}^{a_1} \cdot p_2{}^{a_2} \cdot p_3{}^{a_3} \cdot \cdots \cdot p_m{}^{a_m}$ と素因数分解されたとき

（Nの正の約数の個数）$= (a_1+1)(a_2+1)(a_3+1)\cdots(a_m+1)$

（Nの正の約数の総和）$= (1+p_1+p_1{}^2+\cdots+p_1{}^{a_1})(1+p_2+p_2{}^2+\cdots$
$\qquad\qquad +p_2{}^{a_2})\cdots(1+p_m+p_m{}^2+\cdots+p_m{}^{a_m})$

Theme 3 | 最大公約数と最小公倍数

9
Lv. ▪▪▫▫

自然数 m, n $(m \geqq n)$ について，$m+n$ と $m+4n$ の最大公約数が3で，最小公倍数が $4m+16n$ である。このような m, n をすべて求めよ。

10
Lv. ▪▪▫▫

m, n を自然数とする。$m+n$, mn が互いに素であるための必要十分条件は，m, n が互いに素であることを証明せよ。

11
Lv. ▪▪▫▫

1045 と 741 の最大公約数を求めよ。

12
Lv. ▪▪▫▫

n を2以上の自然数とする。n^2+2n+1 と $n+3$ の最大公約数となる数をすべて求めよ。

Theme分析

2つ以上の整数に共通な約数をそれらの整数の**公約数**といい，公約数のうち最大のものを**最大公約数**という。また，2つ以上の整数に共通な倍数をそれらの整数の**公倍数**といい，公倍数のうち正で最小のものを**最小公倍数**という。

2つの整数a，bの最大公約数が1であるとき，a，bは**互いに素**であるという。

最大公約数と最小公倍数を求めるには，次の方法が有名である。

（方法1）　素因数分解を利用する

$180 = 2^2 \cdot 3^2 \cdot 5$，$350 = 2 \cdot 5^2 \cdot 7$と素因数分解すると

　　（最大公約数）$= 2 \cdot 5 = 10$，（最小公倍数）$= 2^2 \cdot 3^2 \cdot 5^2 \cdot 7 = 6300$

ちなみに，$a = 180$，$b = 350$として，上の性質を確認してみる。

$a = 2^1 \cdot 3^2 \times 2^1 \cdot 5^1$　$\cdots\cdots\cdots\cdots \blacktriangleright a' = 2^1 \cdot 3^2$，$b' = 5^1 \cdot 7$となり，①$a'$，$b'$は

$b = 2^1 \cdot 5^1 \times 5^1 \cdot 7^1$　　　　　　　互いに素

$l = 2^1 \cdot 3^2 \times 2^1 \cdot 5^1 \times 5^1 \cdot 7^1 \cdots\cdots\cdots \blacktriangleright ②l = a' \times g \times b'$である。

$gl = 2^1 \cdot 3^2 \times 2^1 \cdot 5^1 \times 5^1 \cdot 7^1 \times 2^1 \cdot 5^1 \cdots ③gl = a' \times g \times b' \times g = a \times b$が成り立つ。

最大公約数

（方法2）　共通の素因数で割っていく

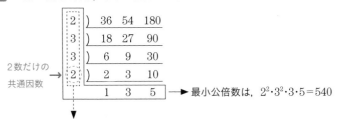

$$
\begin{array}{c|cc}
2) & 180 & 350 \\
5) & 90 & 175 \\
\hline
 & 18 & 35
\end{array}
$$

　　　　　　　　　　　　$\blacktriangleright$ 最小公倍数は，$2 \cdot 5 \cdot 18 \cdot 35 = 6300$

最大公約数は，$2 \cdot 5 = 10$

参考　**3数の最大公約数，最小公倍数のとき**

2数だけの
共通因数　→

$$
\begin{array}{c|ccc}
2) & 36 & 54 & 180 \\
3) & 18 & 27 & 90 \\
3) & 6 & 9 & 30 \\
2) & 2 & 3 & 10 \\
\hline
 & 1 & 3 & 5
\end{array}
$$

　　　　　　　　　　　$\blacktriangleright$ 最小公倍数は，$2^2 \cdot 3^2 \cdot 3 \cdot 5 = 540$

最大公約数は，$2 \cdot 3^2 = 18$　←2数だけの共通因数は無視する

（方法3）　「ユークリッドの互除法」を利用する

9

Lv.▪▫▫▫ 自然数 m, $n(m \geqq n)$ について，$m+n$ と $m+4n$ の最大公約数が3で，最小公倍数が $4m+16n$ である。このような m, n をすべて求めよ。

> **navigate**
>
> 最大公約数・最小公倍数の問題では，最大公約数を中心に文字を設定することがポイントである。また，その際，残りの数 a', b' が互いに素であることを利用することも忘れないようにする。

解

$m+n$ と $m+4n$ の最大公約数が3であるから

$$m+n=3a, \quad m+4n=3b \quad (a, b は互いに素)$$

とおく。また，その最小公倍数が $4m+16n$ であるから

$$3ab=4m+16n$$
$$=4(m+4n)$$
$$=4 \times 3b$$

> $3a$, $3b$ (a, b は互いに素) の最小公倍数は $3ab$ である。

> 右辺が $4(m+4n)=4 \times 3b$ と b でかけることがポイント

すなわち $3ab=4 \times 3b$ ゆえに $a=4$

よって $m+n=12$

> 足して12になる2数を書き出して調べればよい。

$$(m, n)=(11, 1), (10, 2), (9, 3),$$
$$(8, 4), (7, 5), (6, 6)$$

$$(m+n, m+4n)=(12, 15), (12, 18), (12, 21), (12, 24),$$
$$(12, 27), (12, 30)$$

それぞれの最大公約数 g，最小公倍数 l は

$$(g, l)=(3, 60), (6, 36), (3, 84), (12, 24), (3, 108), (6, 60)$$

このうち，条件をみたすものは

$$(m+n, m+4n)=(12, 15), (12, 21), (12, 27)$$
$$(m, n)=\mathbf{(11, 1), (9, 3), (7, 5)} \text{—(答)}$$

✓ SKILL UP

2つの自然数 a, b の最大公約数を g，最小公倍数を l とする。$a=ga'$，$b=gb'$ とすると，次が成り立つ。

① a' と b' は互いに素　② $l=ga'b'$　③ $ab=gl$

10

Lv.▮▯▮▮

m, n を自然数とする。$m+n, mn$ が互いに素であるための必要十分条件は，m, n が互いに素であることを証明せよ。

navigate

必要十分または同値（$p \Longleftrightarrow q$）の証明は，$p \Longrightarrow q$ と $q \Longrightarrow p$ の証明に分けて考えるのが一般的である。また，今回はともに互いに素の証明なので，背理法・対偶法を利用する。

解

「$m+n, mn$ が互いに素 $\Longrightarrow m, n$ が互いに素」を示す。

対偶「m, n が互いに素でない $\Longrightarrow m+n, mn$ が互いに素でない」

m, n が互いに素でないので，その最大公約数を g とすると，$g \geqq 2$ であり

$$m = gm', \quad n = gn' \quad (m', n' \text{ は互いに素})$$

このとき　$m+n = g(m'+n'), \quad mn = g^2 m' n'$

となり，ともに g の倍数となるので $m+n, mn$ は互いに素でない。── 証明終

> 今回は，結局 $g \geqq 2$ であることだけで証明できる。

「m, n が互いに素 $\Longrightarrow m+n, mn$ が互いに素」を示す。

対偶「$m+n, mn$ が互いに素でない $\Longrightarrow m, n$ が互いに素でない」

m, n が互いに素でないので，2以上の共通の素因数を p として

$$m+n = pq, \quad mn = pr \quad (q, r \text{ は整数})$$

このとき，$mn = pr$ について，素数 p の性質から，m または n が p の倍数。

m が p の倍数で，$m = pm''$（m'' は整数）

とおくと，$m+n = pq$ から

$$pm'' + n = pq \iff n = p(q - m'')$$

となり，n も p の倍数となるので，m, n は互いに素でない。

同様に，n が p の倍数のときも成り立つので題意は示される。── 証明終

> $mn = $（素数 p の倍数）ならば，m または n が p の倍数である（素数の性質）。

✓ SKILL UP

a, b が互いに素であることを示すには，背理法・対偶法を利用することが多い。その際，a, b が互いに素でないとして次のようにおく。

$$a = ga', \quad b = gb' \quad (g \text{ は最大公約数で } g \geqq 2, \ a', b' \text{ は互いに素})$$

または　$a = pa', \quad b = pb' \quad (p \text{ は共通の素因数}, \ a', b' \text{ は整数})$

11 1045 と 741 の最大公約数を求めよ。

Lv. ▮▮▮▮

素因数分解しにくい大きな数の最大公約数を求めるときは，ユークリッドの互除法を用いる。

解

$$1045 = 1 \cdot 741 + 304$$
$$741 = 2 \cdot 304 + 133$$
$$304 = 2 \cdot 133 + 38$$
$$133 = 3 \cdot 38 + 19$$
$$38 = 19 \cdot 2$$

$$
\begin{array}{r}
1 \\
741{\overline{)1045}} \\
741 \\
\hline
304
\end{array}
\quad
\begin{array}{r}
2 \\
304{\overline{)741}} \\
608 \\
\hline
133
\end{array}
\quad
\begin{array}{r}
2 \\
133{\overline{)304}} \\
266 \\
\hline
38
\end{array}
\quad
\begin{array}{r}
3 \\
38{\overline{)133}} \\
114 \\
\hline
19
\end{array}
\quad
\begin{array}{r}
2 \\
19{\overline{)38}} \\
38 \\
\hline
0
\end{array}
$$

最後に割った数が
最大公約数

より，(a, b) で a, b の最大公約数を表すと

$$(1045, 741) = (741, 304) = (304, 133)$$
$$= (133, 38) = (38, 19)$$
$$= 19$$

であり，1045 と 741 の最大公約数は **19** ―答

✓ SKILL UP

ユークリッドの互除法を用いて最大公約数を求める

a を b で割ったときの商を q，余りを r とすると

$r \neq 0$ のとき，a と b の最大公約数は，b と r の最大公約数に等しい。

$r = 0$ のとき，a と b の最大公約数は b である。

手順は，① a を b で割ったときの商と余り r を求める。

② $r \neq 0$ のときは，a を b に，b を r に置き換えて①に戻る。
　　$r = 0$ のときは，③に進む。

③ 最後に割った数 b が最大公約数である。

$$a = bq + r \quad \Rightarrow \quad (a, b) = (b, r)$$
$$b = rq_1 + r_1 \quad \Rightarrow \quad (b, r) = (r, r_1)$$
$$r = r_1 q_2 + r_2 \quad \Rightarrow \quad (r, r_1) = (r_1, r_2)$$
$$r_1 = r_2 q_3 \quad \Rightarrow \quad (r_1, r_2) = r_2$$

となり，a と b の最大公約数は最後に割った r_2 となる。

12

Lv.▪▫▫▫

n を2以上の自然数とする。n^2+2n+1 と $n+3$ の最大公約数となる数をすべて求めよ。

ユークリッドの互除法から，$n+3$ と4の最大公約数の最大値を考えればよい。整式同士の最大公約数よりも，整式と定数の最大公約数の方が圧倒的に考えやすい。

$$
\begin{array}{r}
n-1 \\
n+3{\overline{\smash{\big)}\,n^2+2n+1}} \\
\underline{n^2+3n} \\
-n+1 \\
\underline{-n-3} \\
4
\end{array}
$$

解

$$n^2+2n+1=(n+3)(n-1)+4$$

であるから，n^2+2n+1 と $n+3$ の最大公約数は，$n+3$ と4の最大公約数である。

4の正の約数は1，2，4であるから，求める最大公約数は1，2，4に限られる。

$n=2$ のとき，$n^2+2n+1=9$，$n+3=5$ より，最大公約数は1

$n=3$ のとき，$n^2+2n+1=16$，$n+3=6$ より，最大公約数は2

$n=5$ のとき，$n^2+2n+1=36$，$n+3=8$ より，最大公約数は4

したがって，最大公約数は **1，2，4** —(答)

> ユークリッドの互除法より，
> $(n^2+2n+1,\ n+3)$
> $=(n+3,\ 4)$
>
> この段階では必要条件である。

> 実際に，最大公約数が1，2，4となる n が存在することを確認する。

参考 ユークリッドの互除法の証明

$a=bq+r$ …① a と b の最大公約数を g，b と r の最大公約数を g' とする。

$a=ga'$，$b=gb'$ とおく（a'，b' は互いに素な整数）。①に代入して
$$r=g(a'-b'q)$$
よって，g は，b と r の公約数であり，$g \le g'$ である。

また，$b=g'b''$，$r=g'r'$ とおく（b''，r' は互いに素な整数）。①に代入して
$$a=g'(b''q+r')$$
よって，g' は，a と b の公約数であり，$g \ge g'$ である。

$g \le g'$ かつ $g \ge g'$ より $g=g'$ であり，a，b の最大公約数と b，r の最大公約数は一致する。

☑ SKILL UP

ユークリッドの互除法 a は b の倍数でないとし，a を b で割った余りを r とすると $a=bq+r$（$1 \le r < b$，q は整数）のとき $(a,\ b)=(b,\ r)$

Theme 4 | 倍数・余りの証明問題

13 nを自然数とする。nが2でも3でも割り切れないとき，n^2-1は24の倍数であることを証明せよ。

Lv. ▪▫▫▫

14 m, nを自然数とする。$m^3+2n^3+3n^2-m+n$は6の倍数であることを証明せよ。

Lv. ▪▪▫▫

15 nを自然数とする。$3^{3n}-2^n$は25の倍数であることを証明せよ。

Lv. ▪▪▫▫
ⅡB

16 a, b, cを自然数とする。$a^2+b^2=c^2$が成り立つとき，a, bの少なくとも一方は3の倍数であることを示せ。また，a, bの少なくとも一方は4の倍数であることを示せ。

Lv. ▪▪▫▫

Theme分析

まずは，整数の分類について確認する。たとえば，すべての整数を2で割ったときの余り0と1で分類したものが偶数と奇数であるから，kを整数として，偶数：$2k$，奇数：$2k+1$　と表される。

さらに偶数は4で割ったときの余り0と2で分類した$4k$と$4k+2$に分類される。$4k+2$と表される整数は，$8k+2$と$8k+6$に分類される。

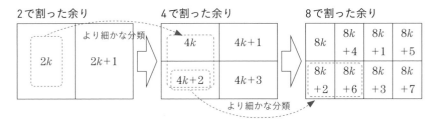

2で割った余りとは異なる分類として，3で割ったときの余り0と1と2で分類した$3k$，$3k+1$，$3k+2$のより細かな分類として，$9k$，$9k+1$，$\cdots$，$9k+8$がある。

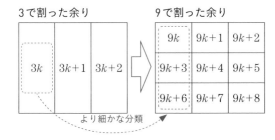

■　剰余による分類

すべての整数は，正の整数mを定めると，mで割ったときの余りによって
$$mk, \quad mk+1, \quad mk+2, \cdots, \quad mk+(m-1) \quad (k は整数)$$
と分類できる。

13

Lv.⣿⣿

nを自然数とする。nが2でも3でも割り切れないとき，n^2-1は24の倍数であることを証明せよ。

navigate

24を素因数分解すると，$2^3 \cdot 3$なので，24の倍数であることを示すには，2^3の倍数かつ3の倍数を示せばよい。本問はさらに条件として，nが2の倍数，3の倍数でないことも与えられているので，n自体を6で割った余りで場合分けすればよい。

解

整数nを6で割ったときの余りで分類すると，
$$n=6k, \ 6k+1, \ 6k+2, \ 6k+3, \ 6k+4, \ 6k+5 \quad (k は整数)$$
となる。ただし，条件から，nは2の倍数でも3の倍数でもないので，$n=6k+1, \ 6k+5$のときのみ調べる。

(i) $n=6k+1$のとき
$$n^2-1=(n-1)(n+1)=12k(3k+1)$$
kが偶数のときはkが，kが奇数のときは$3k+1$が偶数だから，$k(3k+1)$は偶数で，n^2-1は24の倍数である。

(ii) $n=6k+5$のとき
$$n^2-1=(n-1)(n+1)=12(k+1)(3k+2)$$
kが偶数のときは$3k+2$が，kが奇数のときは$k+1$が偶数なので，$(k+1)(3k+2)$は偶数となり，n^2-1は24の倍数である。—証明終

参考 倍数の示し方

一般に，$f(n)$がmの倍数であることを示すには，まずmを素因数分解してみる。$m=p_1{}^{a_1} \cdot p_2{}^{a_2}$となれば，$p_1{}^{a_1}$の倍数かつ$p_2{}^{a_2}$の倍数であることを示せばよい。例えば，$12(=2^2 \cdot 3)$の倍数を示すには，$2^2$の倍数かつ3の倍数であることを示せばよい。$72(=2^3 \cdot 3^2)$の倍数を示すには，$2^3$の倍数かつ$3^2$の倍数であることを示せばよい。

✓ SKILL UP

剰余による分類

すべての整数は，正の整数mを定めると，mで割ったときの余りによって，次のように分類できる。
$$mk, \ mk+1, \ mk+2, \cdots, \ mk+(m-1) \quad (k は整数)$$

14
Lv. ▪❙❙❙

m, nを自然数とする。$m^3+2n^3+3n^2-m+n$は6の倍数であることを証明せよ。

navigate

6の倍数であることを示すには，m, nを2で割った余り，3で割った余りで場合分けしてもよいが，面倒である。そこで，与えられた式をうまく変形すれば，連続整数の積の形が表れるので，場合分けせずとも証明することができる。

解

$$m^3+2n^3+3n^2-m+n$$
$$=(m^3-m)+(2n^3+3n^2+n)$$
$$=m(m-1)(m+1)+n(n+1)(2n+1)$$
$$=(m-1)m(m+1)+n(n+1)\{(n-1)+(n+2)\}$$
$$=(m-1)m(m+1)+(n-1)n(n+1)+n(n+1)(n+2)$$

m, nそれぞれを降べきの順に整理する。

これらはいずれも連続3整数の積なので，6の倍数である。──証明終

参考 **連続3整数が6の倍数になる理由**

これが成り立つ理由として，例えば，3で割った余りは，3つずつの周期となっている。

連続3整数

	1	2	3	4	5	6	7	8	9	10	11	12	13	14	…
余り：	1	2	0	1	2	0	1	2	0	1	2	0	1	2	…

3の倍数が1つ含まれる

よって，ここから，連続した3つの整数と取り出すと，どれかは3の倍数（余り0）である。また，2で割った余りの周期性を考えたときに，連続した3つの整数を取り出すと，少なくとも1つは2の倍数である。よって，連続した3整数には，3の倍数，2の倍数が少なくとも1つずつは入ることになり，6の倍数である。

✓ SKILL UP

連続n整数の積は$n!$の倍数である。

連続2整数：$n(n+1)$は　$2!=2\cdot1=2$の倍数

連続3整数：$n(n+1)(n+2)$は　$3!=3\cdot2\cdot1=6$の倍数

連続4整数：$n(n+1)(n+2)(n+3)$は　$4!=4\cdot3\cdot2\cdot1=24$の倍数

15

Lv. ▮▮▯▯
ⅡB

n を自然数とする。$3^{3n}-2^n$ は25の倍数であることを証明せよ。

navigate

前問 13, 14 のように，場合分けしたり，連続整数の形を作るタイプではない。以下の解答のような解法を選択しよう。

解

【解答1】 二項定理（数学Ⅱ）の利用

> 25の倍数であることを証明するときに，$27=25+2$ と分解する変形がポイント。

$$3^{3n}-2^n=27^n-2^n=(25+2)^n-2^n$$

$$=({}_nC_025^n+{}_nC_125^{n-1}2^1+{}_nC_225^{n-2}2^2+\cdots+{}_nC_{n-1}\cdot25\cdot2^{n-1}+{}_nC_n2^n)-2^n$$

$$=25(25^{n-1}+{}_nC_125^{n-2}\cdot2+{}_nC_225^{n-3}2^2+\cdots+{}_nC_{n-1}2^{n-1})$$

よって，25の倍数である。——証明終

【解答2】 数学的帰納法（数学B)の利用

「$3^{3n}-2^n$ は25の倍数である」…（＊）を数学的帰納法によって証明する。

(i) $n=1$ のとき，$3^{3\cdot1}-2^1=27-2=25$ となり25の倍数である。

(ii) $n=k$ のとき成り立つと仮定する。すなわち，$3^{3k}-2^k=25m$（m は整数）とおく。このとき

$$3^{3(k+1)}-2^{k+1}=3^3\cdot3^{3k}-2\cdot2^k=27(25m+2^k)-2\cdot2^k=25(27m+2^k)$$

よって，$n=k+1$ のときも成り立つ。

(i), (ii)より，数学的帰納法からすべての自然数 n で（＊）は成り立つ。——証明終

【解答3】 合同式の利用

$$3^{3n}-2^n=27^n-2^n$$

ここで，$27\equiv2\,(\mathrm{mod}\,25)$ より，$27^n\equiv2^n\,(\mathrm{mod}\,25)$ となり，$27^n-2^n\equiv0\,(\mathrm{mod}\,25)$ から，$3^{3n}-2^n$ は25の倍数である。——証明終

✓ SKILL UP

a^n の形の倍数・余りの証明では，以下を頭に入れておきたい。

①二項定理　　②帰納法　　③合同式

16

Lv. ∎∎∎∎

a, b, c を自然数とする。$a^2+b^2=c^2$ が成り立つとき，a, b の少なくとも一方は3の倍数であることを示せ。また，a, b の少なくとも一方は4の倍数であることを示せ。

---

navigate

（前半）は3で割った余りで分類すればうまくいく。問題は（後半）であり，2^2 で割った余りで場合分けしてもうまくいかないので，もっと細かく分類して，2^3 でやっても無理で，2^4 で割った余りで分類するとうまくいく。

解

一般に，n^2 を3で割った余りについて3通りに分類すると，

$n \pmod 3$	0	1	2
$n^2 \pmod 3$	0	1	1

背理法を用いて示す。

a, b ともに3の倍数でないと仮定する。すると，a^2, b^2 を3で割った余りはともに1である。ここで，$c^2=a^2+b^2$ から c^2 を3で割った余りは2となるが，このような平方数は上の表から存在しない。よって，a, b の少なくとも一方は3の倍数である。——証明終

一般に，n^2 を16で割った余りについて16通りに分類すると，

$n \pmod{16}$	0	±1	±2	±3	±4	±5	±6	±7	8
$n^2 \pmod{16}$	0	1	4	9	0	9	4	1	0

背理法を用いて示す。a, b ともに4の倍数でないと仮定する。すると，a^2, b^2 を16で割った余りは1，4，9のいずれかである。ここで，$c^2=a^2+b^2$ から c^2 を16で割った余りは

$$1+1=2, \quad 1+4=5, \quad 1+9=10,$$
$$4+4=8, \quad 4+9=13, \quad 9+9=18$$

18を16で割った余りは2

から，2，5，8，10，13となるが，このような平方数は上の表から存在しない。よって，a, b の少なくとも一方は4の倍数である。——証明終

✓ SKILL UP

自然数 n について，素数 p に対して，p で割った余りで分類してもうまくいかないときは，p^2 で割った余りで細かく分類するとよい。

Theme 5 | 合同式

17
Lv. ▪▫▫

4^{200} を5で割った余りを求めよ。また，123^{123} を10で割った余りを求めよ。

18
Lv. ▪▫▫

n を自然数とする。$a_n = 19^n + 2(-16)^{n-1}$ が7の倍数であることを証明せよ。

19
Lv. ▪▫▫

n を自然数とする。n^5 と n の一の位は一致することを証明せよ。

20
Lv. ▪▫▫

合同方程式 $4x \equiv 2 \pmod 6$ を解け。ただし，合同方程式を解くとは，$x \equiv a \pmod 6$（a は6より小さい自然数）の形で表すことである。

Theme分析

m は正の整数とする。2つの整数 a，b に対して，$a-b$ が m で割り切れるとき，**a と b は m を法として合同**であるといい，**$a \equiv b \pmod{m}$**，または，**m を法として $a \equiv b$** と表す。この式を**合同式**という。これは，a を m で割ったときの余りと，b を m で割ったときの余りが等しいことと同値である。mod は「法として」を意味する「modulo」を略した記号である。

例えば，14 と 2 は 6 で割った余りは等しく，$14-2=12$ で 6 の倍数になっている。

これを，$\boxed{14 \equiv 2 \pmod{6}}$ とかく。

↑a と b を m で割った余りが等しい
$\iff$ $a-b$ が m の倍数である。

また，合同式の性質として以下のものがある。

① $a \equiv b$，$c \equiv d \pmod{m}$ ならば $a \pm c \equiv b \pm d \pmod{m}$ （複号同順）

② $a \equiv b$，$c \equiv d \pmod{m}$ ならば $ac \equiv bd \pmod{m}$

③ $a \equiv b \pmod{m}$ ならば $a^n \equiv b^n \pmod{m}$

つまり，余りについて，足し算・引き算・掛け算・累乗をしてよい。

$$\begin{cases} 6 \equiv 1 \pmod{5} & （\Leftarrow 余り 1） \\ 13 \equiv 8 \pmod{5} & （\Leftarrow 余り 3） \end{cases} \quad から$$

① $6+13 \equiv 1+8 \pmod{5}$ （$\Leftarrow$ 余り $1+3=4$）

② $6 \cdot 13 \equiv 1 \cdot 8 \pmod{5}$ （$\Leftarrow$ 余り $1 \cdot 3=3$）

③ $6^n \equiv 1^n \pmod{5}$ （$\Leftarrow$ 余り $1^n=1$）

■ 合同式の性質の証明

$a-b=mk$，$c-d=ml$ とおく。（k，l は整数）

① 辺々足したり，引いたりすると，$(a \pm c)-(b \pm d)=m(k \pm l)$ （複号同順）
　　　より $a \pm c \equiv b \pm d \pmod{m}$ （複号同順）

② $\begin{cases} a=b+mk \\ c=d+ml \end{cases}$ より $ac=bd+mbl+mdk+m^2kl$

　　$ac-bd=m(bl+dk+mkl)$ となるので $ac \equiv bd \pmod{m}$

③ ②をくり返し用いることでわかる。

合同式により，余りが等しいことが簡潔に表現できるので，複雑な場合分けが実現できたり，合同式の性質③から，指数形 a^n の剰余などを楽に求められる。

17

4^{200} を5で割った余りを求めよ。また，123^{123} を10で割った余りを求めよ。

Lv. ▮▮▮▮

🚩 navigate

a^n の形の式の剰余は周期性に着目するとよい。そして余り1になるときがあれば，それを合同式で表して利用すればよい。後半は 123^n であり，このまま掛けて周期性を調べるのは大変。

$$123 \equiv 3 \pmod{10}$$

を利用して底をまず小さくしてから考えるとよい。

解

$$4^2 \equiv 1 \pmod 5$$

両辺100乗して

$$4^{200} \equiv 1^{100} \equiv 1 \pmod 5$$

となり，**余りは1** —(答)

$$123 \equiv 3 \pmod{10}$$

両辺123乗して

$$123^{123} \equiv 3^{123} \pmod{10}$$

よって，3^{123} を10で割った余りを調べる。

$$3^4 \equiv 1 \pmod{10}$$

両辺30乗して

$$3^{120} \equiv 1^{30} \equiv 1 \pmod{10}$$

両辺 3^3 倍して

$$3^{123} \equiv 3^3 \equiv 7 \pmod{10}$$

よって　$3^{123} \equiv 7 \pmod{10}$

となり，123^{123} を10で割った**余りは 7** —(答)

n	1	2	3	4	$\cdots$
$4^n \pmod 5$	4	1	4	1	$\cdots$

と2個ずつの周期になると予想される。そこで，初めて余り1になる $4^2 \equiv 1 \pmod 5$ を利用する。

123^n を3で割った余りを調べるのは大変なので，まずは，123を小さくする。

n	1	2	3	4	5	6	7	8	$\cdots$
$3^n \pmod{10}$	3	9	7	1	3	9	7	1	$\cdots$

と4個ずつの周期になると予想される。そこで，初めて余り1になる $3^4 \equiv 1 \pmod{10}$ を利用する。

✓ SKILL UP

a^n の剰余では周期性に着目し，$a^n \equiv 1$ となれば，これを活用する。

18

n を自然数とする。$a_n = 19^n + 2(-16)^{n-1}$ が 7 の倍数であることを証明せよ。

Lv.

> **navigate**
>
> 今回は合同式を利用した解法を習得したい。まずは合同式の性質を用い
> て，19 と -16 を 7 で割った余りを調べることから始めればよい。

解

$19 \equiv 5 \pmod 7$ より　$19^n \equiv 5^n \pmod 7$ 　…①

$-16 \equiv 5 \pmod 7$ より　$(-16)^{n-1} \equiv 5^{n-1} \pmod 7$

両辺 2 倍して　$2(-16)^{n-1} \equiv 2 \cdot 5^{n-1} \pmod 7$ 　…②

①，②より

$$19^n + 2(-16)^{n-1} \equiv 5^n + 2 \cdot 5^{n-1} \pmod 7$$
$$a_n \equiv 7 \cdot 5^{n-1} \pmod 7$$
$$a_n \equiv 0 \pmod 7$$

> 19^n を 7 で割った余りを調べ
> るのは大変なので，まずは，
> 19 を小さくする。同様にし
> て，-16 も 5 にする。

よって，a_n は 7 の倍数である。　証明終

参考　二項定理（数学Ⅱ）の利用

$a_n = (14+5)^n + 2(-21+5)^{n-1}$

$\quad = \underline{{}_n\mathrm{C}_0 14^n + \cdots + {}_n\mathrm{C}_{n-1} 14^1 \cdot 5^{n-1}} + {}_n\mathrm{C}_n 5^n$
$\qquad\qquad$（7 の倍数）

$\qquad\qquad + 2(\underline{{}_{n-1}\mathrm{C}_0 (-21)^{n-1} + \cdots + {}_{n-1}\mathrm{C}_{n-2}(-21) \cdot 5^{n-2}} + {}_{n-1}\mathrm{C}_{n-1} 5^{n-1})$
$\qquad\qquad\qquad\qquad$（7 の倍数）

$\quad = （7 の倍数） + 5^n + 2 \cdot 5^{n-1} = （7 の倍数） + 7 \cdot 5^{n-1} = （7 の倍数）$　証明終

数学的帰納法（数学 B）の利用

$a_n = 19^n + 2(-16)^{n-1}$ が 7 の倍数となることを数学的帰納法で証明する。

(ⅰ)　$n=1$ のとき，$a_1 = 21$ より成り立つ。

(ⅱ)　$n=k$ のとき，$19^k + 2(-16)^{k-1} = 7l$（l は整数）と仮定する。

$\quad n=k+1$ のとき　$a_{k+1} = 19^{k+1} + 2(-16)^k = 19 \cdot 19^k - 32 \cdot (-16)^{k-1}$

$\qquad\qquad\qquad\qquad = 19 \cdot 19^k - 16(7l - 19^k) = 7(5 \cdot 19^k - 16l)$

となり 7 の倍数。

以上，(ⅰ)，(ⅱ)からすべての自然数 n で a_n は 7 の倍数となる。　証明終

✓ SKILL UP

a^n の剰余では合同式が有効である。他には，二項定理，数学的帰納法も
頭に入れておく。

19

n を自然数とする。n^5 と n の一の位は一致することを証明せよ。

Lv. ▂▃▅

navigate

一の位とは10で割った余りである。一の位が一致するとは，2数の差が10の倍数になることである。$f(n)=n^5-n$ とおいて，$f(n)$ が10の倍数であることを証明すればよい。

解

$f(n)=n^5-n$ として，$f(n)$ が10の倍数であることを証明する。

ここで，$10=2\times5$ より，$f(n)$ が2の倍数かつ5の倍数であることを示す。

$$f(n)=n(n-1)(n+1)(n^2+1)$$

上の式より，連続2整数の積は2の倍数であるから，$f(n)$ は2の倍数である。

ここで，以下5を法として考えると，

(i)　$n\equiv0$ のとき　$f(n)\equiv0$

(ii)　$n\equiv1$ のとき，$n-1\equiv0$ より　$f(n)\equiv0$

(iii)　$n\equiv2$ のとき，$n^2+1\equiv0$ より　$f(n)\equiv0$

(iv)　$n\equiv3$ のとき，$n^2+1\equiv0$ より　$f(n)\equiv0$

(v)　$n\equiv4$ のとき，$n+1\equiv0$ より　$f(n)\equiv0$

> 2の倍数の証明は，場合分けしなくても連続整数の性質からすぐ示せる。

以上より，$f(n)\equiv0\ (\mathrm{mod}\,5)$ となり，$f(n)$ は5の倍数である。

よって，n^5-n は2の倍数かつ5の倍数で10の倍数だから，n^5 と n の一の位は一致する。──(証明終)

参考　そのまま10通りで場合分けした場合

通常，$n=10k,\ 10k\pm1,\ 10k\pm2,\ 10k\pm3,\ 10k\pm4,\ 10k+5$ と10通りに分けて計算するところを，合同式では余り部分の簡単な計算だけで済む。整数 n について，10を法として10通りに分類すると，いずれも10の倍数になる。

$n\ (\mathrm{mod}\,10)$	0	1	2	3	4	5	-4	-3	-2	-1
$n^2\ (\mathrm{mod}\,10)$	0	1	4	9	6	5	6	9	4	1
$n^3\ (\mathrm{mod}\,10)$	0	1	8	7	4	5	-4	-7	-8	-1
$n^5\ (\mathrm{mod}\,10)$	0	1	2	3	4	5	-4	-3	-2	-1
$n^5-n\ (\mathrm{mod}\,10)$	0	0	0	0	0	0	0	0	0	0

✓ SKILL UP

合同式を用いると，面倒な場合分けも簡単になる。

20

合同方程式$4x \equiv 2 \pmod 6$を解け。ただし，合同方程式を解くとは，

Lv.▮▮▯▯ $x \equiv a \pmod 6$ （aは6より小さい自然数）の形で表すことである。

navigate

安易に$4x \equiv 2 \pmod 6$の両辺を2で割って，$2x \equiv 1 \pmod 6$としてはいけない。例えば，$8 \equiv 2 \pmod 6$であるが，両辺を2で割って$4 \equiv 1 \pmod 6$は成り立たない。

このように，一般的に合同式の除法については注意が必要である。

したがって，$4x \equiv 2 \pmod 6$を割るより，xを$\bmod 6$について分類して4倍するような乗法を利用すればよい。

解

以下の表のように，x自身を6で割った余りで分類する。

$x \pmod 6$	0	1	2	3	4	5
$4x \pmod 6$	0	4	$8 \equiv 2$	$12 \equiv 0$	$16 \equiv 4$	$20 \equiv 2$

よって，上の表から

$x \equiv 2,\ 5 \pmod 6$ —答

参考 **合同方程式$x^2 - x - 2 \equiv 0 \pmod 5$を解く場合**

$ab \equiv 0 \pmod p$（pは素数）のとき，$a \equiv 0 \pmod p$または$b \equiv 0 \pmod p$を利用すると

$$x^2 - x - 2 \equiv 0 \pmod 5 \iff (x-2)(x+1) \equiv 0 \pmod 5$$
$$\iff x - 2 \equiv 0 \pmod 5 \quad \text{または} \quad x + 1 \equiv 0 \pmod 5$$

さらに，$-1 \equiv 4 \pmod 5$から

$$x \equiv 2 \pmod 5 \quad \text{または} \quad x \equiv 4 \pmod 5$$

✓ SKILL UP

合同式は加法・減法・乗法については，等号と同じように変形できるが，除法については注意が必要である。特に，以下の定理は有名。

$ax \equiv ay \pmod m$について，aとmが互いに素ならば

$$x \equiv y \pmod m$$

Theme 6 | 1次不定方程式の整数解

21
Lv. ▮▯▯

$5x-7y=1$ をみたす整数解をすべて求めよ。

22
Lv. ▮▯▯

$223x+105y=1$ をみたす整数解をすべて求めよ。

23
Lv. ▮▮▯

a, b が互いに素な整数であるとき，$1\cdot a$, $2\cdot a$, $3\cdot a$, $\cdots$, $(b-1)\cdot a$, $b\cdot a$ の b 個の数を b で割った余りはすべて異なることを証明し，$ax+by=1$ をみたす整数 x, y が存在することを証明せよ。

24
Lv. ▮▮▯
Ⅱ

a, b が互いに素な整数であるとき，$ax+by=1$ をみたす整数 x, y が存在することを利用し，$ax+by$ の形で任意の整数が表せることを証明せよ。また，c を整数として，直線 $ax+by=c$ 上にない任意の格子点と直線 $ax+by=c$ との距離の最小値を求めよ。

Theme分析

このThemeでは，1次不定方程式$ax+by=c$の整数解について扱う。まずは，$c=0$として，1次不定方程式$ax+by=0$の解法を考える。

> 互いに素である2つの整数a, bについて，整数x, yが$ax=by$をみたすとき，xはbの倍数であり，yはaの倍数である。

この性質を用いて，1次不定方程式のすべての整数解を求めてみる。

$$5x+3y=0 \quad \cdots ①$$

①を変形すると　$5x=-3y$　　$\cdots ②$

ここで，5と3は互いに素であるから，xは3の倍数である。よって

$$x=3k \quad （kは整数）\quad \cdots ③$$

③を②に代入すると

$$5 \cdot 3k=-3y \quad よって \quad y=-5k$$

すなわち，①のすべての整数解は次のように表すことができる。

$$(x, y)=(3k, -5k) \quad （kは整数）\quad \cdots ④$$

④のkに整数を代入したときにできる整数の組が，①の整数解である。

次に，$5x+3y=1$　$\cdots ⑤$をみたす整数解を求める。

手順1　まず，1組の解として，
例えば，$x=-1$，$y=2$がある。

$$5 \cdot (-1)+3 \cdot 2=1 \quad \cdots ⑥$$

$（x=2$，$y=-3$などでもよい）

手順2　⑤－⑥をする。

$$\begin{array}{r} 5x+3y=1 \quad \cdots ⑤ \\ -)\underline{5 \cdot (-1)+3 \cdot 2=1 \quad \cdots ⑥} \\ 5(x+1)+3(y-2)=0 \end{array}$$

$x+1$，$y-2$をかたまりとみて，①の
整数解を求めればよく，④より

$$(x+1, y-2)=(3k, -5k)$$

よって　$(x, y)=(3k-1, 2-5k)$

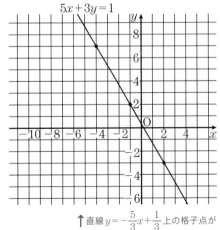

↑直線$y=-\dfrac{5}{3}x+\dfrac{1}{3}$上の格子点が
次々と求められたことになる

21

$5x-7y=1$ をみたす整数解をすべて求めよ。

Lv. ∎∎∎

> **navigate**
>
> 例題でも説明したように，手順1の「1組の整数解を求める」，手順2の「辺々引いて，互いに素を利用した式処理」をすればよい。

解

$$5x-7y=1 \quad \cdots ①$$

まず1組の整数解として，$x=3$, $y=2$ がある。

$$5 \cdot 3-7 \cdot 2=1 \quad \cdots ②$$

①－②を計算すると

$$5x-7y=1 \qquad \cdots ①$$
$$\underline{-) \; 5 \cdot 3-7 \cdot 2=1 \qquad \cdots ②}$$
$$5(x-3)-7(y-2)=0$$
$$5(x-3)=7(y-2)$$

> a, b が互いに素かつ $ax=by$ ならば，x は b の倍数かつ y は a の倍数

7と5は互いに素なので，$y-2=5k$ （k は整数）とおけて，このとき，$x-3=7k$ となる。

よって

$$(x, \; y)=(7k+3, \; 5k+2) \quad (k \text{ は整数}) \ -\text{答}$$

✓ SKILL UP

1次不定方程式の整数解

$ax+by=c$ （a, b は互いに素）…① の整数解を求める。

手順1：1組の整数解 (x_0, y_0) を求める。（特殊解）

$$ax_0+by_0=c \quad \cdots ②$$

手順2：辺々引いて，互いに素を利用した式処理をする。

①－②より $a(x-x_0)+b(y-y_0)=0 \iff a(x-x_0)=b(y_0-y)$

a, b は互いに素だから，k を整数として $x-x_0=bk$

このとき $y_0-y=ak$

よって $(x, \; y)=(x_0+bk, \; y_0-ak)$

22

$223x + 105y = 1$ をみたす整数解をすべて求めよ。

Lv.■■■

navigate

前問との違いは，手順1において1組の整数解を探しにくいことである。このようなときは「ユークリッドの互除法」を利用するとよい。教科書にも書いてある事項であり，ぜひとも習得しておきたい。

解

$$223x + 105y = 1 \quad \cdots ①$$

ユークリッドの互除法より

$223 = 105 \times 2 + 13$ から $13 = 223 - 105 \times 2 \quad \cdots ②$ 　　後で利用しやすいように移項しておく。

$105 = 13 \times 8 + 1$ から $1 = 105 - 13 \times 8 \quad \cdots ③$

②を③に代入して 　　　　　　　　　　　　　　余りに1が登場するまで互除法をくり返す。

$$1 = 105 - (223 - 105 \times 2) \times 8$$

$$= 105 - 223 \times 8 + 105 \times 16$$ 　　223と105のかたまりを崩さないように変形する。

$$= 223 \times (-8) + 105 \times 17$$

よって

$$223 \times (-8) + 105 \times 17 = 1 \quad \cdots ④$$

以上より，$x = -8$，$y = 17$ が特殊解となる。

①－④を計算すると

$$223x + 105y = 1 \qquad\qquad \cdots ①$$

$$\underline{-)\ 223 \times (-8) + 105 \times 17 = 1 \quad \cdots ④}$$

$$223(x+8) + 105(y-17) = 0$$ 　　a，bが互いに素かつ$ax=by$

$$223(x+8) = 105(17-y)$$ 　　ならば，xはbの倍数かつyはaの倍数。

223と105は互いに素なので，$17-y = 223k$ （kは整数）とおけて，このとき，$x+8 = 105k$ となる。

よって $(x,\ y) = (105k - 8,\ 17 - 223k)$ （kは整数）—(答)

✓ SKILL UP

1次不定方程式の整数解で特殊解を探しにくいものに対して，ユークリッドの互除法を利用することもある。

23

a, bが互いに素な整数であるとき，$1 \cdot a$, $2 \cdot a$, $3 \cdot a$, $\cdots$, $(b-1) \cdot a$, $b \cdot a$のb個の数をbで割った余りはすべて異なることを証明し，$ax+by=1$をみたす整数x, yが存在することを証明せよ。

Lv.∎∎∎∎

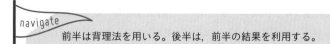

navigate

前半は背理法を用いる。後半は，前半の結果を利用する。

解

背理法で示す。i, jを$1 \leqq i < j \leqq b$をみたす整数とし，$i \cdot a$と$j \cdot a$はbで割った余りが等しいとする。

このとき，$ja - ia = bk$をみたす整数kが存在する。

$(j-i)a = bk$で，aとbは互いに素であるから，$j-i$はbの倍数となるが，$1 \leqq j-i \leqq b-1$に矛盾する。よって，$1 \cdot a, \cdots, b \cdot a$を$b$で割った余りはすべて異なる。—（証明終）

この結果から，

$$1 \cdot a, \ 2 \cdot a, \ 3 \cdot a, \ \cdots, \ (b-1) \cdot a, \ b \cdot a$$

のb個の数をbで割った余りはすべて異なるので，余り1になるものが必ず存在する。それを，laとおくと

$$la - 1 = bm \quad (l, \ m は整数)$$

これを変形して，$a \cdot l + b \cdot (-m) = 1$となり，$x=l$, $y=-m$から，整数x, yは存在する。—（証明終）

> すべてが異なることをいうには，等しいものが存在すると仮定して矛盾を導く背理法が簡単である。

> a, bが互いに素のとき，整数x, yが$ax=by$をみたすならば，xはbの倍数かつyはaの倍数。

> $1 \leqq i < j \leqq b$から
> $1 \leqq j-i \leqq b-1$であり，この中にbの倍数はない。

✓ SKILL UP

定理1 a, bが互いに素な整数であるとき

$$1 \cdot a, \ 2 \cdot a, \ 3 \cdot a, \ \cdots, \ (b-1) \cdot a, \ b \cdot a$$

のb個の数をbで割った余りはすべて異なる。

定理2 a, bが互いに素な整数のとき，次をみたす整数x, yが存在する。

$$ax+by=1$$

24

Lv.▮▮▮▮
Ⅱ

a, bが互いに素な整数であるとき，$ax+by=1$をみたす整数x, yが存在することを利用し，$ax+by$の形で任意の整数が表せることを証明せよ。また，cを整数として，直線$ax+by=c$上にない任意の格子点と直線$ax+by=c$との距離の最小値を求めよ。

> 🚩 navigate
>
> 例えば，$a=3$, $b=7$のとき，$3x+7y=1$をみたす整数解が存在することから，$3x+7y=c$を表すには，$3\cdot(c\cdot5)+7\{c(-2)\}=c\cdot1$より，$x=5c$，$y=-2c$とすればよい。

【解】

$ax+by=1$をみたす整数解の1つを(x_0, y_0)とする。このとき，$ax_0+by_0=1$である。よって，両辺c倍すれば（cは任意の整数），$a(cx_0)+b(cy_0)=c$となり，$ax+by=c$を表すには，$x=cx_0$，$y=cy_0$を代入すればよい。——（証明終）

また，$ax+by=c$上にない格子点を(m, n)とする。ただし $am+bn\neq c$ …①

これと直線$ax+by=c$との距離dは

$$d=\frac{|am+bn-c|}{\sqrt{a^2+b^2}}$$

となる。前半の結果から，$am+bn$は任意の整数値をとる。①からc以外なので，$c+1$，$c-1$のとき$|am+bn-c|$の最小値は1となる。

よって

$$(d \text{の最小値})=\frac{1}{\sqrt{a^2+b^2}} \quad \text{——（答）}$$

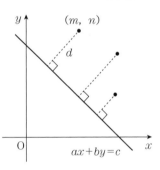

前半の結果から，$am+bn$は任意の整数値をとる。①からc以外なので，$c+1$，$c-1$のとき

$|am+bn-c|$の最小値は1となる。

✓ **SKILL UP**

定理3 a, bが互いに素な整数であるとき，$ax+by$の形で任意の整数が表せる。

Theme
7

方程式をみたす整数解

25
Lv.■■▮▮

$\dfrac{1}{x}+\dfrac{1}{y}=\dfrac{1}{2}$ をみたす自然数 x, y をすべて求めよ。また，p を素数として，

$\dfrac{1}{x}+\dfrac{1}{y}=\dfrac{1}{p}$ をみたす自然数 x, y をすべて求めよ。

26
Lv.■■▮▮

$\dfrac{1}{x}+\dfrac{1}{y}+\dfrac{1}{z}=1$ をみたす自然数 x, y, z をすべて求めよ。$(1 \leqq x \leqq y \leqq z)$

27
Lv.■■▮▮

(1) $x^2-3xy+2y^2+4=0$ をみたす自然数 x, y をすべて求めよ。

(2) $2x^2-2xy+y^2+x-2y=0$ をみたす自然数 x, y をすべて求めよ。

28
Lv.■■▮▮

$x^2-6xy+5y^2-6x+10y+16=0$ をみたす整数 x, y をすべて求めよ。また，$5x+2=y^2$ をみたす自然数 x, y は存在しないことを示せ。

Theme分析

方程式をみたす整数解において，重要な考え方は次の3つである。

■　方程式をみたす整数解

（方法1）　積・商の形から倍数・約数の関係を用いる

（方法2）　不等式で値の範囲を絞る

（方法3）　剰余による分類

例1　$xy+3x-y-3=5$ をみたす自然数 x，y の組を求める。

$xy+3x-y-3=5$ から　$(x-1)(y+3)=5$　…①

ここで，x，y は自然数であるから $x-1\geqq0$，$y+3\geqq4$ なので

$$(x-1,\ y+3)=(1,\ 5)$$

よって　$(x,\ y)=(2,\ 2)$

別解　もしくは，y について整理して，商の形にもっていってもよい。

$$y=\frac{-3x+8}{x-1}=\frac{-3(x-1)+5}{x-1}=-3+\frac{5}{x-1}$$

y が整数より，$\dfrac{5}{x-1}$ が整数になるには，$x-1$ は5の約数で，

$x\geqq1$ から，$x-1=1$，5 であり，$y\geqq1$ となるのを探して　$(x,\ y)=(2,\ 2)$

例2　$x^2+4y^2=17$ をみたす自然数 x，y を求める。

自然数から $x\neq0$ で，$x^2>0$ なので，これで y の値の範囲を絞る。

$x^2=17-4y^2>0$ を整理して　$-\dfrac{\sqrt{17}}{2}<y<\dfrac{\sqrt{17}}{2}$

これをみたす正の整数 y は　$y=1$，2

$y=1$ のとき，$x^2=13$ となり不適。$y=2$ のとき，$x^2=1$ より，$x=1$

ゆえに　$(x,\ y)=(1,\ 2)$

例3　$x^4-5y^4=2$ をみたす整数解は存在しないことを証明する。

5で割った余りに着目して分類する。

一般に，右の表から，n^4 を5で割った余りは0か1である。よって，x^4-5y^4 を5で割ると余りは0か1となるが，

$n\ (\mathrm{mod}5)$	0	1	2	3	4
$n^2\ (\mathrm{mod}5)$	0	1	4	4	1
$n^4\ (\mathrm{mod}5)$	0	1	1	1	1

右辺を5で割ると余りは2なので，$x^4-5y^4=2$ をみたす整数解は存在しない。

25

Lv. ■■□

$\dfrac{1}{x}+\dfrac{1}{y}=\dfrac{1}{2}$ をみたす自然数 x, y をすべて求めよ。また，p を素数として，

$\dfrac{1}{x}+\dfrac{1}{y}=\dfrac{1}{p}$ をみたす自然数 x, y をすべて求めよ。

navigate

分母を払って，$(x+\blacktriangle)(y+\bullet)=\bullet\blacktriangle$ と変形する。このとき，$(x+\blacktriangle)$，$(y+\bullet)$ の組合せは $\bullet\blacktriangle$ の約数になる。また，自然数という条件から，$x\geqq 1$, $y\geqq 1$ なので，組合せの候補も絞れる。

解

$$\dfrac{1}{x}+\dfrac{1}{y}=\dfrac{1}{2} \quad \text{より} \quad xy-2x-2y=0$$

よって $(x-2)(y-2)=4$

ここで，x, y は自然数より

$$x-2\geqq -1, \ y-2\geqq -1$$

したがって

$$(x-2, \ y-2)=(4, \ 1), \ (2, \ 2), \ (1, \ 4)$$
$$(x, \ y)=\mathbf{(6, \ 3)}, \ \mathbf{(4, \ 4)}, \ \mathbf{(3, \ 6)} \ \text{—}\textcircled{答}$$

> 左辺に，以下を用いた。
> $$xy+\bullet x+\blacktriangle y$$
> $$=(x+\blacktriangle)(y+\bullet)-\bullet\blacktriangle$$

また，$\dfrac{1}{x}+\dfrac{1}{y}=\dfrac{1}{p} \quad \text{より} \quad xy-px-py=0$

よって $(x-p)(y-p)=p^2$

ここで，x, y は自然数より

$$x-p\geqq -(p-1), \ y-p\geqq -(p-1)$$

さらに，p は素数だから，

$$(x-p, \ y-p)=(p^2, \ 1), \ (p, \ p), \ (1, \ p^2)$$
$$(x, \ y)=\mathbf{(p^2+p, \ p+1)}, \ \mathbf{(2p, \ 2p)},$$
$$\mathbf{(p+1, \ p^2+p)} \ \text{—}\textcircled{答}$$

> 左辺に，以下を用いた。
> $$xy+\bullet x+\blacktriangle y$$
> $$=(x+\blacktriangle)(y+\bullet)-\bullet\blacktriangle$$

> $p^2\times 1$, $p\times p$, $1\times p^2$,
> $(-p^2)\times(-1)$, $(-p)\times(-p)$,
> $(-1)\times(-p^2)$
> などの6通りの組合せがある
> が，
> $$x-p\geqq -(p-1),$$
> $$y-p\geqq -(p-1)$$
> から3通りだけになる。

✓ SKILL UP

方程式をみたす整数解

(方法1) 積・商の形から倍数・約数の関係を用いる

$xy=\bullet$ の形になれば，x は $\bullet$ の約数しか可能性がないので，その組合せを考える。

$\dfrac{1}{x}+\dfrac{1}{y}+\dfrac{1}{z}=1$ をみたす自然数 $x,\ y,\ z$ をすべて求めよ。$(1\leqq x\leqq y\leqq z)$

Lv. ∎∎∎

navigate

分母を払って整理しても $xyz-xy-yz-zx=0$ となり，積の形にもっていきにくい。$1\leqq x\leqq y\leqq z$ の文字の大小関係を利用して値の範囲を絞る。

解

$1\leqq x\leqq y\leqq z$ から　$1=\dfrac{1}{x}+\dfrac{1}{y}+\dfrac{1}{z}\leqq\dfrac{1}{x}+\dfrac{1}{x}+\dfrac{1}{x}$　より　$1\leqq\dfrac{3}{x}$

ゆえに　$x\leqq 3$

x は自然数であるから　$x=1,\ 2,\ 3$

(i)　$x=1$ の場合

　　$\dfrac{1}{y}+\dfrac{1}{z}=0$ から $1\leqq y\leqq z$ に反する。

(ii)　$x=2$ の場合　$\dfrac{1}{y}+\dfrac{1}{z}=\dfrac{1}{2}$

　　　　　　　　$yz-2y-2z=0$

　　　　　　　　$(y-2)(z-2)=4$

　　$2-2\leqq y-2\leqq z-2$ から

　　　　$(y-2,\ z-2)=(1,\ 4),\ (2,\ 2)$

(iii)　$x=3$ の場合　$\dfrac{1}{y}+\dfrac{1}{z}=\dfrac{2}{3}$

　　$\dfrac{2}{3}=\dfrac{1}{y}+\dfrac{1}{z}\leqq\dfrac{1}{y}+\dfrac{1}{y}$ から　$\dfrac{2}{3}\leqq\dfrac{2}{y}$　より　$y\leqq 3$

　　$x\leqq y$ であるから　$y=3$　このとき　$\dfrac{1}{z}=\dfrac{1}{3}$ より　$z=3$

以上から　$(x,\ y,\ z)=\boldsymbol{(2,\ 3,\ 6),\ (2,\ 4,\ 4),\ (3,\ 3,\ 3)}$ —(答)

別解として

$$\dfrac{1}{y}+\dfrac{1}{z}=\dfrac{2}{3}$$
$$2yz-3y-3z=0$$
$$yz-\dfrac{3}{2}y-\dfrac{3}{2}z=0$$
$$\left(y-\dfrac{3}{2}\right)\left(z-\dfrac{3}{2}\right)=\dfrac{9}{4}$$
$$(2y-3)(2z-3)=9$$
$$2\cdot 3-3\leqq 2y-3\leqq 2z-3$$

から

$$(2y-3,\ 2z-3)=(3,\ 3)$$

としてもよい。

✓ SKILL UP

方程式をみたす整数解

(方法2) 不等式で値の範囲を絞る

●≦n≦▲ の形に絞れたら，整数 n は有限個に決まる。ここからあとは，シラミツブシに調べていく方法である。

27 (1) $x^2-3xy+2y^2+4=0$ をみたす自然数 x, y をすべて求めよ。

Lv.▮▮▯▯ (2) $2x^2-2xy+y^2+x-2y=0$ をみたす自然数 x, y をすべて求めよ。

navigate

(1)の2次方程式は積の形にできる。(2)の2次方程式は積の形にできないので，y が実数になる条件を考えて(判別式)≧0から，x の値を絞る。

解

(1) $x^2-3xy+2y^2=-4$

$\iff (x-y)(x-2y)=-4$

積の形が作れるのがポイント

$x-y$	-4	-2	-1	1	2	4	…①
$x-2y$	1	2	4	-4	-2	-1	…②
x	-9	-6	-6	6	6	9	…③
y	-5	-4	-5	5	4	5	…④

それぞれの連立方程式を解くと，①−②＝y で④が求められ，それぞれの y に対して，①+④＝x で③が求められる。

自然数 x, y は

$(x, y)=\textbf{(6, 5)}, \textbf{(6, 4)}, \textbf{(9, 5)}$ —答

(2) $2x^2-2xy+y^2+x-2y=0 \iff y^2-2(x+1)y+(2x^2+x)=0$ …⑤

y は実数より，y についての2次方程式の判別式≧0より

$(x+1)^2-(2x^2+x)\geqq 0$ を解いて

$$\frac{1-\sqrt{5}}{2}\leqq x\leqq\frac{1+\sqrt{5}}{2}$$

x は自然数より $x=1$

$x=1$ のとき，⑤から，$y^2-4y+3=0$ となり，

$(y-1)(y-3)=0$ を解いて，$y=1$，3 となる。

(判別式)≧0で x の値が絞れるのがポイント。

以上より $(x, y)=\textbf{(1, 1)}, \textbf{(1, 3)}$ —答

✓ SKILL UP

方程式をみたす整数解

(方法1) 積・商の形から倍数・約数の関係を用いる

(方法2) 不等式で値の範囲を絞る

28 $x^2-6xy+5y^2-6x+10y+16=0$ をみたす整数 x, y をすべて求めよ。また、

Lv.∎∎∎∎ $5x+2=y^2$ をみたす自然数 x, y は存在しないことを示せ。

---

navigate

前半は有理数条件、すなわち解の公式の $\sqrt{\ }$ の中が有理数になる条件を
考えるとよい。後半は、式の眺め方が重要で $5x+2=y^2$ を
(5で割ると余り2)＝(平方数)と見ればうまくいく。

解

$x^2-6(y+1)x+(5y^2+10y+16)=0$

$x=3(y+1)\pm\sqrt{4y^2+8y-7}$ ···①

x が整数になるから

$$4y^2+8y-7=z^2$$

$$(2y+2+z)(2y+2-z)=11$$

ここで $z\geqq0$ から、$(2y+2+z)\geqq(2y+2-z)$
であるから

$$(2y+2+z,\ 2y+2-z)=(11,\ 1),\ (-1,\ -11)$$

$$(y,\ z)=(2,\ 5),\ (-4,\ 5)$$

$y=2$ のとき、①は、$x=9\pm5$ であり、$y=-4$ のとき、①は、$x=-9\pm5$

以上より $(x,\ y)=$ **(14, 2), (4, 2), (−4, −4), (−14, −4)** —㊓

整数 y を5で割った余りによって、5通りに分類して示す。

(i) $y=5m$ のとき、$y^2=(5m)^2=5\cdot5m^2$ より余り0

(ii) $y=5m\pm1$ のとき、$y^2=(5m\pm1)^2=5(5m^2\pm2m)+1$ より余り1

(iii) $y=5m\pm2$ のとき、$y^2=(5m\pm2)^2=5(5m^2\pm4m)+4$ より余り4

(複号同順)

以上より、y^2 を5で割った余りは0, 1, 4のいずれかであり、$y^2=5x+2$ と
なる整数 x, y は存在しない。—㊥明終

右側注:

積の形にはできないし、
(判別式)$\geqq0$ では、
$4y^2+8y-7\geqq0$ から、整数 y
の値は絞れない。

強引に平方完成して2乗の差
の形から積の形にできる。

✓ **SKILL UP**

方程式をみたす整数解

(方法1) 積・商の形から倍数・約数の関係を用いる

(方法3) 剰余による分類

Theme 8 | n 進数

29

Lv. ▫▪▫▪

4進数 $3102_{(4)}$ を10進数で表せ。また，10進数22を2進数で表せ。

30

Lv. ▫▪▫▪

2進数 $101.011_{(2)}$ を10進数で表せ。また，10進数 0.776 を5進数で表せ。

31

Lv. ▫▪▫▪

10進数1997を2進法で表すと何桁の数になるか。また，2進法で10桁で表される自然数はいくつあるか。

32

Lv. ▫▪▫▪

自然数 N を5進法，7進法で表すと，それぞれ3桁の数 abc，cab になる。このとき，a, b, c の値を求めよ。また，自然数 N を求めよ。

Theme分析

このThemeでは，n進数について扱う。記数法についてあらためて考えてみる。
例えば，3桁の整数745は，$7 \cdot 100 + 4 \cdot 10 + 5$を表す。すなわち，一の位の5は
5を表し，十の位の4は$4 \cdot 10$を表し，百の位の7は$7 \cdot 100$を表す。

このように，日常生活では，1が10個集まって10，10が10個集まって100，
100が10個集まって1000，…というように，10ずつの集まりを考えていろいろ
な数を表していることが多い。このように，10ずつの集まりを考えて数を表す
方法を**10進法**という。

10進法に対して，2ずつの集まりを考えて数を表す方法を**2進法**という。2進法
で表された数は，0または1の2個の数字を用いて，右から順に1，2，2^2，…の
位として表される。

例えば，2進法で表された数$10011_{(2)}$は　$1 \cdot 2^4 + 0 \cdot 2^3 + 0 \cdot 2^2 + 1 \cdot 2 + 1$　の形に
表すことができる。

数量をnごとにまとめて数えていくことを，**n進法**という。位取りの基礎とな
る数nを**底**という。ただし，nは2以上の整数で，n進法の各位の数字は0以上
$(n-1)$以下の整数である。n進数では，その数の右下に$_{(n)}$と書く。なお，10進
数では，ふつう$_{(10)}$は省略する。

■ n進数

n進法で表された数をn進数という。n進数は，次の手順で10進数で表すこと
ができる。

$$a_k a_{k-1} a_{k-2} \cdots a_2 a_1 a_{0(n)}$$
$$= a_k \times n^k + a_{k-1} \times n^{k-1} + a_{k-2} \times n^{k-2} + \cdots + a_1 \times n^1 + a_0$$
$$(1 \leq a_k \leq n-1, \quad 0 \leq a_i \leq n-1)$$

n進法の小数は，小数点以下の位は，$\dfrac{1}{n^1}$の位，$\dfrac{1}{n^2}$の位，$\dfrac{1}{n^3}$の位，…となる。

$$0.a_1 a_2 a_3 \cdots a_{k-2} a_{k-1} a_{k(n)}$$
$$= a_1 \times \frac{1}{n^1} + a_2 \times \frac{1}{n^2} + a_3 \times \frac{1}{n^3} + \cdots + a_{k-1} \times \frac{1}{n^{k-1}} + a_k \times \frac{1}{n^k}$$
$$(1 \leq a_k \leq n-1, \quad 0 \leq a_i \leq n-1)$$

29

4進数$3102_{(4)}$を10進数で表せ。また、10進数22を2進数で表せ。

Lv. ▪▫▫▫

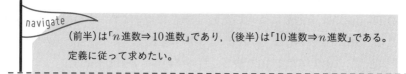

navigate

（前半）は「n進数⇒10進数」であり、（後半）は「10進数⇒n進数」である。定義に従って求めたい。

解

$$3102_{(4)} = 3 \times 4^3 + 1 \times 4^2 + 0 \times 4^1 + 2 \times 4^0$$
$$= \mathbf{210} \ -(答)$$

	4^3	4^2	4^1	1 の位
	3	1	0	2

$$22 = 1 \times 2^4 + 6$$

$2^5 = 32 > 22$ から、2^5 より大きい位は存在しないので、2^4 から順に決めていく。

$$= 1 \times 2^4 + 0 \times 2^3 + 6$$
$$= 1 \times 2^4 + 0 \times 2^3 + 1 \times 2^2 + 2$$
$$= 1 \times 2^4 + 0 \times 2^3 + 1 \times 2^2 + 1 \times 2^1 + 0 \times 1$$

2^4	2^3	2^2	2^1	1 の位
1	0	1	1	0

よって **$10110_{(2)}$** $-(答)$

参考 商が0になるまでnで割る割り算を繰り返し、出てきた余りを逆順に並べる

例として、22を2進数に変換すると、

22を2で割ると　$22 = 11 \cdot 2 + 0$ …①
11を2で割ると　$11 = 5 \cdot 2 + 1$ …②
5を2で割ると　　$5 = 2 \cdot 2 + 1$ …③
2を2で割ると　　$2 = 1 \cdot 2 + 0$ …④

```
2 ) 22  … 余り
2 ) 11  …   0
2 )  5  …   1
2 )  2  …   1
     1  …   0
```

よって、②を①に代入して

$$22 = (5 \cdot 2 + 0) \cdot 2 + 1 = 5 \cdot 2^2 + 0 \cdot 2 + 1$$

次に、③を代入して

$$22 = (2 \cdot 2 + 1) \cdot 2^2 + 0 \cdot 2 + 1 = 2 \cdot 2^3 + 1 \cdot 2^2 + 0 \cdot 2 + 1$$

さらに、④を代入して

$$22 = (1 \cdot 2 + 0) \cdot 2^3 + 1 \cdot 2^2 + 0 \cdot 2 + 1 = 1 \cdot 2^4 + 0 \cdot 2^3 + 1 \cdot 2^2 + 0 \cdot 2 + 1$$

となるので　$22 = 10110_{(2)}$

この操作を機械的に行うと、右上のようになる。

✓ SKILL UP

$$a_k a_{k-1} a_{k-2} \cdots a_2 a_1 a_{0(n)}$$
$$= a_k \times n^k + a_{k-1} \times n^{k-1} + a_{k-2} \times n^{k-2} + \cdots + a_1 \times n^1 + a_0$$
$$(1 \leqq a_k \leqq n-1, \ 0 \leqq a_i \leqq n-1)$$

30

2進数$101.011_{(2)}$を10進数で表せ。また，10進数0.776を5進数で表せ。

Lv. ▫▪▮▮

> navigate
>
> （前半）は「n進数⇒10進数」であり，（後半）は「10進数⇒n進数」である。定義に従って求めたい。

解

$$101.011_{(2)}=1\times2^2+0\times2^1+1\times2^0+0\times\frac{1}{2}$$
$$+1\times\frac{1}{2^2}+1\times\frac{1}{2^3}$$
$$=\mathbf{5.375}\text{ —（答）}$$

$$0.776=3\times\frac{1}{5}+0.176$$
$$=3\times\frac{1}{5}+4\times\frac{1}{5^2}+0.016$$
$$=3\times\frac{1}{5}+4\times\frac{1}{5^2}+2\times\frac{1}{5^3}$$

よって　$\mathbf{0.342}_{(5)}$ —（答）

2^2 2^1 1 $\frac{1}{2}$ $\frac{1}{2^2}$ $\frac{1}{2^3}$ の位

| 1 | 0 | 1 | .0 | 1 | 1 |

$\frac{1}{5}=0.2$より，$\frac{1}{5}$を3つとると，残り$0.776-0.6=0.176$

$\frac{1}{5^2}=0.04$より，$\frac{1}{5^2}$を4つとると，残り$0.176-0.16=0.016$

$\frac{1}{5^3}=0.008$より，$\frac{1}{5^3}$を2つとると，残り$0.016-0.016=0$

参考　小数部分にnを掛けることを繰り返し，出てきた整数部分を順に並べる

0.776を5進数に変換すると次の通り。

0.776に5を掛けると3.880で整数部分3が$\frac{1}{5^1}$の位の数字になる。

小数部分0.880に5を掛けると4.40で整数部分4が$\frac{1}{5^2}$の位の数字になる。

以下，小数部分が0になるまでこれをくり返す。

$$\begin{array}{r}0].\ 776\\ \times\quad 5\\ \hline 3].\ 880\\ \times\quad 5\\ \hline 4].\ 40\\ \times\quad 5\\ \hline 2].\ 0\end{array}$$

よって　$0.342_{(5)}$

✓ SKILL UP

n進法の小数は，小数点以下の位は，$\frac{1}{n^1}$の位，$\frac{1}{n^2}$の位，…となる。

$$0.a_1a_2a_3\cdots a_{k-2}a_{k-1}a_{k(n)}$$
$$=a_1\times\frac{1}{n^1}+a_2\times\frac{1}{n^2}+a_3\times\frac{1}{n^3}+\cdots+a_{k-1}\times\frac{1}{n^{k-1}}+a_k\times\frac{1}{n^k}$$
$$(1\leqq a_k\leqq n-1,\ 0\leqq a_i\leqq n-1)$$

31
Lv.∎∎∎∎ 10進数1997を2進法で表すと何桁の数になるか。また，2進法で10桁で表される自然数はいくつあるか。

navigate

n進数の桁数の問題である。一般に，n進数$A_{(n)}$がm桁ならば
$$n^{m-1} \leq A_{(n)} < n^m$$
をみたすが，丸暗記ではなく自分で具体例から作れればよい。
例えば，10進数$a_{(10)}$が3桁になるには，次のように$10^2 \leq a_{(10)} < 10^3$をみたす。

$10^2 10^1$ 1 の位　$10^3 10^2 10^1$ 1 の位

| 1 | 0 | 0 | ～ | 1 | 0 | 0 | 0 |

4進数$a_{(4)}$が5桁になるには，次のように$4^4 \leq a_{(4)} < 4^5$をみたす。

$4^4\ 4^3\ 4^2\ 4^1$ 1 の位　$4^5\ 4^4\ 4^3\ 4^2\ 4^1$ 1 の位

| 1 | 0 | 0 | 0 | 0 | ～ | 1 | 0 | 0 | 0 | 0 | 0 |

解

$2^{10} = 1024,\ 2^{11} = 2048$だから
$$2^{10} \leq 1997 < 2^{11}$$
である。したがって，1997を2進法で表したときの桁数は

11桁 —答

また，2進数$A_{(n)}$が10桁であるときは
$$2^9 \leq A_{(n)} < 2^{10}$$
をみたすので，その個数は
$$2^{10} - 2^9 = 1024 - 512$$
$$= \textbf{512（個）} —答$$

✓ SKILL UP

n進数$A_{(n)}$がm桁ならば，
$$n^{m-1} \leq A_{(n)} < n^m$$
をみたす。

32

Lv. ∎∎∎

自然数Nを5進法，7進法で表すと，それぞれ3桁の数abc，cabになる。このとき，a，b，cの値を求めよ。また，自然数Nを求めよ。

navigate

n進数の定義に従ってNを2通りに表し，a，b，cの制限から絞り込む。

解

10進数Nを5進法で表すと$abc_{(5)}$なので

$$N = a \times 5^2 + b \times 5 + c \times 1 \quad (1 \leq a \leq 4, \ 0 \leq b \leq 4, \ 0 \leq c \leq 4)$$

$$= 25a + 5b + c \quad \cdots ①$$

10進数Nを7進法で表すと$cab_{(7)}$なので

$$N = c \times 7^2 + a \times 7 + b \times 1 \quad (0 \leq a \leq 6, \ 0 \leq b \leq 6, \ 1 \leq c \leq 6)$$

$$= 49c + 7a + b \quad \cdots ②$$

①，②から，Nを消去すると

$$25a + 5b + c = 49c + 7a + b$$

$$9a + 2b = 24c$$

$$(1 \leq a \leq 4, \ 0 \leq b \leq 4, \ 1 \leq c \leq 4)$$

ここで

$$24c = 9a + 2b \leq 9 \cdot 4 + 2 \cdot 4 = 44$$

よって，$1 \leq c \leq 4$と合わせて $c = 1$

このとき $9a + 2b = 24 \iff 2b = 3(8 - 3a)$

ここで，2と3は互いに素な整数からbは3の

倍数であり $b = 0, 3$

$b = 0$のとき，$9a = 24$となる整数aは存在しない。

$b = 3$のとき，$9a = 18$から $a = 2$

以上より

$$(\boldsymbol{a}, \ \boldsymbol{b}, \ \boldsymbol{c}) = (\boldsymbol{2}, \ \boldsymbol{3}, \ \boldsymbol{1}), \quad N = 2 \times 5^2 + 3 \times 5 + 1 = \boldsymbol{66} \ \text{答}$$

> $1 \leq a \leq 4$かつ$0 \leq a \leq 6$から，$1 \leq a \leq 4$となる。他の文字についても同様である。

> 未知数3つに等式1つなので大変そうであるが，不等式の条件からa, b, cの候補もそんなに多くないので，1つずつ文字の範囲を絞っていけばよい。

> a, bが互いに素のとき，整数x, yが$ax = by$をみたすならば，xはbの倍数かつyはaの倍数。

✓ SKILL UP

$$a_k a_{k-1} a_{k-2} \cdots a_2 a_1 a_{0(n)}$$

$$= a_k \times n^k + a_{k-1} \times n^{k-1} + a_{k-2} \times n^{k-2} + \cdots + a_1 \times n^1 + a_0$$

$$(1 \leq a_k \leq n-1, \ 0 \leq a_i \leq n-1)$$

著者

松村 淳平

高等進学塾 専任講師。医進予備校 MEDiC および学研プライムゼミにも出講中。

京都大学医学部医学研究科に在籍している頃から予備校の教壇に立ち始める。受験指導の楽しさに魅了されたことがきっかけで、医学の道から教育の道へ舵を切り、予備校講師として生きることを決意。

圧倒的なわかりやすさと豊富な知識で生徒を魅了し、人気講師に上りつめる。その授業を受講するために、他県からやってくる生徒も多い。難関大学へ数多くの生徒を合格させてきた実績を持つ。

ハイレベルな授業を展開する一方で、最も重要視しているのが「基礎の徹底」。本書の元となった基礎固め用のテキスト「技」は、著者の授業を受けている生徒はもちろん、塾に通っていない生徒も欲しがるほど。知る人ぞ知る名著である。

大学合格のための基礎知識と解法が身につく
技216 数学I・A

STAFF

カバーデザイン	小口翔平＋後藤司（tobufune）
編集協力	能塚泰秋
校正	立石英夫，花園安紀
データ制作	株式会社 四国写研
印刷所	株式会社 リーブルテック
企画・編集	樋口亨